Eugen Reichl & Stefan Schiessl

SPACE 2011

Das aktuelle Raumfahrtjahr mit Chronik 2010

1. Auflage, November 2010

Sie finden uns im Internet unter:
www.vfr.de

Initiator:	Verein zur Förderung der Raumfahrt e.V.
Herausgeber:	Thomas Krieger
Organisation:	Peter Schramm
Lektorat:	Ulla Hodapp, Tanja Lehmann, Claudia Klein, Heimo Gnilka, Thomas Krieger, Hans Rauch
Layout & Satz:	Stefan Schiessl, www.schiessldesign.de
Druck:	Druckhaus Dresden GmbH , Dresden

ISBN: 978-3-00-032024-8

INHALTSVERZEICHNIS

Editorial 4

Themen im Fokus 7

Absturz der Institutionellen – Höhenflug der Privaten Raumfahrt 8

Virgin Galactic hebt ab 32

Das Geheimnis des Blauen Ursprungs 36

Viel Glück, Elon 40

Der Schub kommt aus der Schweiz 46

Orion Pad Abort Test erfolgreich ...und nun? 50

Privatastronaut findet Mondauto wieder 56

Mini-Shuttle im Orbit 60

Malbec, Maradona und Mar Chiquita 66

Oh Eun Sun, Yi So-yeon und der Fall Ko-San 72

Cantravelwell-Virus infiziert Kiwis 80

Wem gehört der Mond? 86

Trekking-Touren auf dem Mond – Der Urlaubstipp 94

Rosetta schreibt Geschichte(n) 98

Buzz Aldrin ist 80 104

Saljut 1 108

Am Limit 116

Weltraumliteratur 137

Science Fiction Wettbewerb – Platz 3: Doppelfehler 138

Science Fiction Wettbewerb – Platz 2: Licht 148

Science Fiction Wettbewerb – Platz 1: Update 154

Aufruf: Poesie und Kosmos 164

Raumfahrt-Jahreschronik 167

Oktober 2009 168

November 2009 188

Dezember 2009 203

Januar 2010 215

Februar 2010 217

März 2010 223

April 2010 228

Mai 2010 237

Juni 2010 246

Juli 2010 262

August 2010 267

September 2010 273

Anhang 285

Raumfahrt-Statistik 285

Das Jahr 2010: Ausblick 302

Begriffserläuterungen und Abkürzungen 306

Bilder des Jahres 308

EDITORIAL

Liebe Leserin, Lieber Leser,

das war eine böse Überraschung für die Raumfahrt-Enthusiasten und die Beschäftigten der NASA-Zentren in Florida, Houston, Alabama und Ohio. Die meisten hatten ja schon befürchtet, dass die Entwicklung der Ares 1 Trägerrakete eingestellt werden würde. Auch die Zukunft der Großrakete Ares 5 stand auf unsicheren Beinen. So nahm man allgemein an, dass sie durch ein etwas kleineres und einfacheres Fahrzeug ersetzt werden würde. Immerhin wäre auch diese Rakete noch leistungsfähig genug gewesen, um die geplanten Reisen zu Mond und Mars durchzuführen.

Was dann aber kam, versetzte die Mitarbeiter der US-Weltraumbehörde in Schockstarre. Präsident Obama verkündete am 1. Februar, fast auf den Tag genau sechs Jahre, nachdem George Bush jr. das Constellation-Programm in Kraft gesetzt hatte, die Absicht, das gesamte bemannte Raumfahrtprogramm der USA: Ares 1, Ares 5, die Orion-Kapsel und den Altair-Mondlander einzustellen. Den Betrieb des Shuttles sowieso. Für das Constellation-Programm waren seit 2004 insgesamt schon neun Milliarden Dollar ausgegeben worden.

Zurück blieb ein Scherbenhaufen. Und der Kongress weigerte sich schlichtweg, Obamas Pläne zu genehmigen, was zur Folge hatte, dass die NASA in Bezug auf die Fortsetzung ihres bemannten Programms das ganze Jahr über gelähmt war. Weder konnte das Constellation Programm schwungvoll weitergeführt werden (obwohl trotz des ungünstigen Umfeldes dennoch einige wichtige Meilensteine erreicht wurden), noch konnte Obamas Plan in Angriff genommen werden, die Private Raumfahrtindustrie mit der Konstruktion eines bemannten Transportsystems für den niedrigen Erdorbit (und damit dem Zugang zur ISS) zu beauftragen.

Die ersten Wochen des Jahres scheinen für die NASA generell eine unheilvolle Zeit zu sein. Am 27. Januar 1967 ereignete sich das Apollo-1-Feuer, am 28. Januar 1985 die Challenger-Katastrophe, am 1. Februar 2003 verunglückte die Columbia. Mit der Einstellung des Constellation-Programms ist der 1. Februar nun gleich doppelt belegt.

Doch tat sich, abseits dieser Debatte, in diesem Jahr auch viel Positives. Die Internationale Raumstation schritt ihrer Fertigstellung entgegen und die Unternehmen der Privaten Raumfahrt verzeichneten wichtige Meilensteine im Testbetrieb ihrer jeweiligen Vehikel. Herausragend in diesem Jahr: Der erfolgreiche Erstflug der ersten privat entwickelten Groß-Trägerrakete, der Falcon 9, am 4. Juni und die Aufnahme des Flugbetriebs der Kombination WhiteKnightTwo und SpaceShipTwo.

Nicht zuletzt wegen der positiven Nachrichten aus diesem Bereich beschäftigt sich SPACE 2011 in einer ganzen Reihe von Beiträgen mit den Ereignissen der Privaten Raumfahrt. Dennoch kommt auch der institutionelle Bereich nicht zu kurz.

Und wie jedes Jahr ist auch Raumfahrthistorie vertreten, schon wegen des bevorstehenden 50. Jahrestages des ersten bemannten Raumflugs. Wir wollen im vorliegenden Jahresband aber einmal nicht Juri Gagarins historischen Flug aufwärmen, das werden andere Medien zur Genüge tun. Wir beleuchten in dieser Ausgabe von SPACE zwei weniger bekannte Meilensteine der bemannten Raumfahrt: Die tragische Mission der Sojus 11 zur Saljut 1, der ersten Raumstation der Menschheit und das Drama der Mission von Gemini 9. Und weil wir gerade bei Raumfahrthistorie sind: Buzz Aldrin, zweiter Mensch auf dem Mond, wurde in diesem Jahr 80. Deshalb widmen wir auch ihm einen Beitrag.

Im Jahre 2010 fand die Fußballweltmeisterschaft in Südafrika statt. Wir haben das Ereignis zum Anlass genommen, drei der Endrundenteilnehmer nicht nur im Hinblick auf ihre fussballerischen Leistungen unter die Lupe zu nehmen sondern auch hinsichtlich ihrer raumfahrttechnischen Möglichkeiten. Ich bin überzeugt, den meisten von Ihnen sind die Weltraumaktivitäten von Neuseeland, Südkorea und Argentinien eher weniger geläufig. Das wird sich ändern, wenn Sie die entsprechenden Artikel in diesem Buch lesen.

Sinnvolle Gestaltung der Freizeit ist ein wichtiger Bestandteil des heutigen Lebens, und auch dazu können wir ihnen angemessene Tipps geben. Nur für den Fall, dass sie es sich vielleicht überlegen, ein Grundstück auf dem Mond zu kaufen, oder eine touristische Reise dorthin zu unternehmen.

Fast schon zur Institution geworden ist der Science Fiction Wettbewerb, den der Verein zur Förderung der Raumfahrt (VFR) in Zusammenarbeit mit Astrium, der Raumfahrtsparte der EADS und dem Deutschen Zentrum für Luft- und Raumfahrt durchführt. Wie in den Jahren zuvor finden Sie auch in dieser Ausgabe der Chronik die drei Sieger mit ihren Beiträgen. Sie sind in diesem Jahr besonders spannend, wie ich finde.

Und schließlich ist unsere detaillierte Chronik aller Starts und wesentlicher Raumfahrtereignisse fester und beliebter Bestandteil unseres Jahrbuchs. Abgerundet werden diese Berichte durch Statistiken und die Bilder des Jahres. Vor allem wegen dieser im deutschen Sprachraum einzigartigen Zusammenstellung ist unser Werk in Bibliotheken besonders beliebt.

Und nun wünschen wir Ihnen viel Freude bei der Lektüre von SPACE 2011. Halten Sie uns weiterhin die Treue.

Eugen Reichl im Oktober 2010
für das SPACE-Team

THEMEN IM FOKUS

ESA

Asteroid Lutetia

Jungfernflug der Kombination WhiteKnight2 und SpaceShip 2

ABSTURZ DER INSTITUTIONELLEN – HÖHENFLUG DER PRIVATEN RAUMFAHRT

Game over. Das war es dann mit der amerikanischen Mond-Mars-Initiative. Fast auf den Tag genau sechs Jahre, nachdem George Bush jr. das Constellation-Programm in Kraft gesetzt hatte, verkündete der US-Präsident Obama passend zum Jahrestag der Columbia-Katastrophe am 1. Februar 2010 seine Absicht, es komplett einzustellen. Neun Milliarden Dollar hatte die NASA schon dafür ausgegeben. Etwa drei weitere Milliarden dürfte es kosten, die mehreren hundert bereits abgeschlossenen Verträge des Programms zu beenden. „Cancellation for convenience" lautet hier der Fachterminus der Juristen.

Die Meinungen der Kommentatoren über Obamas sonderbare Entscheidung schwankten zwischen blankem Entsetzen und völliger Orientierungslosigkeit, hin und wieder unterbrochen von der Schadenfreude derer, die schon immer gegen die bemannte Raumfahrt waren. Es schien, als wäre es Obamas Plan, erst den völligen Zusammenbruch des bemannten Raumfahrtprogramms zu verursachen, um dann zu hoffen, dass aus den Trümmern irgendetwas kreatives Neues entsteigt.

Obamas neues Mantra lautet: Dienstleistungen der bemannten Raumfahrt werden künftig auf dem freien Markt eingekauft. So ähnlich, wie es heute bei unbemannten Starts schon der Fall ist. Die Idee wäre an sich in Ordnung, hätte die Sache nicht einen klitzekleinen Haken: Es existiert überhaupt kein privates, bemanntes Raumtransportsystem. Es muss erst entwickelt werden, nicht anders als das Orion-Raumschiff des Constellation-Programms. Die Entwicklung des Orion-Raumschiffs ist allerdings schon weit fortgeschritten, während die Fahrzeuge der Privaten zum großen Teils nichts anderes sind als hübsche, bunte Powerpoint-Präsentationen, oder das eine oder andere Sperrholz-Modell.

Der Traum vom Flug zu Mond und Mars war nur kurz. Die Constellation-Testmission Ares 1-X vom vergangenen Oktober war die erste und letzte Mission des Programms.

Obamas Idee sieht vor, der Industrie viele Milliarden Dollar zu geben, damit diese ein „privates" neues Raumtransportsystem entwickelt. Mir will sich nicht so recht erschließen, wo hier der Unterschied zu einem normalen Regierungsprogramm ist, bei dem eine Institution (hier also die NASA) die Entwicklung des von ihr benötigten Gerätes zunächst vollständig bezahlt und es dann stückweise kauft.

Beschaffung von Dienstleistungen auf dem freien Markt, wie Obama es behauptet, würde aber bedeuten, dass eine Institution etwas kauft, das bereits vorhanden ist. So wie ich das mit meinem Auto mache, wenn ich eines benötige. Ich gehe schließlich nicht zu Mercedes und gebe zunächst einmal eine immense Summe Geldes dafür aus, dass mir Daimler etwas Passendes entwickelt, sondern ich gehe zum Händler und bestelle ein Fahrzeug das es vorher schon gab, und das Daimler für eigenes Geld geschaffen hat. Mit jedem verkauften Auto wird dann ein kleiner Teil der Entwicklungssumme abgetragen. Das einzige was an Geld vor der Lieferung fließt, ist eine Anzahlung als Sicherheitsleistung für die Ausführung der Bestellung. So in etwa stelle ich mir das auch in einer wirklich privatisierten Raumfahrt vor. In Obamas Plan gibt es im Grunde nur zwei Abweichungen zu einem Projekt wie dem „institutionellen" Orion-Raumschiff:

- Die Aufsicht der Behörde, also der NASA, entfällt, was nicht gerade risikomindernd ist und
- Der Entwicklungsauftrag soll nicht an die geschmähten, so genannten „Prime Contractors" (also Firmen wie Boeing, Lockheed und Grumman) gehen, sondern eben die „Privaten", meist relativ kleine Start-ups mit wenig oder keiner Erfahrung bei großen Entwicklungsvorhaben. Und ob dieser Ansatz für das künftige nationale Raumtransportsystem der Richtige ist, darf bezweifelt werden.

Die krude Logik in der Argumentation ist Senatoren und Abgeordneten sofort sauer aufgestoßen, mit der Folge, dass sie Obamas Vorschläge mit einem Veto belegten. Nun kann die NASA dem Wunsch des Präsidenten so lange nicht nachkommen, wie nicht entweder Kongress und Senat dem Vorschlag des Weißen Hauses zustimmen oder eine Lösung ausarbeiten, um den Gesetzesentwurf des Präsidenten zu umgehen und dadurch die NASA zu anderem Handeln zu veranlassen. Genau in diese Richtung läuft es derzeit. In den Tagen in denen dieser Beitrag entsteht einigten sich die beiden Häuser der US-Volksvertretung auf ein neues Konzept, das Obamas Plan ändert, ergänzt und teilweise umgeht.

WESENTLICHE PUNKTE IM PLAN DER VOLKSVERTRETUNGEN SIND:

- Stornierung des Constellation-Programms. Bemannte Landungen auf dem Mond sind damit in der Planung nicht mehr vorgesehen. Es sollen aber Flüge zu erdnahen Asteroiden in die Planung aufgenommen werden. Dies entspricht Obamas Wunsch.
- Weiterentwicklung der Orion-Kapsel (das hatte Obama zunächst abgelehnt, seine anfängliche Position aber schon im Laufe des Jahres geändert, allerdings zugunsten einer völlig sinnentleerten Rolle für Orion, als Rettungsfahrzeug für die ISS).

★ Offen bleibt, auf welchem Träger die Orion fliegen wird.

★ Es wird Anschubfinanzierungen für die Private Raumfahrt geben, aber keine Vollfinanzierung von Entwicklungsvorhaben (hier werden Obamas Pläne beschnitten, bleiben aber essentiell erhalten). Dies ist immerhin ein deutlicher Gewinn für die Privaten, für die im nächsten Jahr etwa 470 Millionen Dollar vorgesehen sind.

★ Sofortiger Entwicklungsbeginn einer Großrakete (hier wird Obama überstimmt, der diese Rakete zunächst gar nicht entwickeln lassen wollte, später dann erst ab 2015). Diese Rakete wird auf Komponenten des Shuttles basieren und soll möglicherweise „man-rated" ausgelegt werden und damit den Ares 1- und Ares 5-Entwurf ablösen. Auch das wollte Obama so nicht.

★ Außerdem findet noch ein zusätzlicher Shuttle-Flug im Jahre 2011 statt, die Mission STS 135. Auch dies gegen Obamas ursprüngliche Planung.

Das Ganze muss jetzt noch im Detail ausgearbeitet und dann zur Gesetzesvorlage gemacht werden. Das wird nicht mehr in diesem Jahr geschehen, denn erst stehen einmal Kongresswahlen in den USA an. Immerhin hat die NASA jetzt eine Planungsbasis.

Die Orion-Mannschaftskapsel ist nach der Stornierung des Constellation-Programms ein Fall fürs Museum

Barak Obama und Elon Musk.
Zwei amerikanische Hoffnungsträger.

Trotz der Initiative des US-Kongresses, der die Pläne Obamas deutlich korrigiert: Tausende von Mitarbeitern der NASA und der United Launch Alliance verlieren bereits in diesen Tagen ihre Jobs, weil sich das (institutionelle) Shuttle-Programm dem Ende nähert. Noch einmal viele tausend wandern wegen der Einstellung des Constellaton-Programms in die Arbeitslosigkeit. Schließlich werden der Mondlander Altair und die Trägerrakete Ares 1 nicht mehr benötigt.

Bei den großen Zulieferern, zuletzt bei ATK in Utah, haben die Entlassungen bereits begonnen. Da und dort ist auch schon die Abrissbirne am Werk. So hat die NASA vor wenigen Wochen mit der Demontage der historischen Startanlage 39B begonnen, von der aus seit dem Jahre 1969 zahlreiche Apollo- und Shuttle-Missionen ihren Anfang genommen haben. Spätestens Mitte nächsten Jahres gehen dann überall am Kennedy Space Center die Lichter aus.

So tief der Absturz der NASA durch den (zumindest vorübergehenden) Verlust der institutionellen bemannten Raumfahrt auch ist, es gibt doch zwei Gewinner der Situation. Das sind zunächst einmal die Russen. Sie werden in den kommenden fünf Jahren mehr als eine Milliarde Dollar aus dem NASA-Budget dafür erhalten, dass sie jedes Jahr vier bis sechs US-Astronauten zur Internationalen Raumstation bringen. Vor ein paar Jahren wäre das übrigens noch deutlich günstiger gewesen. Um das Jahr 2005 zahlte die NASA nur etwa 20 Millionen Dollar pro Sitz in der Sojuz. Heute liegt der Preis bei 51 Millionen Dollar. Doch nun haben die Russen ein Monopol, und nur ein Schelm denkt bei diesen Preiserhöhungen Böses.

Gewinner Nummer zwei, und damit sind wir bei unserem Thema angelangt, ist die private Raumfahrt. Gleich, ob jetzt die Obama-Version des Haushaltsentwurfs zum Tragen kommt, oder die Version des Kongresses. Während im institutionellen Bereich Weltuntergangsstimmung herrscht, knallen bei den

„Privaten" die Korken. Sie bekommen – sollten Obamas Pläne auch nur teilweise realisiert werden – in den nächsten Jahren mehrere Milliarden Dollar dafür, dass sie schnellstmöglich ein bemanntes System entwickeln, mit dem US-Astronauten von US-Staatsgebiet aus wieder die Internationale Raumstation erreichen können.

Damit jetzt kein falscher Eindruck entsteht: Ich bin ein unbedingter Befürworter der Privaten Raumfahrt. Allerdings sollte sie auch tatsächlich als „private" Raumfahrt etabliert werden und nicht als Reinkarnation der bisherigen institutionellen Raumfahrt. Eines steht jedenfalls fest: auch ohne Obamas mehr oder weniger geglückte Eingriffe boomt die private Raumfahrt, und das keineswegs nur im bemannten Segment.

BUNTE SZENE

Blickt man von Europa aus über den großen Teich, dann hat man den Eindruck, als hätte eine ganze Reihe von Unternehmen nur auf eine Initialzündung wie Obamas Ankündigung gewartet. Doch dieser Eindruck täuscht, denn viele dieser Firmen, meist kleine Start-ups, sind schon seit Jahren am Konstruieren, Entwickeln und Bauen. Zufällig sind sie jetzt, zum Zeitpunkt der sonderbaren Entscheidung des US-Präsidenten, mit ihrer Hardware so weit, dass sie mit den Testflügen beginnen können.

Da gibt es die „Großen" unter den Privaten, wie SpaceX und Orbital Sciences, die gerade neue Trägerraketen und unbemannte Versorgungsfahrzeuge für die Internationale Raumstation entwickeln: Die Taurus II und den Falcon 9, den Dragon und den Cygnus. Beide Unternehmen versichern, dass sie ihre neuen Träger kurzfristig „man-rated" machen, und ihre zunächst noch unbemannten Raumkapseln in relativ kurzer Zeit auch für den bemannten Raumtransport umrüsten können.

Da gibt es Leute wie den Hotel-Tycoon Robert Bigelow, der aufblasbare Raumstationsmodule entwickelt und – kaum einer weiß es – zusammen mit Boeing dieselbe Orion-Kapsel, welche die NASA grade auf Obamas Geheiß auf dem Wertstoffhof der Raumfahrtgeschichte entsorgen will, als „Orion-Lite" und neuerdings „CST 100" neu erfindet. Gleiches Aussehen, ein wenig kleiner, etwas weniger leistungsfähig, nicht mit dem ganzen NASA-Schnickschnack belastet, nicht so schwer und viel, viel billiger.

Da gibt es kreative Bastelbuden wie Armadillo Aerospace und Masten Space Systems, die gerade dabei sind, die Höhenforschungsrakete neu zu erfinden. Wieder verwendbar, mehrmals täglich einsetzbar und enorm preiswert. Ihre Vehikel sehen aus, als wären sie schlechten Science-Fiction-Filmen der 50iger Jahre entsprungen, wenn sie fauchend und zischend senkrecht in den Himmel schießen und Minuten später ebenso fauchend und zischend wieder sanft auf ihren Landebeinen aufsetzen.

Da gibt es den geheimnisvollen Jeff Bezos, der in seinen Blue Origins-Werkstätten in Texas unter striktem Ausschluss der Öffentlichkeit gerade ein suborbitales Touristenraumschiff entwickelt, das mit einem völlig neuartigen Rettungssystem ausgestattet ist.

Da gibt es in Mojave die Firmen Scaled Composites und XCOR, die eben dabei sind, geflügelte Touristenraumschiffe für den Weltraum zu entwickeln. Scaled Composites testet bereits, und bald wird ihr SpaceShipTwo ein gewohnter Anblick über dem kalifornischen Himmel sein. XCOR wird in wenigen Monaten den „Lynx" aus der Fertigungshalle rollen und kurz darauf auch mit den Flugversuchen beginnen. Und ebenfalls in Mojave gibt es das spleenige Ehepaar Milliron, das dabei ist mit dem Konzept ihrer modular aufgebauten Neptun-Rakete genau an der Stelle weiterzumachen, an der einst ein deutscher Erfinder namens Lutz Kayser scheiterte. Sie haben vor, im kommenden Jahr ihren ersten Nano-Satelliten in den Orbit zu schießen. Und sogar eine Art Mini-Shuttle für Einsätze zur ISS steht derzeit in Entwicklung: Der „Dream Chaser" der Sierra Nevada Corporation.

Es gäbe noch viele andere, über die es wert wäre zu berichten, wie etwa das Vater- und Sohn-Team von Unreasonable Rocket, die nur mit viel Pech in diesem Jahr in der Northrop Lunar Lander Challenge scheiterten oder Excalibur Almaz, die ausgediente russische VKS-Raumkapseln gekauft haben und sie jetzt für bemannte Einsätze herrichten und für westliche Träger adaptieren wollen.

Die Szene ist bunt, abenteuerlich, wenig berechenbar und noch kaum gewinnorientiert. Großunternehmen, die nur auf ihre Vierteljahreszahlen schielen, auf Ebit und Gross Margins, sieht man hier nicht. Für sie ist das viel zu riskantes Gelände.

Und doch, ein paar Ausnahmen zeichnen sich schon ab. Der Aerospace-Gigant Northrop Grumman kaufte vor einer Weile Scaled Composites. Begründung: Es schadet nicht, auch einen „Kreativen" im Portfolio zu haben. Boeing tat sich vorsichtshalber schon mal mit Robert Bigelow zusammen. Dessen Raumstationen sollen ja schließlich auch mal von bemannten Raumschiffen angeflogen werden. Und wer könnte da besser Trägerraketen und Raumkapseln liefern als Boeing?

WAS TUT SICH IN EUROPA?

Werfen wir nun einen Blick auf das heimische Europa. Und wie so häufig tun wir es mit etwas Wehmut. Auch hier gäbe es genug Potential, doch die typisch europäische Gemengelage aus nationalen Sonderwegen, dem Hang zur Überregulierung und fehlendem Pragmatismus behindert die Entwicklung entscheidend. Dazu kommt, dass da und dort bereits einige Politiker das Thema als Quelle für stimmheischenden Populismus entdeckt haben und sich darin gefallen, die gerade aufkeimenden Aktivitäten auf dem Gebiet der privaten Raumfahrt öffentlichkeitswirksam zu verdammen. Besonders hervorgetan hat sich hier EU-Kommissar Günter Verheugen, der die private Raumfahrt (gemeint ist hier speziell das Gebiet des Weltraumtourismus) als eine unnütze Spielerei für die Superreichen bezeichnete, die er keinesfalls zu fördern gedenke. Der Grundtenor für die Haltung der Europäischen Gemeinschaft auf diesem Sektor ist damit schon mal vorgegeben.

Ein Unternehmen wie EADS Astrium wollte mit seinem (inzwischen wieder auf Eis gelegten) Vehikel namens Romeo deshalb die Testflüge gar nicht erst in Europa durchführen, sondern dazu gleich nach Nordafrika gehen. Europäische Start-ups wie Copenhagen Suborbital oder ARCA lösen das Problem zwischenzeitlich, in dem sie für ihre Flugversuche auf das Meer hinaus gehen, außerhalb der Zwölfmeilenzone. Leider stellt das diese kleinen und nur schwach finanzierten Unternehmen vor enorme logistische und damit automatisch auch finanzielle Probleme.

Die Problematik zeigt sich besonders am deutschen Raketenflug-Startup „Talis Enterprise". Zunächst wollte das Unternehmen den Test- und späteren Flugbetrieb am Heimatflughafen in Cochstedt durchführen. Dort sind sie aber in der ersten Runde abgeblitzt, nicht zuletzt wegen eines möglichen Besitzerwechsels des gesamten Flughafens an einen dubiosen Interessenten aus dem mittleren oder fernen Osten, mit dem es sich die Landesregierung in Sachsen-Anhalt nicht verscherzen wollte. Danach versuchten sie es am Flugplatz Peenemünde an der Ostsee um – ähnlich wie ARCA und Copenhagen Suborbitals – die Flugversuche über dem Meer durchzuführen. Auch hier schlug ihnen sofort Ablehnung entgegen. Raketenflug an einer historisch belasteten Stelle: das darf nicht sein. So wurden die üblichen Argumente vorgeschoben: Naturschutz, Einflugschneisen, Probleme mit Genehmigungen. Dazu ein unzuverlässiger Partner vor Ort, und das war es dann mit Peenemünde. Inzwischen hat Talis die Verhandlungen in Cochstedt wieder aufgenommen. Es soll zäh verlaufen, dort. Sehr zäh.

Gott sei Dank tun sich für Talis Enterprise aber möglicherweise andere Alternativen auf. Vernünftigerweise kann die Devise unter diesen Bedingungen nur lauten: raus aus Deutschland, raus aus Europa. Zu hoffen, hierzulande mit ähnlich offenen Armen empfangen zu werden wie in den USA ist unrealistisch.

Eine kleine „Insel der Seligen" ist innerhalb Europas die Schweiz. Dort gibt es den kleinen, aber feinen privaten Raketentriebwerksentwickler SPL, über den Isabell Buttron im Anschluss an diesen Artikel berichtet. SPL ist Partner des Projekt Enterprise und soll für deren suborbitale Raketenvehikel „Black Sky" und „Enterprise" die Triebwerke entwickeln und bauen.

NEUER START-UP IN EUROPA: COPENHAGEN SUBORBITAL

★ **Internet:** www.copenhagensuborbitals.com

★ **Produkte:** Eine kleine unbemannte Höhenforschungsrakete namens „Hybrid Atmospheric Test Vehicle" oder kurz HATV und ein größerer Booster mit der Bezeichnung „Hybrid Exo-Atmospheric Transporter" kurz HEAT.

★ **Beschreibung:** HEAT hat einen Durchmesser von lediglich 61 Zentimetern. Die Rakete wird zunächst für die Systemtests verwendet (in den Versionen HEAT 1X- HEAT 3X) und danach als Träger für den bemannten Einsatz in der Version HEAT 4.

Copenhagen Suborbital setzt einen Hybrid-Antrieb ein, mit Epoxy als Treibstoff und flüssigem Sauerstoff als Oxidator. Der HEAT Booster hat eine Brennzeit von 60 Sekunden und liefert in dieser Zeit einen Schub von maximal 40 kN. Das Abbrandprofil ist so gestaltet, dass die Beschleunigung bei unter 3 g bleibt. Dies hält die Belastungen für den Piloten im erträglichen Rahmen. Dieser Pilot hält sich im so genannten Micro spacecraft (MSC) auf, das sich an der Spitze des HEAT Boosters befindet. Es ist eine kleine Druckkabine, die einem aufrecht stehenden Menschen gerade eben Platz bietet. Dieser Pilot hat eine vollständige Rundumsicht durch einen Polymer Plexiglas-Dom

Für den „Astronauten", der in diesem Fahrzeug halb stehend und halb sitzend unterwegs ist, dürfte das eine ebenso sportliche wie klaustrophobische Erfahrung sein.

Der HEAT von Copenhagen Suborbital. Künstlerische Darstellung.

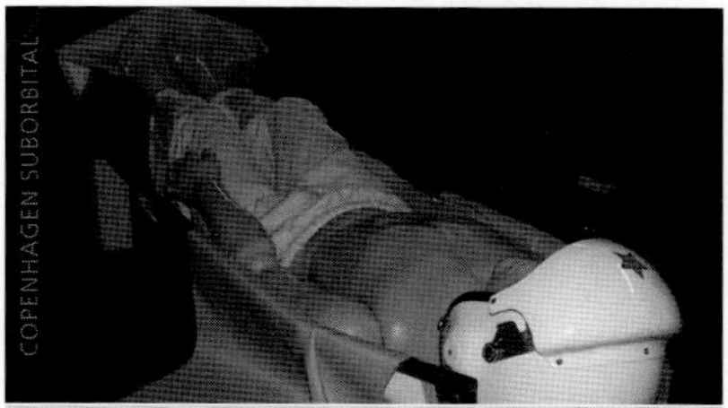

Der Astronaut hat im HEAT so viel Platz wie in einer Zwangsjacke

WAS IST DAS, PRIVATE RAUMFAHRT?

In der klassischen, der institutionellen Raumfahrt, kommt das Geld von der Regierung und wird von dieser für ihre eigenen Zwecke ausgegeben. Ein Beispiel für ein Vorhaben dieser Art ist das inzwischen eingestellte Projekt X-38, eine Art Rettungsgleiter für die Internationale Raumstation, das von der NASA betrieben wurde. Die Industrie hatte in diesem Projekt weder eine Design-Verantwortung, noch eine Hauptauftragnehmer-Funktion. Sie war lediglich verlängerte Werkbank einer staatlichen Organisation und lieferte Subsysteme und Komponenten. Bei den Raumfahrtagenturen ist so ein organisatorisches Konstrukt heutzutage ein Auslaufmodell. Die Regel ist es heute eher, dass Raumfahrtagenturen oder privatwirtschaftliche Institutionen (wie etwa Satellitendienstleister) Unternehmen der Kommerziellen Raumfahrt beauftragen. Firmen wie Boeing, Lockheed, Northrop Grumman, EADS oder Thales Alenia. Diese Unternehmen machen Auftragsentwicklungen und Auftragsfertigung für ihre staatlichen oder privatwirtschaftlichen Kunden. Sie sind gesamtverantwortlich für Entwurf und Ausführung, nicht unbedingt aber für die Spezifikation. In der Regel haben sie entweder mit reichlichen Risikomargen versehene Festpreisaufträge oder sogar „Cost-plus" Verträge, in Deutschland Selbstkostenerstattungsverträge genannt. Die kommerziellen Unternehmen gehen dabei gar kein, oder allenfalls ein sehr geringes wirtschaftliches Risiko ein. Ganz anders dagegen die Private Raumfahrt. Hier entwickeln Unternehmen eigene Konzepte auf Grundlage eigener Spezifikationen mit eigenem oder geliehenem Geld. Sie tun es auf eigenes Risiko, ohne zu wissen, ob sie damit einmal wirtschaftlichen Erfolg haben werden. Es gibt im Bereich zwischen „privat" und „kommerziell" eine nicht unbedeutende Grauzone, denn eine erfolgreiche „private" Firma wird eines Tages in den „kommerziellen" Bereich wechseln. Auch Boeing und Lockheed haben (in der Luftfahrt) vor 80 Jahren als „Private" Unternehmen angefangen. Bei einem Konzern wie Orbital Sciences (OSC) fand diese Entwicklung erst in jüngster Vergangenheit statt, und ist dort teilweise immer noch im Gange. Das ISS-Versorgungssystem Taurus II/Cygnus wird beispielsweise von OSC überwiegend auf privater Basis entwickelt – vergleichbar mit dem System Falcon 9/Dragon von Space X. Der Grund warum OSC dennoch heute meistens nicht mehr der privaten Raumfahrt zugerechnet wird, liegt hauptsächlich in der Größe des Unternehmens. OSC ist inzwischen zu einem gewaltigen militärischen und zivilen Komplex herangewachsen. Ein Scheitern des Vorhabens Taurus II/Cygnus würde das Unternehmen nicht in seiner Existenz gefährden, denn diese Firma ist in ihrem Gesamt-Portfolio durch gut dotierte „Cost plus"-Verträge abgesichert. Die Mutation von „privat" zu „kommerziell" beginnt derzeit auch bei einem anderen Unternehmen der New-Space Szene einzusetzen: bei SpaceX. Der Grund: zum eigenen Risiko-Kapital hat Elon Musk für die Entwicklung der Falcon 9 bereits etwa 180 Millionen Dollar aus dem Commercial Orbital Transport Systems (COTS)-Programm der NASA erhalten, und erwartet aus diesem Topf noch weitere knapp 100 Millionen Dollar. Das deckt jedoch seine tatsächlichen Kosten bei weitem nicht. Sie dürften für die Entwicklung dieses Trägers bisher schon etwa bei 500 Millionen Dollar liegen. Ein erheblicher Teil dieses Betrages ist nach wie vor „Privat" und ich denke, man kann ihn mit Fug und Recht so lange in dieser Schublade lassen, bis er – ähnlich wie Boeing, Lockheed, EADS und die anderen – Aufträge nur noch dann annimmt, wenn alle seine Kosten gedeckt sind und auf den Deckungsbeiträgen obendrein noch ein lukrativer Gewinn mit verrechnet werden kann.

WANN IST EIN RAUMFLUG EIN RAUMFLUG?

Und schließlich sollten wir uns noch die Definition des Begriffs „Raumflug" ansehen, denn während manche der Privaten Raumfahrtunternehmen durchaus den Erdorbit (und später auch Ziele darüber hinaus) im Visier haben, erreichen viele der kreativen kleinen Startups vorläufig den „Weltraum" nur grade mal so eben. Eine Definition ist daher notwendig, und hier sind drei Begriffe, respektive Definitionen, von Bedeutung. Da gibt es zum einen die so genannte Armstrong-Linie. Sie hat nichts mit dem bekannten Apollo-Astronauten zu tun, sondern ist nach dem US-Generalmajor Harry George Armstrong benannt, dem „Vater der Raumfahrtmedizin". Nach seiner aktiven Soldatenlaufbahn war er ab 1957 Direktor des United States Aeromedical Research Laboratory. Seine Arbeiten führten dazu, dass Piloten, die sich in extremen Höhen aufhalten, angemessen geschützt werden können. Die Armstrong-Linie ist die Höhe, in der Wasser bei der Temperatur des menschlichen Körpers kocht. Mithin auch Flüssigkeiten, die sich am Körper befinden, beispielsweise Tränenflüssigkeit und Speichel (aber interessanterweise nicht Blut im Blutkreislauf). Dieser Punkt ist für eine Temperatur von 37 Grad bei einem atmosphärischen Druck von 0,0618 Atmosphären definiert. Ein solcher Druck liegt in Höhen zwischen 18,9 und 19,5 Kilometern vor. Eine weitere physiologische Auswirkung in dieser Höhe besteht darin, dass selbst bei der Zuführung von reinem Sauerstoff – auf welchem Wege auch immer – aufgrund des zu niedrigen Umgebungsdrucks die Sauerstoffversorgung des Körpers nicht mehr gewährleistet werden kann. Ein Mensch, der sich in dieser Höhe aufhält, stirbt somit innerhalb weniger Minuten auch dann, wenn er reinen Sauerstoff einatmet. Aus diesem Grund muss ein Mensch in diesen Bereichen zwingend entweder in einer Druckkabine eingeschlossen sein, oder einen Druckanzug tragen. Rein physiologisch befindet sich ein Mensch in 20 Kilometern Höhe praktisch im Weltraum. Das ist nun allerdings ein Bereich, in dem sich militärische Kampf- und Aufklärungsflugzeuge häufig befinden, ohne dass man ihre Piloten deshalb gleich als Astronauten bezeichnen würde. Deshalb beginnt nach allgemein herrschender Meinung der Weltraum in einer Höhe über der Erdoberfläche, in der kein Flugzeug mehr fliegen kann und der Luftraum genauso endet wie die Souveränität der Nationalstaaten.

Nachdem der Übergang von der Erdatmosphäre zum Weltraum fließend ist, ist es nicht verwunderlich, dass es für seinen Beginn mehrere Definitionen gibt. Die NASA und die US Luftwaffe verwendeten bis in die sechziger Jahre eine Grenze, die sie bei 50 Statute Miles festlegten, also etwa 80 km Höhe. International anerkannt ist heute die Bestimmung der Fédération Aéronautique Internationale (FAI), nach welcher der Weltraum in einer Höhe von 100 km seinen Anfang nimmt. Diese ebenso imaginäre wie willkürlich festgelegte Grenze wird auch als die Kármán-Linie bezeichnet, zu Ehren des Physikers Theodore von Kármán. Somit gilt heute allgemein: ein Vehikel, das in der Lage ist, eine Höhe von 100 Kilometern oder mehr zu erreichen (und sei es nur für Augenblicke auf dem Scheitelpunkt einer suborbitalen Parabel) ist ein Raumfahrzeug.

DIE TOP 10

Kommen wir nun zu den Top 10 der Privaten Raumfahrt. Ich habe diese Auswertung vor zwei Jahren schon einmal gemacht, und Leser, welche die Ausgabe SPACE 2009 besitzen sollten sich dieses Buch einmal zum Vergleich herbeiholen. Sie werden bemerken, dass sich seitdem einiges getan hat und eine ganze Reihe von Veränderungen eingetreten sind. Die vielleicht wichtigste: Eine Reihe von Projekten, die seinerzeit noch in der Entwurfsphase waren, absolvieren jetzt bereits ihre Testflüge oder diese stehen unmittelbar bevor. Nach wie vor ist die Szene noch nicht sonderlich gewinnorientiert (wenngleich ein Gewinn natürlich auch hier gerne mitgenommen wird).

NO. 10 – MICROCOSM, INCORPORATED

- **Internet:** www.smad.com und www.scorpius.com
- **Produkte:** Raumfahrtkomponenten und -systeme, Raumfahrtsoftware, Suborbitale Rakete SPRITE, Orbitalträger für Mikro- & Nano-Satelliten Scorpius.
- **Beschreibung:** Die Firma besteht für ein privates Raumfahrt-Startup schon relativ lange, nämlich seit 1984. Sitz des Unternehmens ist Hawthorne in Kalifornien. Mit dem Programm SPRITE versucht Microcosm in den Markt für suborbitale Standard-Nutzlasten einzudringen. Sie hat bislang zwei erfolgreiche Einsätze absolviert.

Mit der Scorpius sollen kleine Nutzlasten in den Orbit gebracht werden, wie beispielsweise Cubesats der Universitäten. Die Scorpius kann maximal 300 Kilogramm auf einer niedrigen Erdumlaufbahn absetzen. Komponenten von Microcosm, wie z.B. Tanks, werden auch von anderen Startups der Privaten

Raumfahrt verwendet, wie etwa Armadillo Aerospace. Bei Microcosm hat man immer den Eindruck, das Unternehmen steht kurz vor dem Erststart ihres Orbit-Vehikels, und dann tut sich für längere Zeiträume doch wieder nichts. Potential ist da, aber es ist nicht so genau bekannt, wo das Unternehmen mit seinen Trägeraktivitäten tatsächlich steht. Deshalb nur auf Platz 10 meiner Wertung.

NO. 9 – INTERORBITAL SYSTEMS

- **Internet:** www.interorbital.com
- **Produkte:** Luft- und Raumfahrtkomponenten aller Art, Common Propulsion Module Raketen Neptune 30, Neptune 1000, Neptune 4000
- **Beschreibung:** Auch Interorbital gehört zu den Unternehmen der New Space Szene, die schwer einzuschätzen sind. Die Firma wird von der exzentrischen Randa Milliron geleitet. Ihr Ehemann Roderick fungiert als Chefingenieur. Für ein Startup ist auch Interorbital schon relativ alt. Gegründet wurde es 1996. Wie viele Firmen dieser Szene hat auch sie sich im Mekka der Privaten Raumfahrt angesiedelt, am Mojave-Airport in Kalifornien.

Die Scorpius passt auf einen Lastwagen

Interorbital greift die Idee des deutschen Konstrukteurs Lutz Kayser auf, der in den siebziger Jahren eine modular aufgebaute Rakete konzipierte und mit seinem Unternehmen OTRAG vermarkten wollte. Die Module der Rakete sollten aus massenproduzierbaren Komponenten aufgebaut, und daher sehr preiswert sein. Kayser führt damals einige Versuchsflüge in Afrika durch, bevor seinem Unternehmen wegen politischer Querelen der Boden entzogen wurde. Basiseinheit für den Start eines sehr kleinen Satelliten, (die Millirons nennen ihn „TubeSat") ist die Neptune 30, die aus fünf der „Common Propulsion Module Raketen" zusammengesetzt ist. Die Zahl 30 bezieht sich auf das Nutzlastgewicht in Kilogramm, das diese Rakete in einen polaren Orbit mit einer Bahnhöhe von 300 Kilometern bringen kann. Der Erstflug der Neptun – als Einzelmodul und Suborbital – hätte eigentlich im März stattfinden sollen, ist bis heute aber aus

Randa und Rod Milliron,
die Inhaber der Firma Interorbital

unbekannten Gründen noch nicht erfolgt. Erste Orbitstarts waren für das Jahresende 2010 vorgesehen. Das Unternehmen bietet nicht nur eine modulare Rakete an, sondern auch ein modular aufgebautes Standard-Nutzlastpaket, das so genannte „Personal Satellite Kit", das mit dem oben erwähnten TubeSat in den Orbit gebracht werden soll. Die Kosten für den Start eines solchen Kits sollen nur 8.000 Dollar betragen. Mit diesem Konzept wird als Zielgruppe vor allem der akademische Sektor angepeilt. Höhere Schulen, Akademien, Universitäten sowie staatliche und private Forschungseinrichtungen, welche dadurch für wenig Geld Zugang zum Weltraum bekommen sollen. Auch die Bodeninfrastruktur ist minimal. Alles, inklusive der Startanlagen, ist transportabel.

NO. 8 – SIERRA NEVADA CORPORATION (SNC)

★ **Internet:** www.sncorp.com

★ **Produkte:** Elektronik, Avionik, Kommunikationssysteme, Raumfahrtkomponenten, Raumfahrzeug Dream Chaser

★ **Beschreibung:** SNC ist Amerika. Ein Unternehmen, wie es so in Europa wohl kaum geben würde. Ein Hightech-Laden mit einem Umsatz von einer Milliarde Dollar, der seit fast einem halben Jahrhundert existiert und sich heute im Besitz von zwei türkischstämmigen (aber nichtsdestotrotz 100% amerikanischer) Frauen befindet: Eren und Faith Özmen. So weit so gut, und eigentlich würde diese Firma bis hierhin nicht in unsere Systematik passen, wären die beiden Schwestern nicht vor ein paar Jahren auf die Idee gekommen, dass es unserer Zeit angemessen wäre, in Raumfahrt zu investieren. Dazu kauften sie Ende 2008 die Unternehmen Micro Sat Systems und SpaceDev. Und damit sind wir beim Thema, denn letzteres Unternehmen entwickelte schon seit 1998 mit minimaler Mittelverfügbarkeit an einem Raumfahrzeug namens „Dream Chaser" herum, ohne wesentlich zu Potte zu kommen.

Erst mit dem Einstieg von SNC veränderte sich die Situation schlagartig. Heute ist der „Dream Chaser" der Publikumsliebling der Privaten Raumfahrt. Alle mögen ihn, denn er sieht aus, als hätte der Space Shuttle Nachwuchs bekommen. Kompakt, knuffig und hamsterbackig. Tatsächlich aber ist der Dream Chaser eine maßstäblich vergrößerte Version des Lifting Bodies HL 20 das einst in den sechziger Jahren Northrop für die NASA baute. Er soll sieben Astronauten zur ISS bringen und am Ende der Mission standesgemäß auf einer Rollbahn herunterkommen. So wie einst der Shuttle eben. Auch die NASA liebt den Traumfänger und hat SNC schon mal 20 Millionen Dollar bewilligt Starten soll das Vehikel an der Spitze einer Atlas 5 oder Delta 4. Die aerodynamische Konfiguration mit einem großen geflügelten Fahrzeug an der Spitze einer langen und schlanken Trägerrakete dürfte allerdings nicht unproblematisch werden. Und auch ein Startrettungssystem wird noch benötigt.

Der „Dream Chaser" der Sierrra Nevada Corporation

7. MASTEN SPACE

- **Internet:** www.masten-space.com
- **Produkte:** Raumfahrtkomponenten, Raumfahrtantriebe, Beratungsdienstleistungen, Suborbitale Raumfahrzeuge der XA-Serie (für: Xtreme Altitude)
- **Beschreibung:** Völlig überraschend gewann im vergangenen Jahr Masten Space den mit einer Million Dollar dotierten ersten Preis im Northrop Grumman Lunar Landing Contest, Level 2, vor den hoch favorisierten Armadillos (und zusätzlich den zweiten Preis im Level 1-Wettbewerb). Jeff Masten wurde überdies als „Unternehmer des Jahres" ausgezeichnet. Diese Finanzspritze und die Anerkennung tun dem Unternehmen gut. Am Mojave-Flughafen, wo sie ihren Standort haben, spielten sie neben ihren bedeutenderen Konkurrenten XCOR und Scaled Composites bislang nur die dritte Geige und auch um diesen dritten Rang am Platz mussten sie mit Interorbital Systems kämpfen.

Hover Test bei Masten Space. Sicherheitshalber noch am Kranhaken.

Masten gibt seinen Vehikeln ungemein exotisch klingende Namen, die allesamt mit X beginnen. Auf die Frage, wie sie denn zu diesen Bezeichnungen kämen, meinte Jeff Masten: „In ihrer Freizeit gucken sich meine Leute all diese verrückten Science-Fiction-Serien an". Die derzeit im Flugpark von Masten stehenden Fahrzeuge heißen „Xombie", „Xogdor" und „Xoje". Dank der Preisgelder kann sich Masten jetzt Personal leisten und sucht Leute auf den Gebieten des Test Engineerings, der Systemintegration, der Antriebstechnik und: Guidance, Navigation und Control. Diesen Job braucht man nur, wenn man hoch hinaus und weit weg will. Das hat auch die NASA herausgefunden, und kürzlich an Masten eine Auftrag für die Durchführung einer Reihe suborbitaler Flüge im Winter 2010/2011 vergeben. Das Fahrzeug, mit dem sie durchgeführt werden sollen, heißt übrigens „Xaero".

6. ARMADILLO AEROSPACE

- **Internet:** www.armadilloaerospace.com
- **Produkte:** Antriebe für Rocket Racing League, Versuchsfahrzeuge Pixel, Texel and Quad, bemanntes suborbitales Raumfahrzeug „Six Pack".
- **Beschreibung:** Vor zwei Jahren betrieben John Carmack und seine Mitarbeiter Armadillo Aerospace noch auf Freizeitbasis und nur am Wochenende. Das hat sich in der Zwischenzeit geändert, seitdem nicht nur eigenes Geld im Spiel ist, sondern auch Aufträge abzuarbeiten sind, wie zum Beispiel die von der NASA.

Firmeninhaber John Carmack machte ein Vermögen mit Computerspielen, das er jetzt in der alternativen Raumfahrt anlegt. Übrigens nicht nur bei Armadillo, sondern auch bei XCOR, eigentlich ein Konkurrent von Armadillo. Nach dem Gewinn von insgesamt 850.000 $ an Preisgeldern in der Northrop Grumman Lunar Lander Challenge (1. Preis im Level 1 Wettbewerb, 2. Preis im Level 2) beschäftigt sich Armadillo gegenwärtig schwerpunktmäßig damit, einen Auftrag der NASA für eine wiederverwendbare Höhenforschungsrakete zu realisieren. Flugtechnisch ist Armadillo gerade dabei, die Höhenerprobung mit vertikal startenden und landenden Fahrzeugen durchzuführen und unternimmt dazu in diesen Tagen (Ende September 2010) Flüge bis 6.000 Metern Höhe. Dabei wird das Verhalten der Vehikel unter hohen Fluggeschwindigkeiten in der Atmosphäre, der Abstieg zum Boden mit Raketenunterstützung und die Abschaltung und Wiederzündung von Triebwerken während des Fluges getestet. In den nächsten Wochen soll es bis auf mehr als 30 Kilometer gehen. Und im nächsten Jahr sind Flüge bis 100 Kilometer Höhe vorgesehen.

Armadillo startet zum Höhenflug

Mittelfristig stehen natürlich auch bei Armadillo bemannte suborbitale Flüge im Fokus der Aktivitäten. Um die zu vermarkten hat sich das Unternehmen mit Space Adventures (www.spaceadventures.com) zusammengetan.

5. BLUE ORIGIN

★ **Internet:** www.blueorigin.com

★ **Produkte:** Suborbitales Testvehikel Goddard, Suborbitales Einsatzvehikel „New Shepard", unbekanntes Orbitalfahrzeug.

★ **Beschreibung:** Gegen Blue Origin ist ein katholischer Schweigekonvent die reinste Plauderbude. Eine wilde Spekulation, die momentan durch die Gemeinde der privaten Raumfahrt geht, besagt, dass Blue Origin seine suborbitalen Touristikflüge durch Amazon vermarkten lassen wird. Der Grund dafür ist einfach: Blue Origin befindet sich im Besitz von Jeff Bezos. Demselben Jeff Bezos, dem auch der Online-Versand Amazon gehört, und derzeit, laut Forbes-Liste, etwa neun Milliarden Dollar.

Bezos hat beschlossen, die Raumfahrt unter komplettem Ausschluss der Öffentlichkeit neu zu erfinden. Er hat drei Hektar Büros und Fertigungsstätten im Bundesstaat Washington errichten lassen, in Kent, einer 90.000-Einwohner Gemeinde vor den Toren Seattles. Die Testanlagen und das Fluggelände befinden

Der New Shepard von Blue Origin

sich dagegen 3.000 Kilometer weiter südöstlich, in Texas. Dort hat Bezos im dünn besiedelten Culbertson County ein Gelände erworben, um dessen Größe ihn mancher Nationalstaat auf diesem Planeten beneiden würde. Er fing mit „bescheidenen" 670 Quadratkilometern an, hat aber in den letzten Jahren große Areale dazu gekauft. Ob Kent oder die Corn Ranch: Alles ist Sperrgebiet, und seit Jahren fragt sich jeder: Was um alles in der Welt treibt Jeff Bezos mit diesen immensen Immobilien? Der Öffentlichkeit ist offiziell nur ein Flugereignis bei Blue Origin bekannt, und das war der Erstflug des suborbitalen „New Shepard" Prototypen im November 2006. Danach flog dieses Vehikel wahrscheinlich nur noch zwei weitere Male im Frühjahr 2007. So ganz genau weiß man das nicht, denn diese Flüge fanden bereits unter Ausschluss der Öffentlichkeit statt. Dass sich überhaupt etwas tut bei Blue Origins kann man nur Indizien entnehmen. Vor zwei Jahren heuerte Jeff Bezos Dr. Alan Stern an, den ehemaligen NASA-Administrator für Wissenschaftsmissionen. Der wurde sofort aktiv und rief im Laufe des Jahres 2009 Forschungsinstitute und Industrie auf, Nutzlasten für die Phase 1 des New Shepard – Testflugprogramm anzubieten. Hunderte von Meldungen gingen ein, Alan Stern wählte etliche aus und gab bekannt, dass diese Nutzlasten ab November 2010 integrationsbereit zur Verfügung stehen müssten. Fliegen sollen sie im nächsten Jahr. Ab 2012, so Alan Stern, werden diese und andere Nutzlasten auch „begleitet" fliegen können. Und zwar von „drei oder mehr Personen" in Höhen von „über 100 Kilometern". Das hört sich doch schon mal spannend an.

4. XCOR AEROSPACE

- **Internet:** www.xcor.com
- **Produkte:** Triebwerkskomponenten, Raketentriebwerke für Rocket Racing League, Suborbitale Raumfahrzeuge Lynx Mark 1 und Lynx Mark 2.
- **Beschreibung:** Auch XCOR hat seinen Firmensitz am Mojave-Airport, nur wenige hundert Meter von der Werkshalle von Scaled Composites entfernt. Während sich dort häufig die Reporter in Scharen drängen war es bei XCOR in der Vergangenheit eher ruhig. Bis zum letzten Dezember, dann änderte sich die Lage schlagartig.

Da kam die Meldung, dass die südkoreanische Raumfahrtbehörde XCOR als Partner ausgewählt hat, um vom Yecheon Astro Space Center (240 Kilometer südöstlich von Seoul gelegen) suborbitale Raumflüge durchzuführen. Es handelt sich dabei um ein so genanntes „wet lease agreement". XCOR stellt Korea unter dieser Vereinbarung die einsatzfähige Lynx Mark II sozusagen „vollbetankt" zur Verfügung. Damit werden dann suborbitale Flüge bis in mehr als 100 Kilometer Höhe durchgeführt. Südkorea will etwa 30 Millionen Dollar in das Vorhaben stecken. XCOR verfolgte bislang eine sehr intelligente Firmenstrategie. Das Unternehmen baut auf der Arbeit auf, die es für andere verrichtete. Das mit Kerosin betriebene Triebwerk, das den „Bridenstine DKNY Rocket Racer" antreibt ist beispielsweise die Grundlage für den mit vier etwa doppelt so starken Triebwerken angetriebenen Lynx Mark I, der gegen Ende dieses Jahres seinen Rollout erleben soll. Der Mark I ist nach unserer Definition zwar noch kein richtiges Raumschiff, aber auch nicht mehr weit davon entfernt. Er wird immerhin in der Lage sein, Höhen von mehr als 60 Kilometern zu erreichen. Das Vehikel ist ein Zweisitzer. Pilot und Passagier sitzen nebeneinander und bei einem 60 Kilometer-Flug erreicht er immerhin 90 Sekunden Schwerelosigkeit. Doch erst mit dem Mark 2 geht es dann richtig zur Sache. Er wird eine weitgehend ähnliche aerodynamische Form wie der Mark II aufweisen und ist auch nur geringfügig größer. Für dieses Fluggerät gibt es aber technische Neuerungen, die eher aus der Luftfahrt stammen, als aus der Raumfahrt. So will XCOR seine Flüssigsauerstofftanks in die Flügel einbauen und nicht in den Rumpf, wie es seit jeher im Raketenbau üblich war. Und natürlich bekommt der Lynx 2 ein stärkeres Triebwerk. Diese Änderungen machen ihn weltraumtauglich. Seine Gipfelhöhe wird bei über 100 Kilometern liegen, und er kann auch als Trägerfahrzeug für Mikrosatelliten verwendet werden. Als Testpiloten konnte XCOR übrigens den früheren Shuttle-Kommandanten Rick Searfoss gewinnen. Eins ist sicher: XCOR ist eine heiße Nummer. Der Vermarkter der Flüge von XCOR ist Rocketship-Tours (www.rocketshiptours.com)

Der XCOR Lynx 1 kann statt eines zweiten Piloten auch eine Nutzlast mitnehmen, die in ihrer Größe zwei Space Shuttle Middeck-Nutzlastcontainern entspricht.

3. BIGELOW AEROSPACE

★ **Internet:** www.bigelowaerospace.com

★ **Produkte:** Raumstationsmodule Genesis I und II, Sundancer und BA 330

★ **Beschreibung:** Die Top drei unserer Liste zeichnen zwei Dinge aus: Zwei von Bigelows Raumstationen sind schon heute im Weltraum. Und Robert Bigelow nimmt für das Erreichen seines Ziels sehr viel Geld in die Hand. Bislang dürften das für die in Las Vegas ansässige Bigelow Aerospace etwa 175 Millionen Dollar gewesen sein. 350 weitere Millionen werden in den nächsten Jahren investiert.

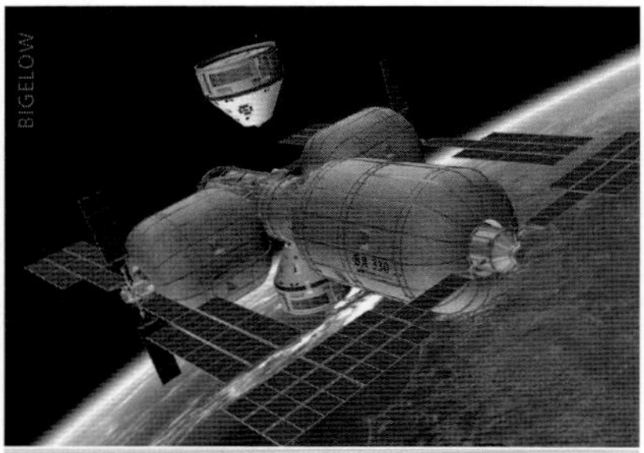

Aus Bigelows Modulen kann ein ganzer Raumstationskomplex aufgebaut werden...

...es ist aber auch möglich, die Einheiten an Standard-ISS-Module anzukoppeln.

Seit 12. Juni 2006 befindet sich die experimentelle Raumstation Genesis I im Weltraum, seit 28. Juni 2007 auch Genesis II. Beide Module sind noch nicht mit kompletten Lebenserhaltungssystemen ausgerüstet. Über die wird erst das nächste Modell verfügen, der Sundancer, der nach gegenwärtigen Plänen etwa um 2014 mit einer Falcon 9-Trägerrakete in den Orbit gebracht werden soll. Der Sundancer wird ein bewohnbares Raumvolumen von 180 Kubikmeter haben, das ist gut doppelt so viel wie das Columbus-Modul der Internationalen Raumstation. Mit einiger Sicherheit wird der erste Nicht-Institutionelle Raumfahrer der sich mit einer privat entwickelten Rakete in den Weltraum begibt, an einer Bigelow-Raumstation andocken. Bigelows Konzept ist revolutionär. Seine Stationen sind aufblasbar. Eng gepackt unter der Nutzlastverkleidung einer Trägerrakete entfalten sie sich erst im Orbit und bieten dann ein enormes Raumvolumen. Sie mögen ein wenig krumpelig aussehen, ihre Festigkeit ist aber größer als die konventioneller Stationen.

Bigelow hat große Pläne. Seine Raumstationsmodule sind fest genug, um auch auf der Oberfläche des Mondes abgesetzt werden zu können. So schlägt er für eine zukünftige Mondbasis eine Kombination aus drei BA 330-Modulen vor, die jeweils ein bewohnbares Raumvolumen von 2.100 Kubikmetern aufweisen.

Neuerdings kümmert sich Bigelow auch um den Transport von Menschen zu seiner Station. Mit Boeing ist er derzeit in Verhandlung, eine Art „Orion-Lite" zu entwickeln, mit der drei oder vier kommerzielle Astronauten zu seiner Raumstation fliegen könnten. Als Träger sind entweder die Delta 4 oder die Atlas 5 vorgesehen.

2. SCALED COMPOSITES/VIRGIN GALACTIC/ THE SPACESHIP COMPANY

★ **Internet:**
www.scaled.com/ ,
www.virgingalactic.com/
und www.thespaceshipcompany.com/

★ **Produkte:** Suborbitales Raumfahrzeug SpaceShipTwo, Trägerflugzeug WhiteKnightTwo

★ **Beschreibung:** Um die Verwirrung über die drei Internet-Adressen gleich zu klären: Scaled Composites ist das Unternehmen des Flugzeugkonstrukteurs Burt Rutan (das aber inzwischen von Northrop Grumman gekauft wurde). Dieses Unternehmen entwickelt und testet das Raumschiff SpaceShipTwo (SS2) und das Trägerflugzeug WhiteKnightTwo (WK2). Virgin Galactic ist sowohl Fluglinie für Raumschiff und Trägerflugzeug als auch Finanzier von Scaled Composites und gehört zu Sir Richard Bransons Virgin Group. Und die neu gegründete „The Spaceship Company" ist das Produktionsunternehmen für SS2 und WK2, das Rutan und Branson gemeinsam gegründet haben.

Allein aus diesem Konstrukt ist erkennbar: Hier hat die Zukunft schon begonnen. Im Dezember 2008 fand der Rollout des SS2-Trägerflugzeugs WK2 statt. Gut ein Jahr später startete diese Maschine, nachdem sie zuvor ausgiebig solo getestet worden war, zum ersten Mal mit SS2 unter dem Rumpf. Scaled Composites hat mit SpaceShipOne (SS1) schon den legendären X-Price gewonnen.

Bei Scaled Composites in Mojave ist die Kombination aus SpaceShipTwo und WhiteKnightTwo startbereit.

Den bekam im Jahre 2004 derjenige, dem es gelang, zweimal innerhalb von zwei Wochen mit einem bemannten Raumfahrzeug eine Höhe von 100 Kilometern zu überschreiten. Dieses Ereignis war die Initialzündung für die Entwicklung von SS2 und WK2. Zu WK2 und SS2 braucht nicht viel gesagt zu werden. Die Medien sind voll über dieses Gespann. Sechs Passagiere und zwei Piloten steigen mit 4.200 Kilometern pro Stunde in den Himmel, erreichen nur Minuten später eine Höhe von 120 Kilometern und können auf diese Weise einen kurzen Abstecher an den Rand des Weltraums unternehmen, ohne die immensen technischen und finanziellen Hürden eines wirklichen Raumflugs auf sich nehmen zu müssen. Das erste Trägerflugzeug trägt den Namen „Eve", nach Richard Bransons Mutter. Die erste Flugheinheit von SS2 heißt „Enterprise", nach der bekannten SF-Fernsehserie. Flugeinheit zwei wird ebenfalls einen Namen aus dieser Serie tragen und „VSS Voyager" heißen. Die dritte Flugeinheit von SS2 wird den Namen „VMS Spirit of Steve Fossett" tragen, nach dem berühmten Flugpionier, der 2007 bei einem Absturz ums Leben kam.

1. SPACE EXPLORATION TECHNOLOGIES (SPACEX)

★ **Internet:** www.spacex.com/index.php

★ **Produkte:** Orbitale Trägerraketen Falcon 1B und Falcon 9, bemanntes und unbemanntes Raumfahrzeug Dragon

★ **Beschreibung:** Space Exploration Technologies, kurz SpaceX ist der neue Machtfaktor in der Raumfahrt. Auf dem Trägersektor und bei unbemannten und bemannten Raumfahrzeugen. Es gehört Elon Musk, der ein Vermögen in der IT-Branche mit der Entwicklung des Online-Bezahlsystems „PayPal" gemacht hat. Mit seiner rapide wachsenden Firma lehrt er den etablierten institutionellen Raumfahrtkonzernen das Fürchten. Er gründete SpaceX im Jahre 2002 mit fünf Angestellten. Ende 2005 waren es etwa 150. Zu Anfang des Jahres waren es 900 Mitarbeiter und vor wenigen Wochen hat er die Schallmauer von 1000 Mitarbeitern durchbrochen.

Er hat Startaufträge für seine beiden Träger – die leichte Trägerrakete Falcon 1 und den mittelschweren Falcon 9 – in einer Zahl, für die ihn mancher der klassischen Aerospace-Giganten beneidet. Die ganze (US-) Nation setzt auf ihn. Der Shuttle soll im kommenden Jahr seinen Betrieb einstellen, und Präsident Obama hat den Shuttle-Nachfolger Orion Anfang des Jahres stornieren lassen. Das einzige bemannte Raumtransportsystem, das kurzfristig in die Bresche springen kann ist Elon Musks Falcon 9 mit dem Dragon-Raumschiff an der Spitze. Der Dragon könnte bis zu sieben Astronauten zur ISS bringen.

Elon Musk hat immense Summen in das Unternehmen gesteckt, und wird es – hoffentlich – eines Tages verzinst wieder zurück bekommen. Die Entwicklung der Falcon 9 hat bislang, nach seinen eigenen Aussagen, etwa 500 Millionen Dollar gekostet. Von der NASA erhält Musk dafür nur 278 Millionen. Den Rest muss er sich über die Amortisation durch die Startaufträge zurückholen. Und dafür muss sein neuer Träger auch funktionieren. Doch das sieht gar nicht so schlecht aus: Die erste Mission der Falcon 9 ist bereits Geschichte. Er war ein Triumph für Elon Musk, denn es gibt nicht sonderlich viele Fälle in der Geschichte der Raumfahrt, dass ein vollständig neu entwickelter Träger beim ersten Testflug erfolgreich ist.

Elon Musk und SpaceX. Gegenwärtig die unbestrittenen Stars der alternativen Raumfahrt. Kann sein, dass wir schon in 10 Jahren mit seinen Vehikeln in Richtung Mond unterwegs sind.

Der Falcon 9-Erstflug gelingt am 5. Juni 2010

Take off...

VIRGIN GALACTIC HEBT AB

Virgin Galactic hebt ab. Die „VSS Enterprise" führte am 22. März 2010 unter dem Rumpf ihres Trägerflugzeugs „VMS Eve" ihren Erstflug durch. VSS, das steht für „Virgin Galactic Space Ship". VMS für „Virgin Galactic Mothership". Die „Enterprise" ist die erste Flugeinheit einer zukünftigen Flotte suborbitaler Raumfahrzeuge des Typs „SpaceShip-Two". Gebaut werden Raumschiff und Trägerflugzeug von Scaled Composites, einem hoch kreativen Flugzeugbau-Unternehmen das unter der Leitung des legendären Konstrukteurs Burt Rutan steht. Bestellt und bezahlt wird das Ganze von dem Flugunternehmer und Abenteurer Sir Richard Branson. Der durfte dafür den schnittigen Vehikeln dafür auch die Namen geben.

Die Bezeichnung des Raumflugzeugs ist natürlich eine Hommage an die „USS Enterprise" aus dem Star Trek-Universum (da steht das USS übrigens für United Star Ship). Captain Kirks knapp unter Warp 10 schnelles Raumschiff trägt ja bekanntlich diesen Namen. Auch der allererste Space Shuttle hieß übrigens so. Auch damals schon zu Ehren der Fernsehserie.

...für SpaceShipTwo/WhiteKnightTwo

Richard Bransons VSS Enterprise wird nicht ganz so schnell sein, und auch nicht ganz soweit kommen wie Captain Kirks fiktives Raumschiff. Und die Bezeichnung „Raumschiff" mag auch ein wenig hochtrabend sein, für ein Vehikel, das grade mal für einige Momente eine Gipfelhöhe von 130 Kilometer erreichen kann. Dennoch ist es der eben Realität werdende erste Schritt in die Richtung, auch dem Normalbürger (zugegeben: anfangs nur dem ziemlich „betuchten" Normalbürger) den Zugang zum Weltraum zu ermöglichen.

Burt Rutan nennt die Enterprise firmenintern übrigens recht nüchtern „Model 339" und das Trägerflugzeug „Model 348". Für die Öffentlichkeit lautet die Typbezeichnung „WhiteKnightTwo". Auch das ist eine Hommage, denn mit diesem seltsamen Namen erinnert er an die beiden Testpiloten William Knight und Robert White, die im Flugforschungsprogramm der X-15 in den sechziger Jahren Geschwindigkeits- und Höhenrekorde hielten. Soweit es den Geschwindigkeitsrekord für bemannte Fluggeräte innerhalb der Erdatmosphäre betrifft: Den hält William Knight nach wie vor. Seit dem Jahre 1967. Robert Whites Höhenrekord (für bemannte Raketenflugzeuge) wurde jedoch schon übertroffen: Von Scaled Composite Testpilot Brian Binnie mit SpaceShipOne im Oktober 2004.

Virgin Space Ship (VSS) Enterprise

Der erste Testflug der „VMS Eve" liegt schon 15 Monate zurück. Er fand am 21. Dezember 2008 statt. Es war das angekündigte Bestreben von Burt Rutan, erst einmal das Trägerflugzeug alleine ausgiebig zu testen, bevor er es mit dem kleinen Weltraumschiff bestückt. Mit dem nun erfolgten Erstflug der gesamten Kombination inklusive SpaceShipTwo begann die Flugtestphase auch für den schnittigen Weltraum-Liner.

Dieser Jungfernflug war keineswegs ein vorsichtiges erstes Abtasten der Flugeigenschaften der Gesamtkombination. Hier hätte man eher zwei, drei Platzrunden in niedriger Höhe und eine Landung nach wenigen Minuten erwartet. Ganz im Gegenteil: Es war ein Flug von fast drei Stunden Dauer der bis hinauf in die Stratosphäre ging. Das Gespann erreichte eine Flughöhe von 13.500 Metern. Die „VMS Eve" ist ein Doppelrumpfflugzeug. Gesteuert wird die Maschine von der linken Kabine. Nur dort befindet sich ein Cockpit. Im rechten Rumpf können, sobald die Einsatzphase erreicht ist, Passagiere mitfliegen. Zwischen den beiden Kabinen ist SpaceShipTwo aufgehängt. Ein typischer Flugeinsatz wird so ablaufen, dass das Trägerflugzeug das kleine Raumfahrzeug auf eine Abwurfhöhe von gut 15 Kilometern bringt und dann ausklinkt. Gleich danach zündet das Hybridtriebwerk für etwa 100 Sekunden und beschleunigt das Vehikel auf gut 4.000 Kilometer pro Stunde. Nach dem Brennschluss folgt

Exotische Kombination: VMS Eve und VSS Enterprise

SpaceShipTwo der einmal eingeschlagenen parabelförmigen Bahn im freien Fall und erlebt dabei für knapp fünf Minuten Schwerelosigkeit. Danach landet die Maschine auf einem Fahrwerk das aus Kufen und Rädern kombiniert ist.

Über das künftige Flugtestprogramm hält sich Burt Rutan bedeckt. Es dürfte aber wie folgt weitergehen: Zunächst werden noch einige unbemannte Captive Carry-Flüge durchgeführt. Danach folgte eine Reihe solcher Flüge mit Besatzung an Bord (deren erster am 15. Juli 2010 stattfand). Danach wird man eine größere Anzahl von Gleitflügen unternehmen um die Flug- und Landeeigenschaften der VSS Enterprise zu überprüfen. Schließlich beginnen die Tests mit dem Raketenantrieb. Der wird bei den ersten Flügen zunächst nur für wenige Sekunden gezündet, später folgen immer längere Brennphasen. Danach werden die Testpiloten die etwas abgelegeneren Ecken der so genannten „Betriebsbox" erkunden. Das heißt, dass man gegen Schluss des Testprogramms die Leistungsgrenzen erfliegen wird. Ganz am Ende wird ein Einsatzflug-Testprogramm stattfinden. Ohne Passagiere. Anfang übernächsten Jahres sollten dann die Passagierflüge aufgenommen werden. Die Herausforderung ist groß. Nie zuvor ist ein Raketenflugzeug für den Passagier-Einsatz getestet worden. Noch nie ist ein Flugzeug mit Passagieren bis in solche Höhen vorgestoßen und hat solche Geschwindigkeiten erreicht.

Der „New Shepard" wird zum Start gebracht

DAS GEHEIMNIS DES BLAUEN URSPRUNGS

Wahrscheinlich sechs Unternehmen werden sich an der Ausschreibung des Commercial Crew Programms der NASA beteiligen, aus der – nach heutiger Sicht – irgendwann nach 2014 voraussichtlich zwei bemannte Transportsysteme für den niedrigen Erdorbit hervorgehen werden. Bei fünf dieser Unternehmen – Boeing/Bigelow, Sierra Nevada, SpaceX, Orbital Sciences und Lockheed Martin – weiß man recht genau was sie machen, wie ihre projektierten Vehikel aussehen und was sie leisten können. Doch einer der zukünftigen Konkurrenten tanzt aus der Reihe. Gegen dieses Unternehmen ist ein Schweige-Konvent eine Plauderbude. Sein Name: Blue Origin.

Blue Origin befindet sich im Besitz von Jeff Bezos. Dem gehören auch der Online-Versand Amazon und derzeit, laut Forbes-Liste, 8,8 Milliarden Dollar. Damit finanziert er seine Raumfahrt-Ambitionen entweder komplett alleine oder aber mit sehr verschwiegenen stillen Gesellschaftern. Die anderen beiden milliardenschweren Einzelunternehmer in der exklusiven Gemeinde der privaten Raumfahrt Startups – Elon Musk und Robert Bigelow – führen ihre Arbeiten vor den Augen der Welt durch. Das hat Vorteile: Elon Musk muss beispielsweise schon seit Jahren kein eigenes Geld mehr einsetzen, denn durch Offenlegung seiner Aktivitäten und der Beteiligung an den Ausschreibungen der Weltraumbehörde kommt er auch an öffentliche Mittel heran. Bis heute hat die NASA schon etwa 300 Millionen Dollar an SpaceX überwiesen und Aufträge im Wert von fast zwei Milliarden Dollar in Aussicht gestellt. Und auch Privatinvestoren legen bei ihm Geld an.

Fertigungsanlage in Kent

Doch das ficht Jeff Bezos nicht an. Er hat beschlossen, die Raumfahrt unter komplettem Ausschluss der Öffentlichkeit neu zu erfinden. Er hat drei Hektar Büros und Fertigungsstätten im Bundesstaat Washington errichten lassen, in Kent, einer 90 000-Einwohner Gemeinde vor den Toren Seattles. Über die Einrichtungen dort meinte Dan Rasky von den NASA Ames Laboratories, der dort kürzlich einen Besuch abstattete: "Wenn Sie wissen wollen wie das Clubhaus eines Milliardärs aussieht: besuchen Sie einfach Blue Origin in Kent".

Die Testanlagen und das Fluggelände befinden sich 3.000 Kilometer weiter südöstlich, in Texas. Dort hat Bezos im dünn besiedelten Culbertson County ein Gelände gekauft, um dessen Größe ihn mancher Nationalstaat auf diesem Planeten beneiden würde. Er fing mit bescheidenen 670 Quadratkilometern an, hat aber in den letzten Jahren große Areale dazu gekauft. Das Gelände heißt ironischerweise „Corn Ranch" obwohl dort kaum ein Grashalm wächst. Aber vielleicht sind mit „Corn" auch die Sandkörner gemeint. Ob Kent oder die Corn Ranch: Alles ist Sperrgebiet, und seit Jahren fragt sich jeder: Was um alles in der Welt treibt Jeff Bezos mit diesen immensen Immobilien?

Tatsächlich scheint der Aufwand grotesk übertrieben. Der Öffentlichkeit ist offiziell nur ein Flugereignis bei Blue Origin bekannt, und das war der Erstflug des suborbitalen „New Shepard" Prototypen im November 2006. Damals stieg die knuffige Weltraumkugel, deren Form an ein überdimensioniertes Himbeerdrops erinnert (für die Älteren unter uns, die noch Commander Cliff Allistair McLeans Orion 7 in „Raumpatrouille" kennen: Es sieht auch einer „Lancet" verblüffend ähnlich) fauchend 90 Meter in die Höhe und setzte sich dann wieder zurück auf seine vier Beine. Danach flog dieses Vehikel wahrscheinlich nur noch zwei weitere Male im Frühjahr 2007. So ganz genau weiß man das nicht, denn diese Flüge fanden schon unter Ausschluss der Öffentlichkeit statt.

Doch jetzt, just zur Einstellung des NASA-Constellation Programms und der Ankündigung großer Initiativen zur privaten Raumfahrt taucht Blue Origin wieder aus der Versenkung auf. Ein bisschen wenigstens. Im Frühjahr 2010 fand in Boulder, Colorado die „Next-Generation Suborbital Researchers Conference" statt. Bei der sprach ein Vertreter von Blue Origin namens Gary Lai der sich zur Firmenphilosophie wie folgt äußerte: "Wir sprechen grundsätzlich nur über Resultate und nicht über Pläne. Resultate, das sind für uns erreichte Meilensteine. Haben wir einen erreicht, der es notwendig macht, an die Öffentlichkeit zu gehen, dann tun wir das. Vorher nicht."

Man scheint also just im richtigen Moment einen Meilenstein der beschriebenen Art erreicht zu haben, denn in letzter Zeit lichtete sich der Vorhang ab und zu ein kleines Stück. Tragen wir die spärlichen Informationen der letzten Zeit zusammen und ordnen wir sie chronologisch, dann ergibt sich folgendes Bild:

Ende 2008 heuerte Jeff Bezos Dr. Alan Stern an, den ehemaligen NASA-Administrator für Wissenschaftsmissionen. Der begann sofort aktiv zu werden und rief im Laufe des Jahres 2009 Forschungsinstitute und Industrie auf, Nutzlasten für die Phase 1 des New Shepard – Testflugprogramm anzubieten.

Seiner eigenen Aussage nach ging eine stattliche Anzahl an Vorschlägen ein, und im November 2009 wählte er drei davon aus. Die sollen etwa 2011 fliegen. Die Experimentatoren sind verpflichtet, ihre Experimente bis November 2010 zur Integration in das Raumfahrzeug zur Verfügung bereit zu stellen.

Ab 2012, so Alan Stern kürzlich, werden diese und andere Nutzlasten auch „begleitet" fliegen können. Und zwar von „drei oder mehr Personen" in Höhen von „über 100 Kilometern".

Das New Shepard-System, so konnte man in diesem Jahr hören, ist modular ausgelegt und besteht in seiner Basisversion aus einer Mannschaftskabine und einem Antriebsmodul. Nach Brennschluss, zweieinhalb Minuten nach dem Beginn der Zündung, trennen sich die beiden Systeme und lancen nach Absolvierung ihrer suborbitalen Parabel getrennt am Fallschirm. Im Notfall, beispielsweise einem Fehler im Antriebssystem, wird ein Pusher-Startabbruchsystem aktiviert, das die Kabine vom Antriebsmodul trennt.

Am 2. Februar fand in Washington eine NASA-Pressekonferenz statt, bei der die Gewinner der Entwicklungsaufträge im „Commercial Crew Development Program" der NASA bekanntgegeben wurden. Große Überraschung: Blue Origin hatte sich auch beteiligt und prompt einen der begehrten Aufträge gewonnen. Den nahm Robert Millman in Empfang, der in seiner kurzen Ansprache vor allem kryptische Bemerkungen in der Art machte, wie man sie seinerzeit vom sowjetischen Politbüro zum Status der Raumfahrt der UdSSR gehört hatte. Von ihm erfuhr man so gehaltvolle Dinge wie: "The (Blue Origin) Team is dedicated to creating technologies for an enduring human presence in space" (Das Team von Blue Origin engagiert sich für eine dauerhafte Präsenz im Weltraum). Immerhin: Die Teilnahme an der NASA-Ausschreibung und den Gewinn eines Auftrags bestätigt: Blue Origin entwickelt nicht nur ein suborbitales Fahrzeug sondern will auch in der orbitalen Raumfahrt mitspielen.

Und schließlich trug Alan Lindenmeyer, bei der NASA für das Commercial Crew und Cargo Programm zuständig, ebenfalls im Frühjahr bei der Commercial Space Transportation Conference eine Präsentation vor, bei der die Entwicklungsinhalte aller fünf Gewinner der oben erwähnten NASA-Ausschreibung beschrieben wurden. Die Blue Origin-Präsentation zeigte den Entwurf eines bikonischen Raumfahrzeugs mit deutlichem Anklang zu den frühen Entwürfen des russischen Kliper-Systems. Weitere Aussage: Gestartet werden soll das Raumfahrzeug auf einer Atlas 5 402, demselben Typ, auf der übrigens auch Bigelow/Boeing starten will. Blue Origins Orbitalentwurf hat dabei offensichtlich das „Pusher-Startabbruchsystem" des suborbitalen „New Shepard" übernommen.

Das war's dann auch schon wieder. So richtig viel wissen wir also immer noch nicht über die Projekte und Ziele des geheimnisvollen Blue Origin. Sicher ist nur: Bald muss Blue Origin mit weiteren Informationen herausrücken, schließlich werden sie ihr Produkt ja auch vermarkten wollen. Einer wie Jeff Bezos will sein eingesetztes Kapital eines Tages garantiert wieder zurück – mit Zinsen!

Logo Blue Origin

13. März: Static Firing der Falcon 9 Triebwerke

VIEL GLÜCK, ELON

SpaceX, offiziell im Handelsregister von Hawthorne in Kalifornien als „Space Exploration Technologies" geführt, ist das derzeit wahrscheinlich erfolgreichste Start-up der Privaten Raumfahrt. Es gehört Elon Musk, der ein immenses Vermögen in der IT-Branche mit der Entwicklung des Online-Bezahlsystems „PayPal" gemacht hat. Musk gründete SpaceX im Jahre 2002 mit genau fünf Angestellten. Ende 2005 beschäftigte er schon 150 und vor kurzem hat die Belegschaft die magische Zahl von 1.000 Mitarbeitern überschritten.

Meilenstein für Meilenstein absolviert das Unternehmen seitdem, um die Falcon 9 auf den Markt zu bringen, die erste neu entwickelte US-Großträgerrakete in diesem Jahrzehnt. Der Erstflug seiner neuen Rakete am 4. Juni 2010 war ein voller Erfolg. Am 9. November, und damit bereits nach der Drucklegung dieses Buchs, steht ihm und seinem Unternehmen SpaceX ein weiterer entscheidender Schritt bevor: Der zweite Testflug der Falcon 9 mit der ersten voll funktionsfähigen Produktionseinheit der Dragon-Kapsel.

Doch beginnen wir von vorne.
Orbitalraketen sind ungemein komplexe Maschinen. Alle Systeme arbeiten bei extremen Temperaturen, unter hohen Drücken und in unwirtlicher Umgebung. Fallen bei einem Flugzeug die Triebwerke aus, dann kann es im Gleitflug niedergehen. Eine Rakete stürzt ab. Strukturprobleme sind an Flugzeugen manchmal zu verschmerzen. Halb in Fetzen geschossene Militärmaschinen haben es bisweilen noch zu ihren Heimatbasen geschafft. Ein Strukturfehler bei einer Rakete führt zum Absturz. Ein Softwarefehler in einem Flugzeug kann von einem Piloten überbrückt werden. Eine Rakete stürzt ab. Man kann es drehen und wenden wie man will. Orbitalraketen haben ihre eigenen Gesetze: Entweder klappt alles nahezu hundertprozentig, oder die Sache wird ein Desaster. Zwischendrin gibt es nichts. Das musste Elon Musk auch schon selbst erleben, mit der Falcon 1, einer Trägerrakete für kleine Nutzlasten. Sie war seine erste Entwicklung für den Trägermarkt und mit ihr bezahlte er sein Lehrgeld. Als die Falcon 1 im März 2006 bei ihrem ersten Einsatz weniger als eine Minute nach dem Abheben abstürzte, war das für alle enttäuschend, aber es kam doch nicht ganz unerwartet. Auch die folgenden beiden Starts endeten mit dem Verlust von Träger und Nutzlast und erst der vierte Start gelang.

Seit Beginn des Raumfahrtzeitalters ist ziemlich genau die Hälfte aller Trägerraketen beim Erstflug gescheitert. Das war so bei der Vanguard, der Scout, der Kosmos, den japanischen Raketen Lambda 4S und der Mu-4S. Es war so bei den europäischen Modellen Ariane 5 G und Ariane 5 ECA. Die Ariane 1 schaffte zwar den Erstflug erfolgreich, stürzte aber dafür gleich bei der zweiten Mission ab und bei der fünften noch mal. Auch die Thor, die Vorgängerin des Erfolgsmodells Delta, überstand ihren Erstflug nicht. Und sie versagte bei den darauf folgenden zehn Flügen gleich noch weitere sieben Mal. Halbwegs gute Chancen einen Erstflug unbeschadet zu überstehen haben neu entwickelte Träger vor allem dann, wenn sie möglichst viele Komponenten verwenden, die bereits in anderen Trägern erprobt wurden. Wenn aber alles, oder fast alles, neu ist, so wie bei der Falcon 9, dann ist das Risiko beim Erstflug signifikant höher. Am Samstag, dem 13. März feuerten die Triebwerke der neu entwickelten Falcon 9 Rakete zum ersten Mal auf der Startanlage 40 der Cap Canaveral Luftwaffenbasis. Das „Static Firing“, wie die Raumfahrttechniker diesen Test nennen, war ein wichtiger Punkt im Entwicklungsprogramm und einer der letzten vor dem „richtigen“ Flug. Beim „statischen“ Testlauf ist die Rakete betankt und mit Halteklammern auf dem Starttisch befestigt. Dann werden nach einem normalen Countdown – so als wäre es ein regulärer Start – die Triebwerke für einige Sekunden gezündet, ohne dass die Rakete dabei abhebt.

Erstflug der Falcon 9

SpaceX hat die Falcon 9 in einem Drittel der Zeit mit einem Sechstel der Finanzmittel entwickelt, die eine vergleichbare regierungsbeauftragte Trägerrakete gekostet hätte. Die Falcon 9 benötigt für die Startvorbereitung und den Start bis zum Erreichen des Orbits nur etwa 50 Personen. Beim Shuttle sind es mehrere tausend, bei der Delta 4 oder der Atlas 5 immerhin noch einige hundert. Das Merlin-Triebwerk, von dem die Falcon 9 neun Stück einsetzt, ist das erste neu entwickelte große US-Raketentriebwerk seit mehr als 10 Jahren. Die Falcon 9 hat das Potential, das Startgeschäft zu revolutionieren. Sie wird weniger als ein Drittel einer leistungsmäßig vergleichbaren Trägerrakete kosten und sie soll – nach einer Reihe unbemannter Zubringerflüge zur ISS – mit der Raumkapsel Dragon schon in wenigen Jahren auch bemannt eingesetzt werden.

Am Montag nach dem erfolgreichen Test meldete SpaceX prompt einen Auftrag für die Durchführung eines Satellitenstarts für Space Systems Loral. Es ist dies der erste Auftrag für den Start eines großen Kommunikationssatelliten, den ein Unternehmen der Privaten Raumfahrt erhält. Nach dem erfolgreichen Static Firing wurde die Rakete wieder in den Hangar zurückgebracht. Danach wurde das „Launch destruct system“ integriert. Eine solche Einrichtung ist Pflicht für Starts von Cape Canaveral aus. Selbst der bemannte Shuttle ist mit so einem Selbstvernichtungssystem ausgestattet. Es bewirkt, dass sich eine Trägerrakete entweder automatisch oder auf Befehl vom Boden selbst zerstört, wenn sie vom Kurs abkommt oder eine andere schwere Funktionsstörung eintritt. Es wird immer dann ausgelöst, wenn Gefahr besteht, dass Trümmerteile oder die ganze Rakete auf das dicht besiedelte Umland von Cape Canaveral zu stürzen droht: Auf Cocoa Beach, Melbourne, Titusville, Cape Canaveral und all die anderen Orte. Bei der kleineren Falcon 1-Rakete, die SpaceX vom Omelek-Atoll (das zu den Marshall-Inseln gehört) aus in den Weltraum schießt, ist das übrigens nicht nötig. Nun stand der Erstflug an, der nach einigen Verschiebungen am 23. Juni erfolgte. Die Wahrscheinlichkeit war sehr hoch, dass eines der Haupt-Axiome der Raketentechnik zum Tragen kommt, das da lautet: „Bugs show up beyond the point where you've stopped testing“ (Fehler zeigen sich selbst dann, wenn man mit dem Testen schon aufgehört hat). Und es traten „bugs" auf, doch der Entwurf erwies sich als robust genug, den Schwierigkeiten zu begegnen, die beim Erstflug auftraten. Dabei hatte Elon Musk einige aufwändige Tests, die in der kommerziellen und institutionellen Raumfahrt üblich sind, einfach auf den Erstflug verlegt. So führte er beispielsweise keinen Vakuumtest mit dem Zweitstufentriebwerk durch, ein äußerst komplexer und extrem kostenintensiver Erprobungsschritt, der bei Regierungsbeauftragungen üblich ist. Mit dem Erfolg beim ersten Flug war keinesfalls zu rechnen gewesen. Bedeutende Unternehmen der Raumfahrtindustrie und Raumfahrtorganisationen sind in der Vergangenheit bei Erstflügen neuer Trägerraketen gescheitert, wie wir gesehen haben. Auch Elon Musk war von vielen Experten der Misserfolg vorhergesagt worden. Er selbst hatte seine Prognosen äußerst konservativ angesetzt: Alles was über das Verlassen der Startrampe hinausgeht, so seine Ankündigung, wäre ein „guter Tag" für ihn. Der Planwert für die angestrebte Umlaufbahn war eine Kreisbahn in 250 Kilometern Höhe. Erzielt wurde eine elliptische Bahn mit einem Perigäum von 235 Kilometern und einem Apogäum von 276 Kilometern. Und wie gesagt: ganz störungsfrei war der Flug nicht. Im Moment des Abhebens trat ein Rollkontrollproblem auf, die Rakete vollführte unmittelbar nach dem Verlassen des Starttisches eine halbe Drehung. Zunächst dachte man an ein verzögertes Ablösen der Nabelschnur, erkannte aber später, dass die Rollkontrolltriebwerke etwas zu spät zugeschaltet wurden, ein Fehler, der sich beim nächsten Flug leicht beheben lässt. Trotzdem gab es tatsächlich ein Problem mit einer der Versorgungsleitungen, die nach dem Abheben des Trägers Treibstoff auf die Rampe verspritzte, der sich entzündete und zu einem kleineren Brand an der Startanlage führte, der aber nur geringe Schäden ver-

SPACEX

Falcon 9: Static Firing

Ein Skycrane-Helikopter bringt die Dragon-Raumkapsel auf Testhöhe

ursachte. Die Stufentrennung erfolgte mit knappen Toleranzen, und man vermutete zunächst einen Kontakt zwischen erster Stufe und dem Kestrel-Triebwerk der Oberstufe. Dies bestätigte sich bei der späteren Auswertung der Filmaufnahmen von der Stufentrennung aber nicht. In der zweiten Hälfte der Brennzeit der zweiten Stufe arbeitete offensichtlich das Rollkontrollsystem nicht mehr, und so baute sich eine immer höhere Drehrate auf. Bei Brennschluss betrug die Rollrate etwa 240 Grad pro Sekunde. Dennoch wurde die angesteuerte Umlaufbahn im Großen und Ganzen erreicht. Die Bergung der ersten Stufe gelang nicht, wie von Musk und seinen Ingenieuren erhofft. Sie brach beim Eintritt in die dichteren Luftschichten auseinander. Die Bergung der Stufe galt allerdings von vorneherein als nachgeordneter Meilenstein. Dass der Träger trotz dieser kleinen Unstimmigkeiten den Orbit erreichte und die angestrebten Bahnparameter mit relativ großer Genauigkeit traf, zeigt die Robustheit des Gesamtsystems, das offensichtlich auch Fehlfunktionen verkraften kann.

Der zweite Flug ist wichtig

Beim Erstflug war, von einem funktionslosen Dummy der Dragon-Kapsel abgesehen, keine wesentliche Nutzlast an Bord. Hier ging es nur um die Erprobung des Trägers selbst. Der Dragon ist ein zunächst unbemanntes Versorgungsmodul für die Internationale Raumstation und bislang die Hauptnutzlast der Falcon 9. Bei der nächsten Mission aber, die für den 9. November geplant ist, wird eine voll ausgerüstete Testeinheit des Dragon mitgeführt. Die Komplexität dieses Fluges ist deswegen erheblich höher, gilt es doch, nicht nur die Trägerrakete zu überwachen sondern auch die Raumkapsel. Sie soll zwischen einer und drei Erdumkreisungen durchführen und spätestens fünf Stunden nach dem Start im Pazifik landen. Die erste Stufe der Falcon 9 traf am 15. Juli im Hangar am Startkomplex 40 der Cape Canaveral Luftwaffenbasis ein. Diese Startanlage wurde früher für die militärische Titan 4B benutzt und wird jetzt von SpaceX für die Starts der Falcon 9 gemietet. Am 31. Juli kam die zweite Stufe an und am 4. August auch die Dragon-Kapsel. Am 12. August fand ein wichtiger Test vor Morro Bay in Kalifornien statt. Ein schwerer Transporthubschrauber brachte ein Testmodell des Dragon auf eine Höhe von 4.000 Metern und warf sie von da ab. Mit diesem Versuch sollte die Öffnungssequenz des Fallschirmsystems getestet werden. SpaceX gab danach bekannt, dass der Versuch zu 100 Prozent erfolgreich verlief. Die drei jeweils 35 Meter durchmessenden Hauptschirme sollen die Sinkgeschwindigkeit der Kapsel auf moderate 20 Kilometer pro Stunde senken und sie damit sanft im Wasser landen lassen. Das System ist so ausgelegt, dass die Kapsel auch dann nicht beschädigt wird, sollte sich einer der Fallschirme nicht oder nur teilweise öffnen.

Ein erfolgreicher Erstflug ist noch keine Erfolgsgarantie für die weiteren Missionen. Wie gesagt: Fehler zeigen sich auch dann, wenn man mit dem Testen schon aufgehört hat. Eine erfolgreiche Demonstration ist wichtig, will Elon Musk mit seiner Firma an die lukrativen NASA-Aufträge zur Versorgung der ISS kommen. Er hat von der US-Raumfahrtbehörde auf jeden Fall schon eine Option für die Durchführung von mindestens 12 Versorgungsflügen zur ISS im Wert von 1,6 Milliarden Dollar.

In diesem Sinne kann man Elon Musk und seinen Mitarbeitern von SpaceX nur viel Glück wünschen.

Falcon 9: Zündung der Triebwerke

Der „Boss" des SPL, Hans-Ulrich Amann.

DER SCHUB KOMMT AUS DER SCHWEIZ

Die Schweizerische Eidgenossenschaft ist bekannt für den Bau von Präzisionsinstrumenten und für gute Schokolade. Hoch hinaus kommt man in der Schweiz bei der Besteigung der Dufourspitze im Monte-Rosa-Massiv in den Walliser Alpen. Aber wirklich weit nach oben gebracht wird man als Weltraumreisender (hoffentlich) schon in wenigen Jahren durch private Raumschiffe, die mit Raketentriebwerken „Made in Switzerland" ausgerüstet sind.

Der Traum vom Aufbruch in den Weltraum hat eine Gruppe von raumfahrtbegeisterten Menschen im ansonsten eher stillen Kanton Bern zusammengeführt. Dort – im Städtchen Langenthal – wurde 1998, in Anlehnung an das US-amerikanische „Jet Propulsion Laboratory" der NASA, das „Swiss Propulsion Laboratory" kurz SPL, gegründet. Der 7-Personen-Betrieb hat sich der Forschung und der Entwicklung kostengünstiger Antriebskomponenten für die Raumfahrt verschrieben.

Das SPL ist Projektpartner der deutschen Talis Enterprise GmbH für das Projekt eines wieder verwendbaren Raketenflugzeugs für suborbitalen Weltraumtourismus. Das Unternehmen wird dabei die Raketenmotoren sowohl für das Versuchsmodell, die „Xtreme Black Sky", als auch für das spätere Einsatzfahrzeug „Enterprise" bereitstellen.

Logo SPL

Das SPL ist eine private non-profit Organisation und finanziert sich zum grossen Teil aus dem Firmen- und Privatbudget der Familie Amann, den Inhabern der ARO TECHNOLOGIES. Arbeitszeit und die Arbeitskraft für die Triebwerksprojekte werden von den Mitarbeitern des SPL unentgeltlich erbracht. Abends und am Wochenende in der Werkstatt vor Ort, oder vom heimischen Laptop aus und am Telefon.

Die ARO TECHNOLOGIES und das SPL teilen sich im Industriegebiet von Langenthal ein grosses Gelände und die gelegentliche Aufmerksamkeit der Feuerwehr des Ortes. Das Herz des SPL ist der Prüfstand im Hof, auf dem die Triebwerke und Komponenten getestet werden. Mit einem Gesamtgewicht von 100 Tonnen ist der Prüfstand schwerer als zwei unbeladene Boeing 737.

Das SPL entwickelt, baut und testet drei Arten von Raketenmotoren:

- Wasserdampf-Triebwerke, die kurzzeitig einen Schub bis zu 500 Kilonewton (kN) leisten. Sie werden beispielsweise als Starthilfe für Militärjets eingesetzt.
- Feststoff-Triebwerke mit einer Leistung von bis zu 12 kN und
- Flüssigkeitstriebwerke, bei denen das SPL eine extrem umweltfreundliche Lösung gefunden hat (sieht man einmal vom Lärm ab). Sie arbeiten nämlich mit heimischem Bioethanol, gewonnen aus Kartoffeln als Treibstoff und mit flüssigem Sauerstoff als Oxidator. Damit werden derzeit Schübe bis 10kN für ein einzelnes Triebwerk erreicht. Wird mehr Schub benötigt, können mehrere Triebwerke gebündelt werden.

Prüfstand mit montiertem Triebwerk

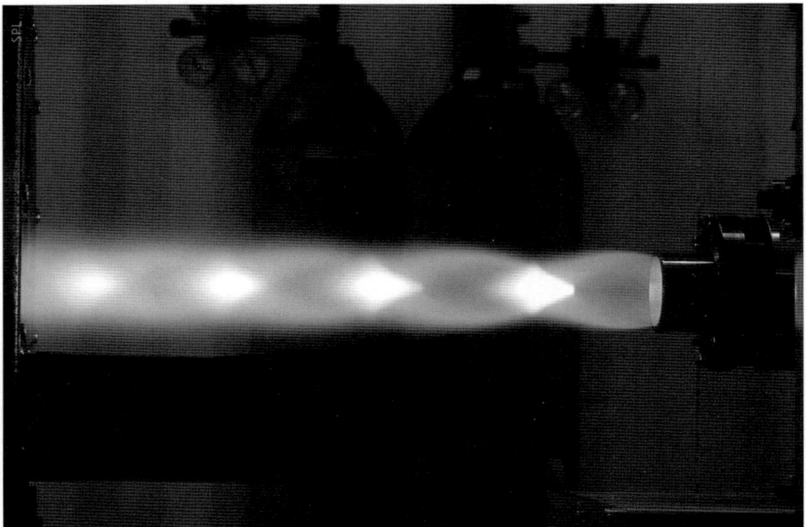

Schockdiamanten

Die Tests führt das SPL ebenfalls im Industriegebiet Langenthal durch. Ein Wohngebiet liegt nicht weit entfernt und so sind kreative Lösungen gefragt. Raketentriebwerke mögen von der Art der Verbrennungsgase zwar manchmal durchaus umweltfreundlich sein, eines sind sie aber nicht: leise.

In der Testkammer trägt eine 30 Tonnen schwere Bodenplatte den Prüftisch, auf dem das Triebwerk montiert und angeschlossen wird. Ein Aufenthalt in der Testkammer während des Betriebes wäre tödlich: dort entsteht ein Schalldruck von 180 Dezibel.

Zum Dämpfen dieses ungeheuren Lärms wird die bis zu 2000 Grad heisse Flamme in einen 12 Meter langen Schalldämpfer eingeleitet, der in 40 Tonnen Sand eingebettet ist. Dennoch ist die Geräusch- und Vibrationsentwicklung auf dem Gelände des SPL gross genug, um die umliegenden Gebäude vibrieren zu lassen. Anders gesagt: führt das SPL einen Triebwerkstest durch, wissen die Einwohner Langenthals davon. Was in Deutschland zu sofortigen Protesten und wahrscheinlich zur umgehenden Schließung der Anlage führen würde, findet hier das freundliche Interesse der Anwohner. Immer dann, wenn Tests durchgeführt werden, finden sich Nachbarn ein, um das Spektakel zu begutachten.

Im einige Meter entfernten und durch doppelte Wände und Stahlträger gesicherten Kontrollraum werden die Triebwerkstests gesteuert und überwacht.

Fenster, Türen und Wände der Testkammer und des Kontrollraums sind mit mechanischen Sollbruchstellen versehen, die im Falle eines unvorhergesehenen Ereignisses den sofortigen Druckausgleich ermöglichen. Dieser Wechsel aus schweren und leichten Bauelementen, fest verbauten und zum Teil nur aufgelegten Teilen gewährt grösstmögliche Sicherheit für Menschen und Gebäude.

Ein Gastbeitrag von Isabell Buttron

Der Rettungsturm trennt sich von der Orion-Kapsel

ORION PAD ABORT TEST ERFOLGREICH ...UND NUN?

Am Donnerstag dem 6. Mai, um 15:00 Uhr mitteleuropäischer Zeit (9:00 Uhr früh US-Ortszeit) erfolgte auf der Startanlage 32E der „White Sands Missile Range" der US-Armee in New Mexico der so genannte „Orion Pad Abort Test Nummer 1". Exakt zu diesem Zeitpunkt zündete der Hauptmotor des Rettungsturms der Orion-Raumkapsel. Mit seinen 225 Tonnen Schub beschleunigte er den acht Tonnen schweren Kapsel-Prototypen innerhalb von nur drei Sekunden auf 720 Kilometer pro Stunde und katapultierte ihn auf eine Höhe von 1.800 Meter.

Sechs Sekunden nach der Zündung war auch schon wieder Brennschluss. In dieser kurzen Zeitspanne verbrauchte der Motor 1,8 Tonnen festen Treibstoff. Dies resultierte in knochenbrecherischen Beschleunigungswerten vom 15fachen der normalen Erdbeschleunigung. Im Ernstfall würde das die Besatzung der Raumkapsel zwar an den Rand der Bewusstlosigkeit bringen, aber dafür immerhin ihr Leben retten. Gleichzeitig mit dem Hauptmotor zündete auch das Lageregelungstriebwerk mit seinen acht Düsen um die ungewöhnlich aussehende Kombination auf Kurs zu halten. Zehn Sekunden nach dem Verlassen der Startvorrichtung drehte das Lageregelungssystem die Kapsel um 180 Grad. 21 Sekunden nach dem Abheben aktivierte sich ein dritter Motor und trennte den Rettungsturm von der Kapsel, der unmittelbar danach zwei Fallschirme auswarf, an denen er zu Boden schwebte. In einem Zeitraum von nur sechs Sekunden wurden dann nacheinander auch von der Orion zwei Stabilisierungsballuten ausgeworfen, gefolgt von drei Pilotfallschirmen, die ihrerseits die drei Hauptfallschirme aus dem Stauraum an der Spitze der Kapsel zogen. Die drei Hauptschirme blieben danach für acht Sekunden bei 2,5 % der Sollöffnungsweite gerefft. Danach wurde diese Leine gekappt, worauf ein zweites Reff wirksam wurde, das die Öffnungsweite auf 10 % beschränkte. Weitere acht Sekunden später wurde auch dieser zweite Öffnungsbegrenzer gelöst. Danach schwebte die Kapsel sicher zu Boden, den sie etwa 1,5 Kilometer vom Startpunkt ihrer ebenso kurzen wie heftigen Reise 97 Sekunden nach dem Zünden des Hauptmotors erreichte.

Die Orion-Kapsel wird für den Test vorbereitet.

An diesem Mai-Morgen wurde in New Mexico ein Katastrophenszenario geprobt, wie es in der bemannten Raumfahrt tatsächlich schon einmal vorgekommen ist: Die Explosion einer Trägerrakete auf der Startrampe. In diesem Fall ist es erforderlich, die Besatzung inner-

Der Raketenmotor des Fluchtturms hat gezündet

halb kürzester Zeit in ausreichende Entfernung von der explodierenden Rakete zu bringen. Gleichzeitig muss das Rettungssystem die Kapsel so hoch bringen, dass das komplexe Fallschirmsystem der Orion genügend Zeit hat, seine Aufgaben zu erfüllen. Die NASA hat zuletzt Mitte der sechziger Jahre ein solches Start-Rettungssystem erprobt. Damals für das Apollo-Raumschiff. Beim Shuttle existiert diese Möglichkeit der Rettung für die Besatzung nicht. Mit dem Orion Pad Abort Test No. 1 wurde ein wichtiger Meilenstein des Constellation-Programms auf dem Weg zur Einsatzreife des Orion-Raumfahrzeugs absolviert.

Einsatzreife? Orion? Da stimmt doch irgendetwas nicht? Hatte nicht US-Präsident Obama seine Absicht bekundet, dieses Vorhaben einzustellen? Nun, der Wille zu solchem Handeln ist da. Allein: Es fehlt die Legitimation. Obama und sein Exekutivorgan, NASA-Administrator Charlie Bolden, wollen das Constellation-Programm tatsächlich stornieren. Es hat sich da nur ein kleines Problem ergeben: Sowohl der Kongress wie auch der Senat sind dagegen. Selbst Senatoren, die mit Raumfahrt sonst nicht viel am Hut haben, laufen gegen Obamas Absicht Sturm. Der Grund ist einfach. Viele tausend Menschen werden in den nächsten Monaten ohnehin schon ihre Papiere bekommen, weil das Shuttle-Programm beendet wird. Zusätzlich gehen nun aber auch noch die Arbeitsplätze von weiteren 11.500 Menschen in den USA dadurch verloren, weil Obama obendrein auch noch das Shuttle-Nachfolgeprogramm Constellation einstampfen will. Doch wie gesagt: Weite Teile des US-

Kongresses stimmen in dieser Frage ihrem Präsidenten nicht zu. Und so kann es sein, dass den Mitarbeitern dieses Programmes ihre Arbeitsplätze noch ein Weilchen erhalten bleiben. Die Konsequenz ist allerdings fast tragisch: Solange der Kongress blockiert werden jeden Monat mehrere hundert Millionen Dollar für ein wahrscheinlich dem Untergang geweihtes Programm ausgegeben.

Erst wenn das Budget für 2011 vom Kongress abgesegnet wird (und es damit die Wirkung eines Gesetzes bekommt), darf die NASA das Constellation-Programm tatsächlich beenden. Erst dann kann die Raumfahrtbehörde offiziell mit der Ausschreibung für ein kommerzielles Personentransportsystem in den Weltraum beginnen. Bis dahin muss sie so tun, als wäre das nie ihre Absicht gewesen.

Alle Zeichen deuten darauf hin, dass die gegenwärtige Phase der Agonie weiter andauert. Wenn der Kongress nicht bis zum 1. Oktober Obamas Plänen zustimmt (und bei Drucklegung der Chronik 2011 sieht es ganz danach aus), ist die NASA gezwungen, auf Basis einer so genannten „Continuing Resolution (CR)" weiter zu arbeiten. Sie muss dann ihre Ausgaben auf dem bisherigen Niveau und vor allem für die bisher genehmigten Programme weiter laufen lassen. Das Arbeiten mit „CR's" ist in den USA weit verbreitete Haushaltspraxis. Manche laufen ein halbes Jahr oder länger. Die Möglichkeit, dass im Frühjahr 2011 das Constellation-Programm immer noch vor sich hinsiecht, während ein Nachfolgevorhaben noch nicht beginnen darf, besteht somit durchaus. Obama schaltete sich in der Zwischenzeit

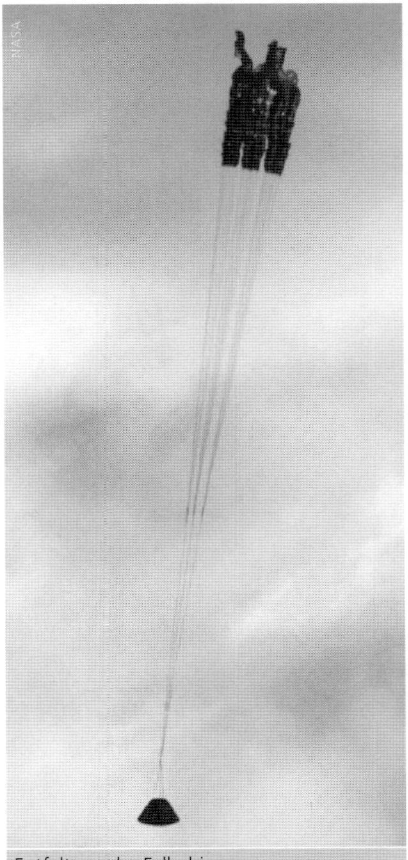

Entfaltung der Fallschirme

selbst in das Geschehen ein. In einem missglückten Versuch, die Zustimmung der Senatoren doch noch zu erhalten, kündigte er in einer Rede am Kennedy Space Center am 15. April zwei Maßnahmen an, die in ihrer völligen Sinnlosigkeit ein deutlicher Hinweis auf den konfusen Planungsstatus der bemannten Raumfahrt in den USA geben:

- **Maßnahme 1:** Die Entwicklung eines Schwerlastträgers ab dem Jahre 2015. Bis dahin sollen Studien zu diesem Projekt laufen. Wenn denn je eine Maßnahme unnötig war, dann die, weitere Studien zum Thema „Schwerlastträger" durchzuführen. Die letzen 20 Jahre hat die NASA unzählige Dokumente dieser Art verfasst. Jedes beliebige Konzept mit jeder beliebigen Variante ist vielfach untersucht. Wenn also Schwerlastträger – und der wird nötig für jedes größere bemannte Vorhaben der Zukunft – dann muss die Entwicklung jetzt auf der Stelle beginnen. Die Entwicklungszeiträume sind auch so schon gewaltig.

- **Maßnahme 2:** Die Entwicklung einer leichteren und einfacheren Version des Orion-Raumschiffes für vier Personen als Rettungsboot für die Internationalen Raumstation.

Diese „Schmalspur-Orion" soll in der Lage sein, 210 Tage lang an der Raumstation zu verbleiben, bevor sie ausgewechselt werden muss. Obama erwähnte nicht, mit welchen Haushaltsmitteln das geschehen soll. Der Budgetansatz für 2011 sieht dafür jedenfalls kein Geld vor. Obama verlor auch kein Wort darüber, wie diese Leichtgewicht-Orion denn überhaupt zur Raumstation kommen soll. Wird jetzt ein kommerzieller Träger wie die Atlas 5 oder die Delta 4 für diesen Zweck modifiziert? Wenn dem so ist, so wäre auch dies ein Vorhaben, das eine Reihe von Jahren dauern und viele hundert Millionen Dollar verschlingen würde. Die ursprünglich für diese Aufgabe vorgesehene Ares 1 bleibt jedenfalls weiterhin storniert. Obama gab auch bekannt, dass diese leptosome Orion nicht mit einem Startrettungssystem ausgerüstet werden soll. Damit ist sie dazu verurteilt, unbemannt zur ISS zu starten. Nach dem erfolgreichen Test des Rettungssystems gewinnt diese groteske Entscheidung noch mehr an Absurdität. Ausgerechnet das Startrettungssystem wegzulassen, das derzeit die technisch fortgeschrittenste Komponente des gesamten Orion-Systems ist. Ausgerechnet das System wegzulassen, mit dem man Starts bemannt durchführen könnte. Und was soll die völlig unsinnige Beschränkung auf vier Personen? Selbst Apollo war vor fast 40 Jahren schon in der Lage, in einer Rettungsversion für die allererste US-Raumstation Skylab fünf Astronauten aufzunehmen. Auf der ISS leben jedoch permanent sechs Menschen. Aber welchen Zweck erfüllt ein zusätzliches Rettungssystem an der ISS? Nach wie vor müssen die Besatzungen ja von den Russen gestartet werden. Und die können sich – alle Mann – ohnehin mit denselben Kapseln in Sicherheit bringen, mit denen sie dort angekommen sind. Der Einsatz der Spar-Orion als Rettungsfahrzeug bedeutet aber, dass alle 210 Tage ein neues Fahrzeug zur ISS geschickt werden muss. Keine billige Sache, wenn man bedenkt, dass in dieser ganzen Zeit ja auch die Russen für ihre Transporte zu bezahlen sind. Nachdem wir am 6. Mai 2010 eine Ahnung bekommen haben, welche Möglichkeiten das Orion-System gehabt hätte, können wir uns wieder beruhigt dem Chaos im bemannten US-Raumfahrtprogramm zuwenden. Die NASA weiß nun, dass das Orion-Startrettungssystem gut funktioniert. Jetzt kann sie es beruhigt wegwerfen.

Die Orion nach der Landung

Lunochod 2

PRIVATASTRONAUT FINDET MONDAUTO WIEDER

Wer eine Sache für teures Geld erwirbt, hat gerne Gewissheit über deren Verbleib. Richard Garriott war sich die letzten Jahre über den Standort einer von ihm erworbenen Mobilie nicht so ganz im Klaren. Doch nun konnte ihm die NASA helfen. Eine Organisation, die einst nichts von ihm wissen wollte. Verwirrend? Gut, fangen wir von vorne an...

Vor knapp 38 Jahren, am 15. Januar 1973 landete die russische (seinerzeit sowjetische) Mondsonde Luna 21 im 55 Kilometer durchmessenden Krater Le Monnier. Nach dem Aufsetzen klappte das Landefahrzeug zwei Rampen nach unten, auf denen wenig später der 840 Kilogramm schwere Mondrover Lunochod 2 auf die Oberfläche rollte. Die nächsten vier Monate rollte das Fahrzeug entlang des südlichen Kraterwalls bevor es am 3. Mai 1973 etwas überraschend seinen Dienst quittierte.

Mit den Jahren legte sich der Mantel des Vergessens über dieses Relikt des sowjetisch-amerikanischen Wettrennens zum Mond. Niemand wusste so sonderlich genau, wo Lunchod 2 denn nun gestrandet war. Dies hielt die Russen aber nicht davon ab, sich in den finanziell klammen Tagen nach dem Zusammenbruch der Sowjetunion ihres Oldtimers auf dem Mond zu erinnern und den Rover (und seine Luna 21-Landestufe gleich mit) zum Verkauf anzubieten. Im Dezember 1993 wurden die Landesonde und das Mondauto bei einer Sotheby's-Aktion in New York versteigert. Das höchste Gebot kam von einem gewissen Richard Garriott, und so gingen insgesamt zwei Tonnen bester – wenn auch etwas abgelegen positionierter – sowjetischer Raumfahrttechnik für 68.500 $ in seinen Besitz über. Nach dieser eher anekdotischen Randnote der Raumfahrtgeschichte geriet Lunochod 2 erneut in Vergessenheit. Bis Anfang März 2010. Da wurde er von der amerikanischen Raumsonde Lunar Reconnaissance Orbiter wieder aufgefunden. Ein Umstand, der naturgemäß das Interesse seines Besitzers weckte, vor allem aber auch das öffentliche Interesse AUF den Besitzer. Und damit sind wir wieder beim eingangs erwähnten Richard Garriott. Der ist nun nicht gerade irgendwer. Er ist zunächst der Sohn des US-Astronauten Owen Garriott. Garriott Senior absolvierte eine 60 Tage-Mission auf der ersten US-Raumstation mit der Bezeichnung Skylab ziemlich genau zu der Zeit, als sich Lunochod 2 zum letzten Mal aus dem Krater Le Monnier meldete. Garriott junior wäre übrigens auch gerne in die Fußstapfen seines Vaters getreten. Die NASA winkte jedoch ab, aus medizinischen Gründen. Seine Augen seien zu schlecht für einen Raumflug, meinten sie. Mit Astigmatismus, Hornhautverkrümmung also, ist im Astronautencorps kein Staat zu machen.

Richard Garriott

Das konnte Richard Garriott's Raumfahrtbegeisterung nicht bremsen. Er wurde ein erfolgreicher Entwickler von Videospielen und brachte es dabei zu beträchtlichem Reichtum. Einem so großen Reichtum, dass er der russischen Raumfahrtagentur 30 Millionen Dollar dafür bezahlen konnte, dass sie ihn in einer Sojus-Raumkapsel zur Internationalen Raumstation mitnahm. Er war der insgesamt sechste Privatastronaut weltweit, der bis dahin auf eigene Kosten in den Orbit

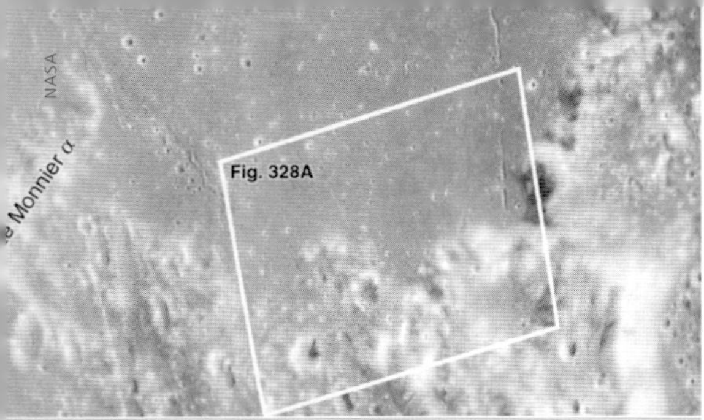

In diesem Gebiet ist Luna 21 gelandet

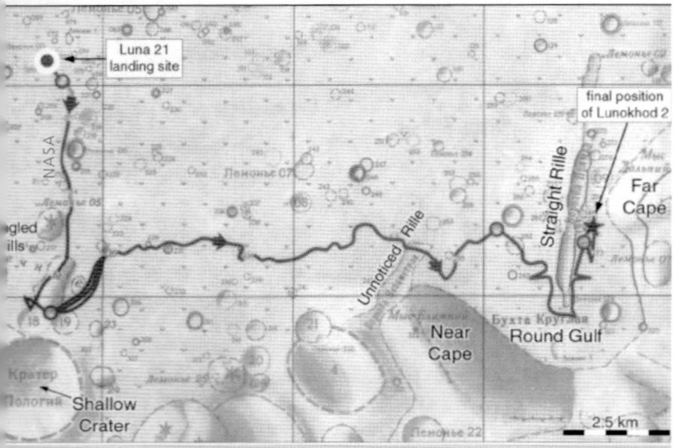

Übersichtskarte der Fahrstrecke von Lunochod 2

geflogen ist. Die Auswertung der Bilder des Lunar Reconnaissance Orbiter ergab, dass Lunochod 2 seinerzeit etwa 40 Kilometer auf der Oberfläche des Erdtrabanten zurückgelegt hatte. Das ist bis heute der Rekord für die weiteste Fahrstrecke auf dem Mond. Zum Vergleich: Der Mars-Rover Opportunity der NASA hat derzeit etwa 20 Kilometer zurückgelegt, allerdings immerhin auf dem Mars. Die Moon-Buggies der Apollo-Missionen 15, 16 und 17 wurden von ihren Besatzungen jeweils etwa 20-25 Kilometer weit gefahren. Die Lunochod-Rover erhielten ihre elektrische Energie von Solarzellen. In der 14-tägigen Mondnacht gab es somit keinen Strom und das Fahrzeug wurde abgestellt. Damit die Instrumente und Bordsysteme in dieser Zeit nicht einfroren wurden sie mit einem Radioisotopen-Generator beheizt, der mit Polonium 210 betrieben wurde. Ganz genau wurde das Problem, wegen dem Lunochod 2 seinen Dienst einstellte, nie geklärt.

Frühere Quellen behaupteten, dass das Fahrzeug in einen Krater gefahren sei. Durch die Abschattung der Solargeneratoren und den darauf folgenden Energiemangel sei die Mission zu einem Ende gekommen. Die zweite Theorie besagte, dass Lunochod 2 durch den Fahrbetrieb immer mehr mit Staub bedeckt wurde, wodurch sich das (nun stetig dunkler werdende) Fahrzeug immer stärker aufheizte und schließlich wegen Überhitzung seinen Geist aufgab. Einiges spricht für letztere Version. Auf dem Lunar Reconnaissance Orbiter Bild ist jedenfalls kein signifikanter Krater am letzten Standort von Lunochod 2 zu erkennen. Offensichtlich steht das Fahrzeug in offener Landschaft. Dennoch scheint das Vehikel aber kurz vor seinem Ende einen kleinen Krater unter die Lupe genommen zu haben, denn es führt eine Spur dorthin, aber dann auch wieder zurück um schließlich bald darauf zu enden. Aber machen Sie sich einfach selbst ein Bild: Hier der Bildstreifen des Lunar Reconnaissance Orbiter, auf dem die letzten Kilometer von Lunochod 2 abgebildet sind: Ausgehend von der Position am kleinen Krater (schwarzer Pfeil) bis hin zu seiner letzten Position (weißer Pfeil).

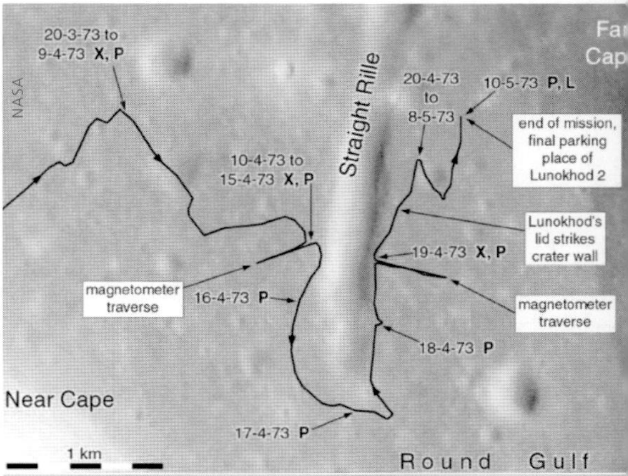

Letzter Standort Lunochod 2

Das Bild hier ist aus drucktechnischen Gründen ein wenig grieselig. Sie können sich auch in das Originalbild des Lunar Reconnaissance Orbiters hineinzoomen, und den Rover selbst suchen (wms.lroc.asu.edu/lroc_browse/view/M109039075LE). Das abgebildete Areal ist mehrere Quadratkilometer groß. Um die Fahrspuren von Lunochod 2 aufzufinden stellen Sie die Lupe (die finden Sie am unteren Bildrand) zunächst auf eine mittlere Auflösung, gehen in die Bildmitte und identifizieren zunächst den hellen Krater, der in Bild 2 abgebildet ist. Dann gehen Sie nach rechts, stellen auf höchste Auflösung und versuchen das Schicksal des sowjetischen Mondautos selbst zu ergründen. Folgen Sie dann den Fahrspuren von Lunochod 2 und sehen Sie, wie die Wegstrecke verläuft, die er zurückgelegt hat. Es geht kreuz und quer durch die Landschaft, einige Abschnitte wurden doppelt gefahren (wohl für Magnetfeldmessungen), und es gibt Stichstrecken, auf denen der Rover wahrscheinlich wegen des unwegsamen Geländes auf seiner eigenen Spur wieder zur Hauptroute zurückrollte. Um ganz sicher zu gehen, was seinerzeit mit Lunochod 2 passierte, müsste man das Fahrzeug wahrscheinlich doch besser direkt vor Ort unter die Lupe nehmen. Garriott selbst sieht durchaus Chancen dafür, diese Überprüfung noch persönlich vornehmen zu können. Auch wenn die NASA ihr Mondprogramm gerade eben auf Präsident Obamas Anweisung hin weit in die Zukunft verschoben hat. Garriott setzt seine Hoffnungen deshalb eher auf die private Raumfahrt. Der ist auch sein Astigmatismus egal.

Letzte Fahrstrecke von Lunochod 2 auf dem LRO-Foto

Orbitalkonfiguration des OTV-1

MINI-SHUTTLE IM ORBIT

Das Ding sieht aus, als hätte der Shuttle auf seine alten Tage noch einmal Nachwuchs bekommen. Die NASA, der es einmal gehört hat, nannte es X-37A. Die US-Luftwaffe, der derzeitige Besitzer, bezeichnete es zunächst als X-37B, später nur noch als OTV-1, als „Orbital Test Vehikel 1". Für die Raumfahrtfreaks weltweit ist es der „Baby-Orbiter" oder auch „Space-Shuttle Junior".

Am 21. April, um 19:52 amerikanischer Ostküstenzeit (entsprechend 1:52 mitteleuropäischer Zeit am 22. April) wurde das knapp fünf Tonnen schwere und neun Meter lange Fahrzeug an Bord einer Atlas 5 501 in den Orbit transportiert. Dabei wurde zum ersten Mal die Version 501 eingesetzt. Besonders auffallend an dieser Variante des Trägers ist die 5,4 Meter durchmessende und über 20 Meter lange Nutzlastverkleidung (es gibt sogar zwei Versionen mit noch größeren Nutzlastverkleidungen).

Die Fernsehübertragung des Starts wurde unmittelbar vor dem Abwurf der Fairing beendet, etwa nach viereinhalb Flugminuten. Kommentar von ULA, die für die Durchführung des Starts verantwortlich waren: „At request of our customer we are ending our coverage", also: „Unser Kunde hat uns angewiesen, hier unsere Berichterstattung zu beenden".

Es wurden auch keinerlei Informationen über die erzielten Bahnparameter herausgegeben, doch war sichtbar, dass der Start-Azimut genau östlich verlief, was auf der Höhe von Cape Canaveral eine Bahnneigung von 28,5 Grad zum Äquator bedeutet. Die Bezeichnung X-37B ordnet das Vehikel in die Reihe legendärer experimenteller Luft- und Raumfahrzeuge ein, die in den USA seit den späten vierziger Jahren tradiert wird: die so genannten „X-Planes". Sie erinnert ein wenig an die X-20 „Dyna Soar", ein Projekt, das schon vor einem halben Jahrhundert aufgegeben wurde, weil die US-Luftwaffe geflügelte Raumfahrzeuge für nicht mehr zeitgemäß hielt. Schließlich gab es ja Raumkapseln. Das „Orbital Test Vehicle" ist nicht eigenstartfähig, sondern wurde als Nutzlast einer Trägerrakete in den Orbit transportiert. Er ist in dieser Hinsicht also ein klassischer Satellit und kann somit eigentlich nicht mit dem eigenstartfähigen Space Shuttle verglichen werden. Andererseits hat der Spitzname „Space Shuttle Junior" dennoch eine gewisse Berechtigung. Vor dem Februar 2003 war nämlich geplant, die X-37B als Nutzlast des „großen" Shuttles in den Orbit zu hieven.
Nach der Columbia-Katastrophe wurden aber alle Raumfährenmissionen – bis auf eine – nur noch dem Aufbau der Internationalen Raumstation gewidmet. Und damit wurde auch die X-37B aus dem Shuttle-Manifest entfernt. Die US-Luftwaffe besteht übrigens darauf, dass das OTV-Vorhaben ein Geheimprogramm ist. Ein richtiges amerikanisches Geheimprogramm. Was in der Praxis bedeutet, dass sich eine unübersehbare Fangemeinde intensiv mit der Sache aus-

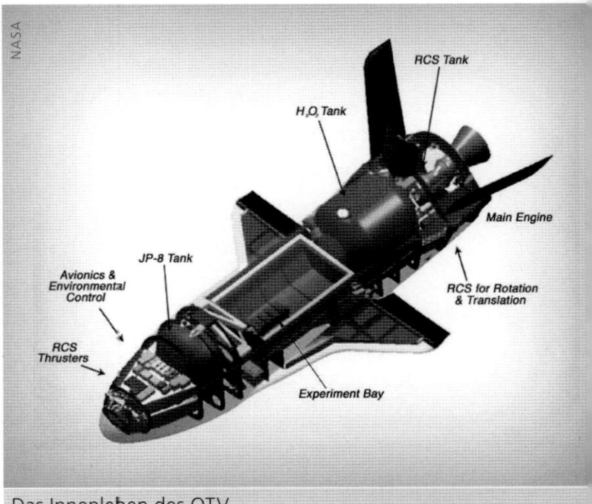

Das Innenleben des OTV

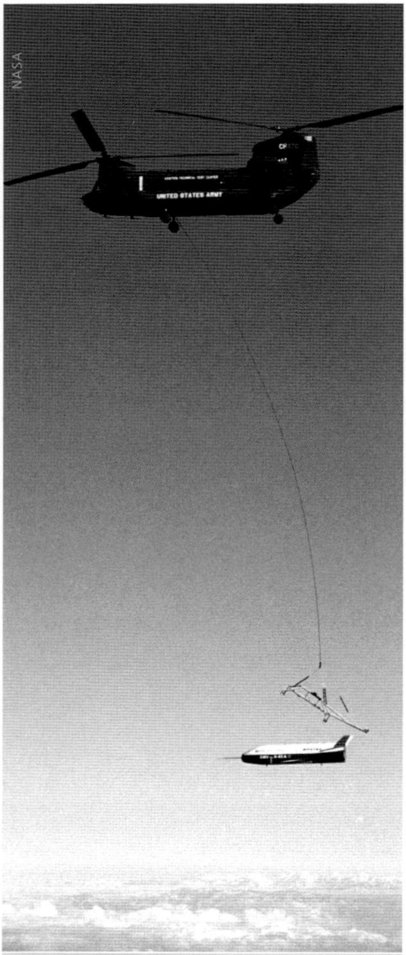

OTV Vorläufer X-40A

einandersetzt und die Blogs im Internet über das Thema heiß laufen. Nicht zu Unrecht allerdings, denn es stellt sich in der Tat die Frage: Was um alles in der Welt bezweckt die amerikanische Luftwaffe mit diesem Ding? Bis zu einem gewissen Detaillierungsgrad sind Informationen über das Fahrzeug problemlos zu bekommen. Studiert man diese Informationen aber intensiv, wird man den Verdacht nicht los, dass all die Testziele, die man mit dem Baby-Shuttle erreichen will, längst ein alter Hut sind. Space Shuttle Junior begann seine Karriere bei der NASA vor mehr als 10 Jahren unter der Bezeichnung X-37A und erhielt dazu den hübschen Beinamen „Future X" verpasst. Die X-37A – die Geschichte soll nicht zu einfach sein – war ein vergrößertes Modell der X-40A, dem „Space Maneuvre Vehicle". Dieses „Space Maneuvre Vehicle" wiederum war ein gemeinsames Vorhaben der NASA, der US-Luftwaffe und der Firma Boeing.

Und sie haben Recht, wenn Ihnen an der Typologie etwas spanisch vorkommt. Man sollte schließlich annehmen, dass ein Vehikel, das in der Terminologie des X-Programms drei Nummern später kommt, auch das zeitlich später angesetzte, vielleicht sogar technisch weiter entwickelte Vorhaben ist. Dem war aber nicht so. Die X-40A war der Vorläufer, eine Light-Version der X-37A, und flog auch viele Jahre vor dieser. Trotz des hochtrabenden Kampfnamens „Space Maneuvre Vehicle" erreichte diese X-40A nie eine größere Höhe als 6.700 Meter. Und auch die nur dank der Transportleistung eines

Chinook-Hubschraubers, von dem sie an den Haken genommen wurde. Nach acht Flügen (immer schön von der Chinook abgeworfen) war das Programm auch schon wieder beendet, die X-40A wurde eingemottet und gammelt seit 2001 in der Ecke eines Luftwaffenhangars in Edwards vor sich hin. Immerhin: Das Ziel der Tests war erreicht worden. Die Erprobung eines autonomen Flugführungssystems bestehend aus einer Kombination von Trägheitsnavigation und GPS. Genau dasselbe Testziel, das die Luftwaffe jetzt, neun Jahre später, mit dem Baby-Orbiter noch einmal erreichen will (und das diese Institution, das nur ganz nebenbei, inzwischen in alle ihre Cruise Missiles tausendfach serienmäßig implementiert hat).

Drei Jahre lang lief danach die Entwicklung der X-37A ruhig und unauffällig vor sich hin, bis schließlich im Jahre 2004 – Boeing begann gerade mit dem Bau der Hardware – die NASA aus dem Programm ausstieg. „Kein Bedarf mehr für ein solches Vehikel", hieß es dort, „wir bauen ab jetzt nur noch Kapseln". Das Vorhaben wurde zur DARPA transferiert, der amerikanischen „Defense Advanced Research Project Agency". Wieder hörte man zwei Jahre lang nichts mehr von dem Projekt, und es bildete sich die Meinung heraus, es sei ebenso sanft entschlummert, wie gut ein Drittel aller bisherigen 53 X-Projekte auch. Im Jahre 2006 erschien der Baby-Shuttle aber wieder aus der Versenkung und begann mit einer Serie von Gleitflügen. Nachdem die X-37A 30 Prozent größer war als ihr Vorläufer, die X-40A, konnte sie nicht mehr mit der Chinook transportiert werden. Und so kam – ein schönes Zitat an die Private Raumfahrt – das SpaceShipOne-Trägerflugzeug WhiteKnightOne der Firma Scaled Composites für die Abwürfe zum Einsatz. Fünf der sechs Flüge erfolgten in Palmdale, Kalifornien, einem der Werksflughäfen der Firma Boeing, die auch die X-37A gebaut hat. Danach verschwand das Fahrzeug wieder einmal in der Versenkung. Aber erst, nachdem die Luftwaffe erklärt hatte, die X-37A mit Thermalschutz und sonstiger Orbitalausrüstung zu versehen und es

Trägerflugzeug für die Gleitflugversuche der X-37A war die WhiteKnightOne

OTV 1 in der Nutzlastverkleidung ihrer Atlas 5 501 Trägerrakete

zu einem „Orbital Test Vehicle" weiter zu entwickeln. Stellen wir die Frage also noch einmal: Was um alles in der Welt will die US-Luftwaffe mit diesem Fahrzeug? Was testet sie, was nicht schon längst getestet wäre? Seit Jahren erklärt jeder, der in der Raumfahrt als kompetent gelten will, dass geflügelte Rückkehrfahrzeuge „outdated" sind. Und dann rüstet die US-Luftwaffe diesen

Mini-Shuttle für geschätzte 300-400 Millionen Dollar auf und verpasst ihm auch noch eine Trägerrakete, die weitere 120 Millionen Dollar kostet. Und das pummelige Shuttlechen soll nicht nur einmal eingesetzt werden, die Quellen sprechen von zunächst einigen Testflügen im Orbit, nach denen das Fahrzeug als wieder verwendbare Testplattform immer wieder eingesetzt werden kann. Bereits im nächsten Jahr soll schon eine zweite Einheit des OTV zum Einsatz kommen. Wozu also braucht die US-Luftwaffe das OTV? Warum muss es in der Lage sein, Geschwindigkeitsänderungen von 1.100 m/sec durchführen zu können? Was an Nutzlasten der US-Luftwaffe – und sie dürfen nicht mehr als 250 Kilogramm wiegen, denn mehr kann das OTV nicht transportieren – ist derart wertvoll, dass man sie wieder zur Erde zurückbringen muss? Von welcher Art sind Nutzlasten, welche die komplette Neuentwicklung eines wieder verwendbaren, auf einer Flughafenpiste landenden Raumfahrzeugs notwendig machen? Und warum muss das Ding gleich neun Monate am Stück im Weltraum verbringen können? Wieso landet es in Vandenberg und nicht in Edwards, das ungleich besser für Testflugaktivitäten geeignet ist?

Die Hoffnung, dass sich nach dem Start einige der Geheimnisse des OTV ein wenig lüften, hat sich nicht bestätigt. In der Zwischenzeit verfolgt eine Reihe gut ausgerüsteter „Spotter" die Bahn des Gerätes minutiös und stellt immer wieder verblüffende Bahnänderungen fest. Zum Zeitpunkt an dem diese Zeilen entstehen ist das OTV seit 151 Tagen im Weltraum (von 270 möglichen), und ein Ende der Mission ist noch nicht abzusehen. Aus der Länge des Einsatzes lassen sich Rückschlüsse auf den Reifegrad der Entwicklung ziehen. Der muss erheblich sein. Vor einigen Wochen hat das Vehikel seinen Orbit so angepasst, dass es exakt alle sechs Tage den gleichen Punkt auf der Erde überfliegt. Der Orbit liegt fast genau kreisförmig auf 430 Kilometern, weist eine Neigung von knapp unter 40 Grad zum Äquator auf und ist derzeit praktisch identisch mit dem des militärischen Aufklärungssatelliten TacSat 3. Aus diesen Angaben könnte man sich schon mal eine Meinung bilden.

Bis aber wirklich schlüssige Informationen veröffentlicht werden, gilt weiterhin der Satz des US-Militäranalytikers John Pike, Direktor von Globalsecurity.org, der sich zum Thema X-37B wie folgt äußerte „As long as you're confused you're in good shape." In etwa zu übersetzen mit:"Solange sie verwirrt sind, sind sie bei klarem Verstand".

Eine Alfa-Centauro wird für den Start vorbereitet.

Im Juni dieses Jahres habe ich anlässlich der Fußballweltmeisterschaft im Rahmen eines so genannten „Blog-Gewitters" des Spektrum-Verlags unter dem Titel „Kick it like Einstein" drei Beiträge verfasst. Sie behandeln – in nicht unbedingt immer ernstem Ton – die Geschichte und den aktuellen Status der Raumfahrt in drei Teilnehmerländern der WM, von denen man im Zusammenhang mit Raumfahrt selten etwas hört: Argentinien, Südkorea und Neuseeland. Ein wenig Fußball musste natürlich auch dabei sein. Lesen sie selbst, was aus dieser Kombination geworden ist. Wir beginnen mit Argentinien...

MALBEC, MARADONA UND MAR CHIQUITA

Meine Kollegin Suzana stammt aus Kolumbien. Hin und wieder reden wir über ihr Land im Speziellen und über Südamerika im Allgemeinen. Kommt dann die Sprache auf Argentinien, verzieht sie das Gesicht. Sie hält es mit Friedrich Holländers berühmter Verszeile „Guck doch nicht immer nach dem Tangogeiger hin, was ist schon dran an Argentinien?" Besonders der zweite Halbsatz bestätigt ihr Weltbild. „Die Argentinier sind furchtbar arrogant", meint Suzana. Ich versuche zu beschwichtigen: „Das kann man doch wohl nicht verallgemeinern". „Bueno", lenkt sie ein, nicht sonderlich überzeugt, „wenn Du meinst".

Danach versinkt sie für einige Sekunden in Stille, der Blick ist nach innen gerichtet. Sie kramt nach etwas längst Vergessenem in ihrem neuronalen Datenspeicher. Dann hat sie es entdeckt, und ihre Ressentiments brechen erneut auf"... und den Tango haben sie auch nicht erfunden. Der stammt aus Uruguay". Suzana weiß Bescheid über Argentinien. Aber auch ich habe fundierte, nahezu vorurteilsfreie Kenntnisse. Passen Sie mal auf:

In Argentinien gibt es riesige zarte Steaks von wild herumstreunenden Rindern, die auf einer ungeheuren Wiese namens „Pampa" grasen. Deren Zuführung zu den Schlachthöfen besorgen berittene Kuhhirten, die als Gauchos bezeichnet werden und deren Umgang mit ihren Reittieren in Mitteleuropa den Tierschutzverein auf den Plan rufen würde. Vor vielen Jahren gab es in Argentinien einen Mann namens Peron, der mit drei Frauen verheiratet war. Dieses Quartett hat ein Musical mit dem Titel „Evita" komponiert. Argentinien nimmt eine Vorbildfunktion für viele afrikanische Staaten ein, denn hier wurden Durchführung und Ablauf von Militärputschen (wie zum Teufel lautet eigentlich die korrekte Mehrzahlform?) durch häufiges und intensives Üben perfektioniert. Einschließlich der dazugehörigen Ausschaltung missliebiger Oppositioneller. Und Argentinien ist bekannt für den eindrucksvoll gelungenen Versuch innerhalb nur weniger Jahrzehnte alle volkswirtschaftlichen Katastrophenzustände von der Kriegswirtschaft über die Hyperinflation bis zur Deflation selbst auszuprobieren. Sie mögen mir jetzt vorhalten, dass ich hier vielleicht das eine oder andere mit einer gewissen persönlichen Färbung wiedergegeben habe. Mag sein, dass ich nicht gerade DER weltbeste Argentinien-Kenner bin. Wirklich ausgiebig beschäftigt habe ich mich nämlich nur mit drei argentinischen Spezialitäten: Malbec, Maradona und Mar Chiquita. Fangen wir mit letzterem an, denn das fällt am ehesten in mein Fach. Mar Chiquita ist nicht, wie man vielleicht vermuten könnte, eine Bananensorte die besonders küstennah angebaut wird, sondern ein Steppensee von beachtlichen Ausmaßen in dessen Nähe sich einst das argentinische Cape Canaveral befand.

Das Raumfahrtzeitalter begann für Argentinien schon überraschend früh: 1949. In diesem Jahr gründete Teofilo Tabanera, der „Vater der argentinischen Raumfahrt" eine Organisation mit der Bezeichnung „Sociedad Argentina Interplanetaria", was soviel heißt wie „Argentinische Interplanetare Gesellschaft" oder kurz: SAI. Vereinigungen dieser Art gab es in Europa und den USA schon

In Mar Chiquita wird eine kleine Arcas-Höhenforschungsrakete zum Start vorbereitet.

länger. Ihr Ursprung ging meist auf das Vorbild oder sogar auf direkte Beziehungen zum deutschen „Verein für Raumschifffahrt" zurück, der im Jahre 1927 gegründet worden war. Und tatsächlich hatte der VfR schon vor Tabaneras Zeit Kontakte mit argentinischen Raumfahrtenthusiasten gepflegt. Die SAI war jedenfalls der erste Zusammenschluss dieser Art in Südamerika. 1952 war das Land eines der Gründungsmitglieder der Internationalen Astronautischen Föderation und zumindest auf theoretischem Gebiet war Argentinien bald unter den führenden Nationen. Mit den ersten Ideen des Weltraumrechts wird heute beispielsweise der Name Aldo Cocca in Verbindung gebracht (auf dessen Initiative auch die Errichtung des Planetariums von Buenos Aires zurückgeht). In den frühen sechziger Jahren machte sich Argentinien mit Feuereifer daran, die Grundkenntnisse der Raketentechnik anzueignen. Wer weiß, was daraus unter einer durchgängig stabilen demokratischen Regierung im Laufe der Zeit hätte werden können. So aber war diese erste Raumfahrtepoche durch eine ständige Abfolge von Staatsstreichen gekennzeichnet. Immerhin wurden zwei permanente Startplätze für Höhenforschungsraketen eröffnet: CELPA (Centro de Experimentación y Lanzamiento de Proyectiles Autopropulsados) nahe der peruanischen Grenze am 15. November 1962 (das Jahr, in dem General Raúl Poggi putschte) und eben Mar Chiquita, am 24. Januar 1968 (in diesem Jahr putschte General Juan Carlos Ongania).

Das Jahr 1976 (Putsch durch General Jorge Rafael Videla) sah auch schon wieder das Ende der argentinischen Raumfahrtbemühungen. Am 9. Dezember 1976 wurde der Betrieb am Startgelände Mar Chiquita eingestellt. An diesem Tag erreicht eine kleine Höhenforschungsrakete mit der Bezeichnung „Rocketsonde" grade mal 58 Kilometer Höhe. In den besseren Zeiten waren von Mar Chiquita Höhenforschungsraketen des französischen Typs „Belier" und der argentinischen Eigenentwicklung „Canopus" in Höhen bis über 400 Kilometer geflogen. Eine der Canopus-Raketen wurde sogar von der argentinischen Antarktis-Station Marambio aus gestartet. Der Startplatz von CELPA hatte schon am 20. März 1974 dicht gemacht.

Der Niedergang der ersten argentinischen Raumfahrtphase fiel ziemlich genau mit dem Aufstieg des argentinischen Fußballs zusammen. Kurz nachdem die Junta um General Videla die rechtmäßig gewählte Staatspräsidentin Isabel Peron aus dem Amt gejagt und mit ihren politischen „Säuberungen" begonnen hatte (die am Ende 30.000 Oppositionellen das Leben kosten sollten) trug Argentinien im Juni 1978 die WM im eigenen Land aus und wurde prompt Weltmeister.

Wenn man heute in Deutschland jemandem das Stichwort „Fußballweltmeisterschaft in Argentinien" nennt, dann erinnert sich fast niemand mehr an Videlas Terror-Regime. Dagegen ist jedem die so genannte „Schande von Cordoba" geläufig. Deutschland schied damals in der zweiten Runde der Gruppe A aus. Beim legendären Spiel gegen Österreich, bei dem Hans Krankl zum Nationalhelden wurde. Und zwar zum österreichischen Nationalhelden.

Immerhin brauchte Argentinien nicht unbedingt eine Diktatur, um Fußballweltmeister werden zu können. 1986 gelang das auch in der damals noch äußerst unruhigen Demokratie. Auch an dieses Jahr – die WM fand in Mexiko statt – haben die Deutschen keine gute Erinnerung. Der legendäre Bomber der Nation war nämlich wieder dabei. Der hieß allerdings nicht Gerd Müller sondern Diego Maradona und stand auf Seiten Argentiniens. Die Argentinier versägten im Endspiel in Mexico City die Deutsche Mannschaft mit 3:2. Maradona schoss selbst zwar keine Tore, lieferte aber die Vorlage zum Siegtreffer. Die Revanche erfolgte vier Jahre später in Rom. Deutschland wurde Weltmeister und schlug im Endspiel Argentinien mit 1:0. Etwa ab dieser Zeit begann sich die Lage im Lande langsam zu stabilisieren. Gleichzeitig ging es mit dem Fußball abwärts: Immerhin reichte es noch zweimal zum Viertelfinale, 1998 und 2006. Letzteres Datum ist dem hiesigen Fußballfan noch in guter Erinnerung, denn erstens war die WM im eigenen Land und dann kam es beim Spiel um den Einzug in das Halbfinale zu einem dramatischen Elfmeterschießen, das die deutsche Mannschaft vor allem durch die Leistung ihres Torhüters Jens Lehmann für sich entscheiden konnte. 1991 wurde die argentinische Raumfahrtagentur ins Leben gerufen, die CONAE (Comisión Nacional de Actividades Espaciales). Argentinien konzentrierte sich zunächst auf den Bau wissenschaftlicher Satelliten der SAC-Serie (Satélite de Aplicaciones Científicas) und gründete 1993 eine kommerzielle Satellitenbetreibergesellschaft mit der Bezeichnung Nahuelsat.

Letztere war nichts anderes als eine Lizenz der argentinischen Regierung an die Unternehmen Aerospatiale, Alenia (beide fungieren heute als „Thales Alenia Space") und die DASA (heute Bestandteil von EADS Astrium) Telekommunikationssatelliten auf den argentinischen Slots für geostationäre Satelliten zu betreiben. Das Abkommen hielt nur ein paar Jahre, und es gab nur einen Satelliten, Nahuelsat 1.

Argentiniens erster selbst gebauter Satellit (SAC-B) ging im November 1966 beim Fehlstart seiner amerikanischen Pegasus-Trägerrakete verloren. Mit SAC-A klappte es besser. Er wurde während der Shuttle-Mission STS 88 von der Crew der Endeavour im Orbit ausgesetzt. Im April 2006 wurde die Empresa Argentina de Soluciones Satelitales S.A. gegründet, kurz ARSAT. Anders als die Vorgängerorganisation Nahuelsat baut ARSAT seine Satelliten nun selbst. Um genau zu sein: ARSAT führt die Endmontage von Subsystemen und Komponenten durch, die allesamt von außerhalb Argentiniens eingekauft werden. Bevorzugt in Europa. Die deutsche Astrium beispielsweise liefert für ARSAT Antriebssysteme und Solargeneratoren. Arsat 1 soll im übernächsten Jahr gestartet werden. Für Arsat 2 begann die Komponenten-Auschreibung in diesen Tagen, Arsat 3 ist bereits in Planung. Auch ein kleines System von zwei Erdbeobachtungssatelliten mit der Bezeichnung SAOCOM wird vorbereitet. Es wird zusammen mit Italiens COSMO-Skymed Erdbeobachtungssatelliten die argentinisch-italienische Konstellation SIASGE bilden. Wir sehen: Argentinien ist in der Gemeinschaft der Raumfahrtnationen angekommen. Das Land gilt als zuverlässiger Industriepartner, eingebunden in die weltweiten Netzwerke. Diese Kontakte und Verpflichtungen machen es für Investoren berechenbar und lukrativ und tragen zur weiteren politischen Stabilisierung bei. Für die argentinische Bevölkerung ist das sicher von Vorteil. Allerdings verschwindet da-

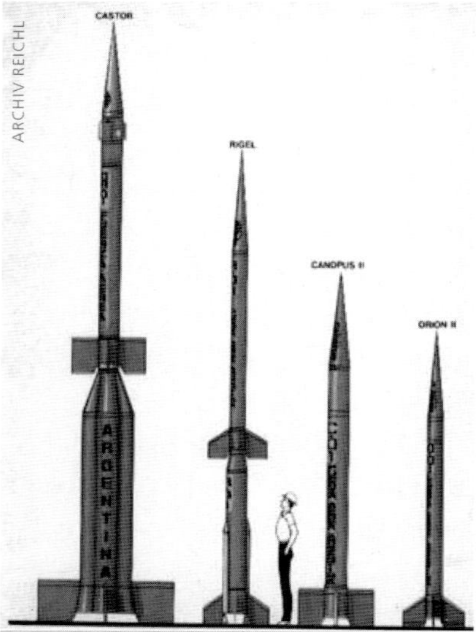

Argentiniens Raketen

mit auch immer mehr die impulsive, unberechenbare, manchmal fanatische, manchmal sogar geniale Note, die dieses südamerikanische Land früher ausgezeichnet hat. Wesensmerkmale, die auch den argentinischen Fußball in der Vergangenheit geprägt haben. Argentinien feierte seine Fußballtriumphe in den Phasen seiner größten Instabilität. Maradona war auf dem Gipfel der Inspiration als im Lande Chaos und Terror herrschten.

Und irgendwie ahnen die argentinischen Verbandsfunktionäre, dass ihre Mannschaft die Dauerrevolution, den permanenten Putsch und ein gehöriges Maß an Fanatismus benötigt, um ganz vorne mitspielen zu können. Wie sonst käme man auf die verwegene Idee, einen Zombie wie Diego Maradona aus der Gruft zu holen und an die Spitze der Mannschaft zu stellen. Und jetzt noch kurz zum Malbec, der mich bei der unterhaltsamen Arbeit an diesem Beitrag vorzüglich unterstützt hat. Der Malbec ist eine alte, klassische französische Rotwein-Rebsorte, die früher vor allem in den Bordeaux-Cuvees zu finden war. In Frankreich wird sie heute kaum noch angebaut. Sie ist den Franzosen zu empfindlich und zu unberechenbar. Damit entspricht er aber gut dem argentinischen Nationalcharakter und tatsächlich hat der Malbec hier zu seiner wahren Bestimmung gefunden. Wenn je ein Wein zu einem Land gepasst hat, dann dieser. Der Wein aus der Malbec-Traube ist tiefdunkel, fast schwarz. Wenn man einen Rosé daraus keltern will, muss ihn schnell von der Schale trennen. Aber selbst dann schmeckt er für einen Rosé völlig untypisch: Schwer, erdig und würzig. Man bekommt ihn – in rot oder rosé – kaum mit weniger als 14 % Alkohol.

★ Und ich frage mich wirklich, weshalb Maradona kokst,
wenn es in seinem Land einen solchen Wein gibt.

NASA

Südkoreas erste Kosmonautin: Yi So-Yeon

Der zweite Beitrag für das „Blog-Gewitter“ des Spektrum-Verlags befasste sich mit Südkorea. Und hier fangen wir im Hochgebirge an, bevor wir über die Raumfahrt schließlich den Fußball erreichen.

OH EUN SUN, YI SO-YEON UND DER FALL KO-SAN

Ende April ging folgende Meldung durch die Presse: „Oh Eun Sun ist am Ziel ihrer Wünsche. Die südkoreanische Alpinistin hat als erste Frau auf den Gipfeln der 14 höchsten Berge der Erde gestanden. Bei ihrer Ankunft auf dem 8091 Meter hohen Anapurna im Himalaya übertrugen Live-Kameras Bilder des Triumphs. Die Expedition auf den gefürchteten Anapurna wurde zum zentralen Medienereignis in Südkorea. Täglich brachte der öffentliche Fernsehsender KBS einen Lagebericht live aus Ohs Höhenlagern. Als sie auf dem Gipfel stand, riss sie die Arme hoch und bedankte sich bei „allen, die mich unterstützt haben“. Sie wolle die Ehre mit allen Koreanern teilen. Die Regierung in Nepal sah sich zunächst zu keiner Reaktion imstande. Man habe noch nicht unabhängig überprüft, ob Oh tatsächlich auf dem Gipfel gewesen ist, hieß es recht verhalten aus Katmandu“.

Wahrscheinlich hat Oh Eun Sun sowohl den Anapurna als auch die 13 übrigen Achttausender auf diesem Planeten tatsächlich bestiegen. Doch ihren Gipfelsiegen haftet ein „G'schmäckle" an. Nicht jeden Aufstieg hat die Alpinistin eindeutig dokumentiert. Von ihrer Besteigung des Kangchendzönga im letzten Jahr beispielsweise gibt es praktisch kein verwertbares Bild. Dafür hatte sie dieses Mal gleich ein ganzes Filmteam mit dabei, das ihre Tour live übertrug. Nicht nur das Filmteam, sondern auch die Bergsteigerin selbst waren mit Sauerstoffgeräten ausgerüstet. Frauen wie die Spanierin Edurne Pasaban, die bislang 13 Gipfel zu verzeichnen hat, oder die Österreicherin Gerlinde Kaltenbrunner, der noch zwei Achttausender fehlen, sind als Verfechterinnen des Alpinstils stets ohne zusätzlichen Sauerstoff, Fixseile und Träger unterwegs.

Halten wir somit fest: Es gibt mindestens zwei Arten, einen Gipfel zu erreichen. Geht es nur darum, oben anzukommen, ist die Oh Eun Suns Methode nicht schlechter als die von Pasaban oder Kaltenbrunner. Darüber hinaus ist sie auch noch effizienter. Nur vielleicht nicht ganz so sportlich.

Und nun zur Raumfahrt.

Am 10. Oktober 1989 wurde die koreanische Raumfahrtagentur gegründet. Sie trägt den Namen KARI (Korean Aerospace Research Institute) und hat das Ziel, Südkorea im Rahmen eines strammen, exakt durchgeplanten Programms innerhalb kürzest möglicher Zeit auf dem Gebiet der Raumfahrt vom Stand Null ins Weltspitzenfeld zu bringen. KARI begann umgehend mit der generalstabsmäßigen Vorbereitung der zu diesem Zweck zu bestellenden Felder: Erdbeobachtung, Telekommunikation, bemannte Raumfahrt, Missionen zu Mond und Planeten und das alles gedüngt mit Grundlagenforschung, Komponenten- und Subsystementwicklung.

Die Regierung stattete das KARI mit fürstlichen Budgets aus, und erwartete im Gegenzug schnelle Erfolge. Doch in der geforderten Geschwindigkeit war der Berg nicht zu erklimmen, und so musste den noch nicht entwickelten eigenen Fähigkeiten da und dort mit Mitteln auf die Sprünge geholfen werden, die nicht dem klassischen Alpinstil entsprechen sondern eher einer Seilbahnfahrt. Als erstes machte sich das KARI an die Technologie-Entwicklung. Dazu wurden zwei Satelliten bei der britischen (heute in Astrium-Besitz befindlichen) Surrey Satellite Technology Ltd. (SSTL) bestellt, einem Unternehmen das für seine Kleinsatelliten bekannt ist. Die Mini-Raumfahrzeuge trugen die Bezeich-

Naro 1

nung Kitsat 1 und Kitsat 2 und wogen jeweils um die 50 Kilogramm. Im August 1992 und im September 1993 wurden sie als so genannte Piggyback-Nutzlasten bei Ariane-Flügen in den Erdorbit transportiert. Neben einer experimentellen Datenrelay-Einrichtung verfügten sie jeweils über zwei Kamerasysteme zur Erdbeobachtung. Der südkoreanische Beitrag beschränkte sich auf die Entwicklung einer der beiden Kameras sowie die Missionskontrolle. Dies genügte, damit man schon kurz nach Gründung der Raumfahrtagentur vermelden konnte, eigene Satelliten, ausgestattet mit eigenen Systemen in den Weltraum gebracht zu haben. Grundlagenforschung und Technologieentwicklung sind häufig ein wenig alltagsfern und überzeugen den Steuerzahler nicht immer von der Nützlichkeit der Raumfahrt. Erdbeobachtung dagegen ist gut, nützlich und überdies politisch korrekt. Alle Raumfahrtnationen von Bedeutung machen das. Südkorea etablierte somit umgehend ein Programm, das die Bezeichnung KOMPSAT (Korea Multi-Purpose Satellite) trägt.

KOMPSAT-1 wurde bei Lockheed bestellt und im Dezember 1999 mit einer US-Trägerrakete auf eine polare Umlaufbahn gebracht. KOMPSAT-2, im Juli 2006 von Russland aus gestartet, wurde zusammen mit Astrium entwickelt. Bei diesem zweiten Satelliten stammte bereits eine beträchtliche Anzahl von Komponenten aus Korea selbst, wie beispielsweise die Lageregelungstriebwerke. KOMPSAT-3, ebenfalls in Zusammenarbeit mit Astrium entstanden, befindet sich derzeit der Endmontage und soll Ende des kommenden Jahres gestartet werden. Diese drei Satelliten arbeiten mit optischer Bildtechnik. Wer heutzutage technologisch auf sich hält ergänzt seine Flotte optischer Aufklärer durch Radarsatelliten. Damit bekommt man auch nachts und bei schlechtem Wetter gute Bilder. Somit gab auch Südkorea einen solchen Satelliten in Auftrag. Er trägt die Bezeichnung KOMPSAT-5. Projektleitung, Endmontage, Test und Missionsdurchführung liegen hier bereits in Korea, Subsysteme werden aber nach wie vor im Ausland gekauft. Vor allem die komplexe Radarausrüstung. Das Synthetic Aperture Radar (SAR), wird von Thales Alenia in Frankreich beigesteuert.

Sollte Ihnen jetzt KOMPSAT Nummer 4 fehlen: Den gibt es nicht. Die Südkoreaner sind zwar in hohem Maße technikgläubig, trotzdem pragmatisch genug, um es sich auch mit den Göttern nicht zu verscherzen. Die Zahl 4 bringt in Südkorea Unglück, und wird deshalb einfach übersprungen. Kleiner Zusatzvorteil: Man kommt beim Zählen schneller voran, wenn man nicht bei jeder einzelnen Zahl stehen bleiben muss. Und am Ende sieht es so aus, als hätte man schon mehr vol bracht.

Die dritte Disziplin, in der sich alle Raumfahrtnationen von Bedeutung üben, ist der Betrieb von Telekommunikationssatelliten. KARI legte fest, dass Raumfahrzeuge dieser Art in Korea natürlich KOREASAT zu heißen hätten. Da die technologische Basis für den Bau, Betrieb und Start solcher Raumfahrzeuge in den neunziger Jahren nicht vorhanden war, vergab man den Auftrag für die ersten drei Einheiten an Lockheed in die USA. Südkorea fertigte lediglich einige Komponenten, hauptsächlich im Bereich der Telekommunikationsnutzlast. KOREASAT-4 wurde aus den oben genannten Gründen wieder übersprungen. Gwang-Ju Seo, Vizepräsident von Korea Telecom erklärte, dass diese Zahl aus „kulturellen Gründen" vermieden werde. Der vierte südkoreanische Kommunikationssatellit trug deshalb die Bezeichnung KOREASAT-5 und wurde am 21. August 2006 von einer Sea Launch Zenith 3 SL gestartet. Dieser Satellit wurde in Europa bestellt. KOREASAT-6, das bislang letzte Raumfahrzeug in dieser Reihe, wird wieder aus den USA stammen.

Eine Raumfahrtnation, das war KARI klar, muss auch die Raketentechnik beherrschen. Keine leichte Übung für ein Land, dessen Wissen auf diesem Gebiet auf das Handling von US-Militärraketen wie der Honest John oder der Nike Ajax beschränkt war, mit denen Südkoreas Heer und Luftwaffe ausgerüstet waren. Da schien es für das KARI der vernünftigste Weg zunächst einmal mit einfachen Höhenforschungsraketen anzufangen. Dies geschah im Rahmen des „Korean Sounding Rocket Programs (KSR)" in dem innerhalb kurzer Zeit drei Typen entwickelt wurden, die KSR-I, KSR-II und KSR-III. Schon der erste Typ war von beachtlicher Größe, fast sieben Meter lang, und in der Lage eine Nutzlast von 150 Kilogramm auf 200 Kilometer Höhe zu bringen. Typ III war eine 13 Tonnen schwere und elf Meter lange einstufige Rakete, die bereits mit flüssigen Treibstoffen (Kerosin und Sauerstoff) arbeitete. Die KSR-I startete zweimal, die KSR-II ebenfalls zweimal und die KSR-III startete im November 2002 genau ein einziges Mal und dann nie wieder. Das „Projekt Höhenforschungsrakete" war das Kürzeste in der Geschichte aller Raumfahrtnationen und nach genau fünf Starts erledigt. National und International waren keine Meriten zu gewinnen. Für den höheren Ruhm Südkoreas musste ein Orbitalträger her. Das Projekt KSLV (Korean Space Launch Vehicle) wurde ins Leben gerufen.

Zunächst dachte man dabei an eine Weiterentwicklung der KSR-III, bemerkte aber bald, dass man da technologisch erheblich zu kurz greifen würde. Auch mit einer gebündelten Variante der KSR-III wäre man nur auf wenige Kilogramm Nutzlast für den niedrigen Erdorbit beschränkt gewesen. Ein modernes und leistungsfähiges Fluggerät der Weltspitzentechnologie musste her.

Auch erfahrene Raumfahrtnationen müssen für die Entwicklung eines völlig neuen Trägers in der Regel etwa 10 Jahre ansetzen. Für das völlig Know-How-freie Südkorea hätte es aber mindestens doppelt so lange gedauert. Wie sollte da die Zeitvorgabe der Regierung einzuhalten sein? Die Lösung des Problems: erstens viel Geld und zweitens ein erfahrener Partner.

Man rief bei Chrunitschew in Russland an. Dieses Unternehmen baut die gewaltige Proton und entwickelte schon seit Jahren auf finanzieller Sparflamme das so genannte „Universal Rocket Module" (URM) der Angara-Trägerrakete. Für 400 Millionen Dollar, so erfuhren die Südkoreaner, könnte man diese Rakete in wenigen Jahren zur Startreife bringen und ihr ein südkoreanisches Typenschild verpassen. Als eigenen Anteil Südkoreas, so schlugen die Russen vor, sollten die Koreaner die Oberstufe entwickeln. Ein einfaches Aggregat mit festen Treibstoffen, aber immerhin mit einer Dreiachsen-Lageregelung. Außerdem die Flugsteuerung und die Nutzlastverkleidung. 2005 wurde der Plan der Öffentlichkeit bekannt gegeben. Die Rakete trug neben der Projektbezeichnung KSLV-1 den Namen „Naro" – so wie das koreanische Startzentrum. Startzentrum, richtig. Das brauchte man ja auch noch. Es wäre schmachvoll gewesen, die Rakete einfach in Plesetzk, Swobodny oder Baikonur zu starten. Jede Raumfahrtnation von

Bedeutung braucht ein Startzentrum. Die KARI baute ihre Anlagen am Naro Space Center, die sich auf der Insel Naro, knapp 500 Kilometer südlich von Seoul liegt. Innerhalb kürzester Zeit wurde dort alles errichtet, was man zur Raumfahrt braucht: Startrampe, Kontrollzentrum, Fertigungseinrichtungen, Testanlagen, Kraftwerk, ein High-Tech Visitor-Center, ein Museum und ein Flugplatz. Am 25. August letzten Jahres erfolgte der Erstflug der Naro 1. Koreanische Medien hatten den Start der zweistufigen Rakete gleich nach dem Abheben überschwänglich als Erfolg gefeiert. Stunden später kam dann die ernüchternde Verlautbarung, dass die Mission gescheitert war. Die Flugsteuerung zwang die Rakete kurz nach dem Abheben zu einigen abenteuerlichen Schwenks www.youtube.com/watch?v=3lPodCVR8RU, aber die robuste russische Konstruktion hielt die wilden Manöver aus (beachten Sie auch die Stimme der russischen Kommentatorin im Hintergrund). Nach der Zündung der zweiten Stufe löste sich jedoch die Nutzlastverkleidung nicht vollständig. Dadurch war die Kombination aus zweiter Stufe und Satellit zu schwer, und stürzte einige tausend Kilometer vom Startort entfernt ins Meer.

Die Höhenforschungsrakete KSR-III kam genau einmal zum Einsatz.

Erster kleiner Schwenk zum Fußball: Der zweite Testflug der Naro-1 war auf den 9. Juni terminiert, drei Tage vor Südkoreas Eröffnungsspiel in der Gruppe B gegen Griechenland. Südkorea gewann dieses Spiel mit 2:0, für die Naro aber stand es kurz darauf 0:2, denn sie stürzte ein zweites Mal ab. Nun gut, Rückschläge müssen auch andere Raumfahrtnationen in Kauf nehmen und so tat auch dieser dem Programm keinen sonderlichen Abbruch. In der jetzigen Ausführung ist die Rakete wegen der zu leistungsschwachen zweiten Stufe ohnehin auf nur 100 Kilogramm Nutzlast beschränkt. In der nächsten Phase, der KSLV-2, soll diese Oberstufe durch ein flüssigkeitsbetriebenes Aggregat ersetzt werden und bei der KSLV-3, einsatzbereit etwa 2017, soll dann eine moderne Drittstufe dazu kommen. Damit wäre der Träger in der Lage, Satelliten mit einem Gewicht von bis zu 1,5 Tonnen auf eine sonnensynchrone Umlaufbahn zu bringen. Parallel zur Trägerraketenentwicklung nahm Südkorea schon das nächste Programm in Angriff, das da hieß: Bemannte Raumfahrt. Hier beginnt die aufstrebende Raumfahrtnation am besten mit einer Mitfluggelegenheit. Da bot sich Russland an, man hatte ja schon die Verbindungen, und im sich dem Ende zuneigenden Shuttle-Programm waren ohnehin keine Plätze mehr zu erhalten.

Der ausgewählte Kosmonauten-Kandidat für diese Mission war ein Raumfahrtingenieur des „Samsung Advanced Institute of Science and Technology" namens Ko-San. Er war schon weit fortgeschritten mit seinem Training und nur noch wenige Wochen von seinem Flug entfernt, als er dummerweise dabei erwischt wurde, wie er im „Sternenstädtchen" bei Moskau nächtens klassifizierte russische Dokumente kopierte. Diese aufopferungsvolle Maßnahme zur beschleunigten Aneignung südkoreanischen Raumfahrtwissens konnte man auch beim besten Willen nicht anders als Industriespionage bezeichnen. Eigentlich ein Fall für den Staatsanwalt. Die Russen wollten aber nicht zu viel Aufsehen erregen, denn erstens stand der mit viel Publicity angekündigte Start kurz bevor und zweitens hielt Südkorea noch neunstellige Überweisungen aus dem Naro-Programm zurück.

Man dachte also gemeinsam darüber nach, wie alle Seiten das Gesicht wahren konnten und kam schließlich darauf, die Sache als kleinere persönliche Verfehlung des Kosmonauten zu bezeichnen (der sich nur ein paar Handbücher zur Vorbereitung seines Raumflugs kopieren wollte) und benannte im Übrigen seine Ersatzfrau für die Mission, eine Ingenieurin namens Yi So-yeon. Die arbeitete am gleichen Institut wie Ko-San war aber immerhin nicht zur unpassenden Zeit mit vertraulichen Dokumenten am Kopierer gesichtet worden. So wurde eine Frau zur ersten südkoreanischen Kosmonautin, was, wie sich am Ende zeigte, der Publicity ohnehin eher förderlich war. Als nächster Schritt ist nun ein eigenes bemanntes Raumfahrtprogramm angesagt. Das liegt jedoch technologisch und kostenmäßig weit außerhalb der Reichweite Südkoreas. Die Lösung des Problems folgt einer Kombination bewährter Pfade: Suborbital anfangen und ausländische Expertise einkaufen. Und so wurde letzten November die weltweite Raumfahrtgemeinde von der Meldung überrascht, dass die südkoreanische Raumfahrtbehörde sich den kleinen US- Startup XCOR als Partner ausgewählt hat, um vom Yecheon Astro Space Center in Südkorea (240 Kilometer südöstlich von Seoul) aus suborbitale Raumflüge durchzuführen. Es handelt sich dabei um ein so genanntes „wet lease agreement" im Wert von zunächst 30 Millionen Dollar. XCOR stellt Korea unter dieser Vereinbarung die einsatzfähige Lynx Mark II (so bald die fertig entwickelt ist, was etwa 2012 der Fall sein soll) „vollbetankt" zur Verfügung. Südkorea unternimmt damit suborbitale Flüge bis in mehr als 100 Kilometer Höhe. Damit kann es dem Land gelingen, in kürzester Zeit mehr „Astronauten" zu produzieren als die USA, Russland und China zusammen, denn nach der Definition der Fédération Aéronautique Internationale (FAI) gilt ein Mensch dann als Astronaut, wenn er eine Flughöhe von 100 Kilometern überschritten hat. Wenn XCOR's Lynx Mark II richtig in Schwung gekommen ist, könnten das ein Dutzend Personen pro Woche sein.

Südkoreas übernächstes Ziel: Der Mond. Japan, Indien und China haben bereits Raumsonden zu unserem Trabanten geschickt. Somit ist das die Messlatte, wenn man in Asien etwas gelten will. Südkorea will bis spätestens 2020 eine Raumsonde in eine Mondumlaufbahn entsenden und bis 2025 ein Raumfahrzeug auf der Oberfläche des Mondes landen.

Zu guter Letzt der angekündigte Schwenk zum Fußball.

Talent und gute Spieler alleine nutzen nichts, wenn man innerhalb kürzester Zeit den Durchmarsch von der Kreisklasse in die Bundesliga schaffen will. Dazu braucht es auch gute Trainer, gute Manager, gute Public Relation und sehr viel Geld. Die korrekte Auslegung der Amateurregeln ist da eher weniger sinnvoll. Südkorea ist übrigens seit dem Jahre 1954 insgesamt sieben Mal bei Weltmeisterschaften dabei gewesen. Seit 1986 waren die Südkoreaner bei jeder WM dabei und belegten 2002 im eigenen Land sogar den vierten Platz. In diesem Jahr wurden sie auch zur unterhaltsamsten Mannschaft des Turniers gewählt. Im internationalen Raumfahrtturnier würde ich Südkorea diesen Titel, hätte ich es zu entscheiden, auch vergeben.

ARCHIV REICHL

Donald und seine raumfahrtbesessenen Neffen

Der abschließende Raumfahrt-Beitrag für das „Blog-Gewitter" des Spektrum-Verlags befasste sich mit Neuseeland. Und um es gleich vorwegzunehmen: Neuseeland verlor kein einziges Spiel, musste aber am Ende dennoch ausscheiden. Allerdings mit einem besseren Ergebnis als der Weltmeister von 2006, Italien.

CANTRAVELWELL-VIRUS INFIZIERT KIWIS

Ich dürfte einer der wenigen Jugendlichen gewesen sein, dessen Interesse für Raumfahrt gleichermaßen von Clark Darlton wie von Carl Barks geweckt wurde. Clark Darlton schrieb Perry Rhodan. Der war unser Mann im Weltraum und ruinierte meine Lateinnote, weil ich seine Abenteuer während des Unterrichts unter der Bank zu lesen pflegte. Carl Barks zeichnete und textete für Walt Disney. Er schuf Donald Duck, der in permanenter Hybris unverdrossen daran glaubt, alles erreichen zu können. Im Bedarfsfall allerdings auch unter Zuhilfenahme etwas unlauterer Mittel.

- ★ Clark Darlton + Perry Rhodan = Raumfahrt! Klar.
- ★ Aber Carl Barks + Donald Duck = Raumfahrt???

Donald und Micky: Fly me to the moon.

Nun, hier gibt es eine These, die zwar schon hinreichend durch Fakten gestützt ist, aber noch der abschließenden Prüfung einiger natur- und geisteswissenschaftlicher Grundsatzfragen durch die donaldistische Forschung bedarf. Sie lautet: „Nicht nur vereinzelte oberbayrische Schüler wurden durch Donald Duck mit der Raumfahrt vertraut gemacht. Nein, der egozentrische Erpel führte durch eine Verkettung schicksalhafter Umstände eine ganze Nation von Schafzüchtern und Obstbauern – nachfolgend als „Kiwis" bezeichnet – in den Weltraum".

Betrachten wir zunächst die Ausgangssituation, die uns eine der Carl Barks-Stories aus den sechziger Jahren des letzten Jahrhunderts präsentiert. Titel: „Want to buy an island". In der deutschen Übersetzung von Erika Fuchs wurde daraus „Einsame Insel zu verkaufen". Donald erwirbt unter dubiosen Umständen für 10 Dollar die Südsee-Insel „Wiki-Wak". Erika Fuchs, die geniale Übersetzerin des Ehapa-Verlages, machte daraus „Imi-Ata", eine Kombination der Markennamen zweier damals gebräuchlicher Allzweckreiniger. Dies ergibt ein Palimpsest, dessen Lösung wir in der Folge andeuten werden, der aber nichtsdestotrotz Gegenstand zukünftiger Studien sein muss.

Donald vermutet auf Imi-Ata einen Schatz und fährt flugs dort hin. Leider findet er da aber nicht die vermuteten Geschmeide, Münzen und Edelsteine vor, sondern nur einige im Kreis angeordnete Ölfässer. Aus Gründen, die dem Verfasser heute nicht mehr geläufig sind (zur restlosen Aufklärung des Sachverhaltes ist deshalb eine literaturarchäologische Notgrabung auf dem Dachboden des Autors erforderlich) entzünden sich die Öltonnen. Es läuft dumm für Donald, denn die Fässer sind das Ziel einer Rakete mit einem Wärme suchenden Sensor, die der Magistrat von Entenhausen für die Bekämpfung von Waldbränden entwickeln ließ. Das Projektil macht sich nun auf den Weg in die Südsee, um die Ölfässer zu löschen. Startort der Rakete: die bekannte Entenhausener Raumfahrtbasis Cape Cantravelwell. Doch der Nutzlastkopf der Rakete enthält, wie wir heute vermuten dürfen, nicht nur Lösch-Schaum, sondern auch einen Virus. Den Raumfahrt-Virus. Wissenschaftliche Analysen, durchgeführt von Raumfahrthistorikern und Donaldisten, geben heute noch nicht erschöpfend Auskunft darüber, welches Ei-

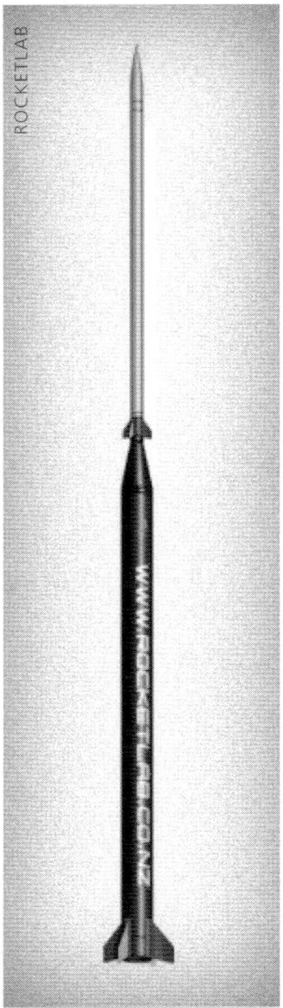

Atea-Rakete

land Carl Barks mit Imi-Ata meinte. Nur eines steht fest: Es gehörte zum neuseeländischen Staatsgebiet. Handelt es sich bei Imi-Ata vielleicht um das geheimnisvolle Cape Kari-Kari, von dem aus im Jahre 1965 insgesamt sieben Höhenforschungsraketen des Typs „Arcas" leider nicht ganz in den Weltraum vorstießen, denn nach 88 vertikal zurückgelegten Kilometern war Ende im Gelände? Oder ist es Birdlings Flat, wo man 1963 zwei Raketen in die Ionospäre entsenden wollte, denen aber dann leider schon irgendwo zwischen Stratosphäre und Mesosphäre die Luft ausging?

Sei es, wie es sei. Seit dieser Zeit hält jedenfalls der Cantravelwell-Virus Neuseeland unter seiner Knute. Seit dieser Zeit sind die Kiwis mit der Verpflichtung infiziert, den Weltraum zu erobern. Die Versuche in Birdlings Flat und auf Kari-Kari erwiesen sich allerdings als ein „Schuss mit dem Ofenrohr ins Gebirge", wie eine alte polynesische Redensart sagt. Neben der Schafzucht und dem Kricketspiel blieb den Kiwis in den vergangenen Jahrzehnten leider wenig Raum, sich höheren Aufgaben zu widmen. So fiel es den neuseeländischen Ingenieuren erst vor kurzem auf, dass ihr Land den Weltraum überhaupt noch nicht erreicht hatte. Um dem Missstand abzuhelfen gründeten drei unerschrockene Donaldisten unter dem Motto: „Dem Ingeniör ist nichts zu schwör" die Firma „RocketLab". Bei den dreien handelt es sich nicht, wie man spontan vermuten könnte, um die inzwischen halbwegs erwachsenen Neffen Donalds, Tick, Trick und Track, sondern um Peter Beck, Mark Rocket (der, bevor er von einer besonders pathologischen Variante des Cantravelwell-Virus befallen wurde, noch Mark Stevens hieß) und Nikhil Raghu (keine indisches Gulasch-Variante, sondern der knapp 20 Jahre alte „Senior Engineer" von RocketLab). Diese drei stellten sich die Aufgabe, endlich für die Kiwis den Weltraum zu erobern. Nach den Fehlschlägen von Kari-Kari und Birdlings Flat diesmal vom „Great Mercury Island" aus, was sowohl zum Thema Raumfahrt wie auch zum Thema Weltraum ohnehin viel besser passte. „RocketLab" entwickelte daraufhin eine zweistufige Hybridrakete mit der Typbezeichnung Atea-1. „Atea„, so behauptet das Trio, wäre das Maori-Wort für Weltraum. Allerdings ist schon rein phonetisch der Hinweis auf die historische Insel „Imi-Ata" so deutlich, dass wir über diesen missglückten Verschleierungsversuch nur herzlich lachen können. Zusätzlich bekam die Rakete noch einen Eigennamen verpasst: Manu Karere und das bedeutet bei den Maoris (so die Waikato Times, die Postille der Mercury Islands) so viel wie „Habt einen guten Flug, O Vogelwesen". Die Ortsnamen Birdlings Flat und Cantravelwell lassen grüßen. Werfen wir nun kurz einen Blick auf das technische Konzept: Die Rakete ist knapp sechs Meter lang, aber nicht wesentlich dicker als mein Vierfarben-Kugelschreiber. Als Oxidator verwendet das Projektil Lachgas, als Treibstoff wird – laut Homepage der munteren Kiwis – ein „Polymer based fuel" eingesetzt. Dessen Aussehen erinnert optisch beträchtlich an einen der größeren Standardtreibsätze der Modellbaufirma ESTES, die man sich ziemlich problemlos online aus dem Katalog bestellen kann.

Die Atea ist startbereit

Start

Der Start der Atea-1 gelang am 30. November letzten Jahres nach ein paar Anläufen vor einer begeisterten, unübersehbaren, etwa 30köpfigen Menschenmenge. Mangels Telemetrie, Radar, optischem Tracking, GPS oder irgendeiner an-

Auch einen Startbunker haben die rührigen Kiwis.

deren der üblichen Nachweismethoden (sorry, our Battery died) konnte die erreichte Höhe nicht offiziell verifiziert werden, was den Spekulationen des Rocket-Lab-Teams über die phantastische Performance ihrer Rakete Tür und Tor öffnete. Die Höhenleistung des Projektils stieg mit jeder Presse-Veröffentlichung und erreichte innerhalb kürzester Zeit märchenhafte 150 Kilometer. Rocketlab behauptete weiter, dass ihre Rakete nach 20 Sekunden Brennzeit eine Geschwindigkeit von 5.000 Kilometern pro Stunde erreicht hätte. 15 Sekunden seien davon die Brennzeit der ersten Stufe gewesen, fünf Sekunden hätte die zweite Stufe gefeuert. Die Filmbilder des Starts zeigen zwar eine ansprechend flotte Beschleunigung, so wie man sie bei einer besseren Feuerwerksrakete eben erwartet. Die kurze Filmsequenz hält die Rakete immerhin für sechs oder sieben Sekunden im Bild, und bis dahin hatte sie grade mal eben die tief hängende Wolkenuntergrenze erreicht. Bei generöser Schätzung 1.000 Meter. Vergleichen Sie dazu den Start einer Rakete, die WIRKLICH innerhalb der von den Kiwis angegebenen Zeit besagte Geschwindigkeit erreicht. Das sieht dann, hierzu muss ich sie leider ins Internet bemühen, in etwa so aus tinyurl.com/37yc325. Kleine Bemerkung am Rande: Beschleunigungen, die eher dem Abschuss einer Artilleriegranate entsprechen, sind – auch wenn man sie tatsächlich erreicht – nicht eben das, was heutzutage ein Experimentator für seine sensible Nutzlast wünscht.

Kommen wir zum Fazit: Raumfahrt macht den Kiwis Spaß. Allerdings sieht die Art der Leistung verdächtig nach einer direkten Einflussnahme Donald Ducks aus, der offensichtlich bis auf den heutigen Tag vor Ort weilt. Sollte der Nachweis des Erreichens einer Höhe von mehr als 100 Kilometer auch in der nächsten Zukunft nicht mittels der Atea-1 gelingen (RocketLab plant angeblich „bald" wieder einen Start) dann haben Neuseelands Donaldisten schon das nächste Eisen im Feuer, erneut geschmiedet von Mark Rocket. Der wird sich dann nämlich persönlich auf diese Höhe katapultieren lassen und hat zu diesem Behufe schon ein Ticket bei Virgin Galactic gekauft. Schon bald wird somit die Waikato Times den ersten neuseeländischen Astronauten interviewen können.

Extrapolieren wir unsere Erkenntnisse auf das Gebiet des Fußballs, auf dem sich Neuseeland in den nächsten Wochen mit der Welt womöglich noch intensiver messen wird als der Raumfahrt: Mit dieser Kombination aus Chuzpe, der Unkenntnis der wahren Probleme und der Freude an einem flotten Gag, könnte es gut sein, dass Neuseeland Fußballweltmeister wird. Oder aber nach der Vorrunde mit 0:9 Punkten und 0:20 Toren ausscheidet.

Wie die Sache ausgeht, im Weltraum wie auf dem Fußballplatz werden wir in der nächsten Zukunft sehen. Bis dahin halten wir es mit Franz Beckenbauers orginal polynesischem Lebensmotto, das da lautet:

★ Schaun mer mal.

Von links nach rechts: Mark Rocket, Nikhil Raghu und Peter Beck bergen ihre Rakete gleich vor den Klippen nach ihrem „Raumflug".

lunar-real-estate

WEM GEHÖRT DER MOND?

Stellen Sie sich vor: Im Internet wird Ihnen der Atlantische Ozean angeboten. Schön parzelliert und zum Diskontpreis. Sie entscheiden sich für ein 10 x 10 Kilometer großes Stück, günstig vor den portugiesischen Küstengewässern gelegen, und kaufen es kurzerhand. Ab nun gehört dieser Wasserwürfel Ihnen, samt dem Seegetier, den Schiffswracks und den Bodenschätzen.

Sie finden Gefallen daran, und mit dem nächsten Weihnachtsgeld besorgen sie sich auch gleich die angrenzende Nachbarparzelle. Ihre Familie schenkt Ihnen zum Geburtstag den Mariannengraben im Pazifik, und zum Firmenjubiläum haben die Arbeitskollegen zusammengelegt und Ihnen die Hälfte des Tyrrhenischen Meeres gekauft. Bald schon sind Sie Großmeerbesitzer. Und damit stehen Sie nicht alleine da. Ihrem Nachbarn gehört schließlich schon seit längerem ein attraktives Gebiet im Korallenmeer vor dem Great Barrier Riff, und Tantchen hat sich für ihre alten Tage das ostchinesische Meer zurückgelegt. Absurd? Sie meinen das geht doch gar nicht? Sie haben Recht. Nehmen wir also ein „vernünftiges" Beispiel: den Mond.

Würde heute Neil Armstrong im „Meer der Stürme" vor der amerikanischen Flagge salutieren, dann würde vermutlich schnell der Besitzer einer bunten Urkunde mit seinem Dokument wedeln und ihn wegen Hausfriedensbruchs anzeigen. Was im Fall der Ozeane – im Völkerrecht zum Teil als „Hohe See" bezeichnet – jeden Menschen mit gesundem Verstand auf die Barrikaden brächte, läuft im Fall des Mondes problemlos seit vielen Jahren ab, wenn auch mit dem Hauch des Kuriosen. Da verkaufen findige Personen Mondgrundstücke und übertragen mit Urkunden Eigentum, das sie selbst in abenteuerlichen juristischen Achterbahnfahrten erworben zu haben behaupten. Und sie bestätigen dies den Käufern, sich selbst und der ganzen Welt mit pseudo-juristischer Spitzfindigkeit. Sie glauben eine Lücke im Völkerrecht entdeckt zu haben, und die haben sie dann auch gleich selbst geschlossen. Der Mond liegt – im kosmischen Maßstab gesehen – direkt vor unserer Haustür. Für das von Menschen für unseren Heimatplaneten erdachte und formulierte Recht ist er aber doch schon etwas außer Reichweite. Vielleicht ist auch das ein Grund, warum der Verkauf von sogenannten „Mondgrundstücken" irdischen Juristen nicht wirklich graue Haare wachsen lässt.

Dennoch hat das Recht vor dem Weltraum nicht Halt gemacht. Mit jeder Erweiterung menschlichen Tuns wurden neue Regeln für neue Horizonte geschaffen. So hat auch der Beginn des Raumfahrtzeitalters ein neues Rechtsgebiet gebracht: das Weltraumrecht. Und das gehört, wenn man eine juristische Typologie zu Grunde legt, zu den Normen des Völkerrechts. Das sind jene Regeln, die das Zusammenwirken der Staaten und der internationalen Organisationen betreffen. Vollständige Rechtssubjekte, also Träger von Rechten und Pflichten, sind im Völkerrecht zuvorderst Staaten (davon abgeleitet Internationale Organisationen, und einige besondere Rechtssubjekte, sowie Spezialfälle). Der Einzelmensch ist grundsätzlich nicht Adressat des Völkerrechts, auch wenn es hier und da Aufweichungen gibt. Staaten sind – zumindest auf dem Papier – gleichwertige und gleichrangige Mitspieler eines großen Spieles, dessen Regeln sie selbst festlegen. So haben sie zum Beispiel die Vereinten Nationen als Diskussions-

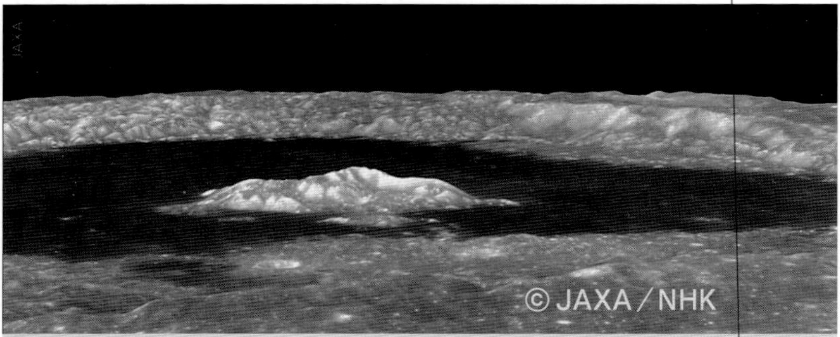

Krater Ziolokovski

forum gegründet, das letztlich aus ihnen selbst besteht. Sie haben Menschenrechte in Texten formuliert, schließen multilaterale Wirtschaftsabkommen, versuchen sich mehr oder weniger erfolgreich in Umweltschutzregeln und sie sind, im Rahmen der Vereinten Nationen, auch zum Abschluss von insgesamt fünf Verträgen gekommen, welche die Aktivitäten der Staaten (und ihrer Bürger) im Weltraum betreffen. Einschließlich des Mondes und anderer Himmelskörper.

Ursprung und Fundament des „Corpus Iuris Spatialis", also jener Rechtstexte, die sich mit dem Weltraum befassen, ist der Weltraumvertrag aus dem Jahr 1967. Das Datum erzählt bereits Wichtiges: Zu diesem Zeitpunkt war die erste Raumfahrt-Dekade eben beendet, die Vorbereitungen der Supermächte für den ersten bemannten Mondflug waren in vollem Gang, und es herrschte ein munteres Wettrüsten hüben und drüben. In dieser Zeit war man der „Realität Raumfahrt" wesentlich näher als heute, und so wurden einige grundlegenden Fragen aufgeworfen, die sich mit dem weiteren Fortschritt der Raumfahrt ergaben. Würde derjenige, der den Mond als erster betrat, diesen für seinen Staat in Besitz nehmen? Was war mit der militärischen Nutzung des Weltraums? Hätten Staaten ein Vetorecht, wenn jemand mit Satelliten oder Raumschiffen Hunderte Kilometer über ihrem Staatsgebiet kreuzte? Wer sollte für Unfälle haften? Musste man notgelandeten Astronauten fremder Nationalität helfen? Der Weltraumvertrag des Jahres1967 ist das erste große Dokument, das Grundprinzipien für die Erforschung und Nutzung des Weltraumes festlegt. Wer immer also jemals auf die interessante Idee kommt, den Mond zu parzellieren und zu verkaufen, kommt nicht umhin, sich wenigstens die ersten beiden Abschnitte dieses Dokumentes anzusehen. Da heißt es zunächst im ersten Artikel: »Der Weltraum, einschließlich des Mondes und anderer Himmelskörper, steht allen Staaten ohne irgendwelche Diskriminierung auf der Grundlage der Gleichheit und in Übereinstimmung mit dem Völkerrecht zur Erforschung und Nutzung offen. Alle Teile von Himmelskörpern sind frei zugänglich. « (Artikel 1, Satz 2 und 3 des Weltraumvertrages, London, Moskau und Washington, 27.1.1967). Dann kommt der sehr kurze und prägnante Artikel 2: »Der Weltraum, einschließlich des Mondes und anderer Himmelskörper, unterliegt nicht nationaler Aneignung aufgrund von Souveränitätsansprüchen, aufgrund von Benützung oder Besetzung oder aufgrund irgendeines anderen Titels.« Somit sollte dem »durchschnittlich verständigen Menschen«, den die Juristen gerne als Maßstab heranziehen, klar sein: Niemand kann an irgendeinem Körper im Weltraum, auch nicht am Mond, Eigentum erwerben.

Allerdings gibt es auch überdurchschnittlich verständige Menschen, die in diesem Dokument, das in einem jahrelangen Prozess verhandelt und ausgearbeitet wurde, mal eben so eine Lücke entdecken. Sehen wir uns einen davon an. Einen, der bis zum heutigen Tag schon an über 60 000 Menschen Grundstücke auf Himmelskörpern „verkauft" hat. Es handelt sich um einen gewissen Herrn Hope aus den USA, der – folgt man seiner im Internet dargebotenen Sicht der Dinge – Artikel 2 des Weltraumvertrags schon vor einiger Zeit wie folgt interpretierte: Der Weltraum unterliegt zwar nicht der Aneignung durch Staaten. Von Privatpersonen ist aber nirgendwo die Rede. Die messerscharfe Schlussfolgerung: Staaten dürfen sich also den Mond nicht aneignen, aber Privatpersonen wie du und ich, oder auch eine Firma: Na klar doch!

Auch mit der Beweisführung hat Hope keinerlei Problem. Er grub nämlich ein altes, noch geltendes Gesetz aus der Siedlerzeit der USA aus: den „US Homestead Act" von 1862. Laut diesem Gesetz konnte neues Land dadurch erworben werden, indem man es bei der lokalen Grundbehörde registrierte, diese Registrierung anderen potentiellen Interessenten mitteilte und dann abwartete. Kam kein Einwand, konnte man das Land als sein eigenes eintragen und bestätigen lassen. Herr Hope ließ also im Jahr 1980 den Mond beim Grundstücksamt von San Francisco (welche Stelle sollte geeigneter sein!) eintragen, und weil er schon dabei war, auch gleich noch alle Planeten des Sonnensystems samt ihren Monden. Daraufhin schrieb er je eine Informationsnote an die Regierungen der USA und UdSSR, sowie an die Generalversammlung der

Vereinten Nationen. Keiner dieser Adressaten sah sich bemüht, ihm zu antworten. Nach einer Weile des Wartens unternahm Hope den zweiten Schritt und ließ ein Copyright seiner »Aktion« beim Urheberrechtsamt registrieren. Und dann konnte seiner Meinung nach das Geschäft losgehen. Ab diesem Zeitpunkt begann er Mondgrundstücke zu verkaufen. Das stand ihm schließlich zu als rechtmäßigem Eigentümer des gesamten Sonnensystems (mit Ausnahme von Erde und Sonne).

Tun wir jetzt einfach so, als nähmen wir diesen Vorstoß ernst, und untersuchen die Frage „Wem gehört der Mond" von der rechtswissenschaftlichen Seite. Gehen wir dazu zunächst auf die privatrechtliche Ebene und beginnen mit dem „Homestead Act". Das unter diesem Gesetz (das übrigens Lincoln unterzeichnete) eintragbare Land war auf 160 Acres limitiert. Das entspricht ca. 64 Hektar Boden, doch knapp weniger als die Mondoberfläche (ca. 38 Millionen km^2). Eine Registrierung konnte nur zum Zweck der Besiedlung und Kultivierung des Grundstückes erfolgen. Das Grundstück durfte nicht verlassen werden. Und es konnte erst nach fünfjähriger erfolgreicher Besiedlung und Kultivierung zugesprochen werden. All diese Punkte hat Hope im Fall des Mondes wohl nicht wirklich realisiert.

Oder er hat es bislang sehr, sehr gut geheim gehalten. Doch selbst wenn er an Ort und Stelle wäre, und dort im Geheimen vor sich hin „kultivierte", erhebt sich in dem Zusammenhang auch die Frage: Seit wann ist das Grundbuchamt von San Francisco für den Mond zuständig? Dies führt uns zu einem wesentlich wichtigeren Punkt. Jedes Privateigentum ist von einem Staat abgeleitet. Wenn ich mir beim Grundstücksamt von San Francisco den Mond als mein Eigentum eintragen lassen will, dann müssen die USA zuallererst das Recht haben, mir dieses Eigentum zu übertragen oder dieses Eigentum für mich zu begründen. Gemäß Artikel 2 des Weltraumvertrages von 1967, der heute allgemein gültiges Völkerrecht darstellt (bzw. jedenfalls die USA als Vertragsstaat bindet), haben die USA dieses Recht aber eben nicht, denn: »Kein Himmelskörper unterliegt der nationalen Aneignung.« Kein Staat kann sich also den Mond aneignen. Noch viel weniger kann daher ein Staat das Eigentum am Mond an einen seiner Staatsbürger übertragen, denn niemand kann mehr Recht übertragen, als er selbst hat. Das ist ein alter, einleuchtender Grundsatz des Sachenrechts.

Betrachten wir nun die ominöse »Lücke« des Artikels 2 mit dem völkerrechtlichen Blick: Die Behauptung, mit „nationaler Aneignung" wären lediglich

Staaten gemeint, aber nicht deren Bürger, führt sich bei näherer Betrachtung selbst ad absurdum. Die Argumentation ist ähnlich als würde man behaupten, ein internationales Umweltschutzabkommen zur Verminderung des CO2-Austoßes gelte nur zwischen Staaten, aber jeder Bürger dieser Staaten, jeder Autofahrer und jede Industrieanlage dürfte weiterhin ungehindert die Luft verpesten. Im Übrigen findet sich eine weitere Bestätigung dafür, dass »national« auch die Bürger mit einbezieht, im Weltraumvertrag selbst. Man muss sich nur die Mühe machen, etwas weiter zu lesen: Artikel 6 nennt nämlich das Wort »national« erneut und erklärt es diesmal zur Sicherheit doppelt: Die Vertragsstaaten, heißt es dort, seien für nationale Tätigkeiten im Weltraum verantwortlich, gleichgültig ob solche Tätigkeiten von Regierungsbehörden oder nichtstaatlichen Stellen gesetzt werden. Und schließlich gilt es den Vertragswillen der Parteien zu hinterfragen. Die so genannte Wiener Vertragsrechtskon-

Am Mondsüdpol

So stellte man sich in der Sowjetunion in den frühen 50iger Jahren zukünftige Mondexpeditionen vor.

vention erklärt in ihrem Artikel 31, Absatz 1, mit welchen Mitteln man in legitimer Weise einen Vertragstext interpretieren kann, falls er eine zweifelhafte Bestimmung enthält. Da liest man: »Ein Vertrag ist nach Treu und Glauben in Übereinstimmung mit der gewöhnlichen, seinen Bestimmungen in ihrem Zusammenhang zukommenden Bedeutung und im Lichte seines Zieles und Zweckes auszulegen.« Was bezweckten also die Staaten, als sie schrieben, der Mond und andere Himmelskörper sollten keiner nationalen Aneignung unterliegen? Es sollte verhindert werden, dass ein Staat Eigentumsansprüche am Mond anmeldet. Doch es sollte natürlich genauso verhindert werden, dass irgendein Bürger eines Staates solche Eigentumsansprüche anmeldet, sonst wäre die Bestimmung von vornherein nutzlos.

Fakt bleibt: Wer immer Mondgrundstücke verkauft, tut dies, ohne einen echten Rechtstitel zu besitzen. Man könnte die Sache nun im juristischen Kuriositätenkabinett ablegen, aber spätestens bei einem Blick auf die Raumfahrtszenarien der mittleren Zukunft merkt man, dass diese „Spielchen" sich eines Tages zu einem ärgerlichen Problem auswachsen könnten. US-Präsident Obama hat die bemannte Rückkehr zum Mond zwar fürs erste zurückgestellt, aber er bekommt schon heute Druck von Kongress und Senat, das Mondprogramm fortzuführen. Länder wie Japan, Indien und Russland haben der robotischen Erkundung des Mondes oberste Priorität eingeräumt. China, das dieser Tage gerade wieder eine Raumsonde zum Erdtrabanten entsendet, hat erklärt bemannt dorthin zu wollen. Für all diese Nationen, aber nicht nur sie, ist der Erdtrabant wichtig. Wieweit die Gewinnung von Bodenschätzen auf dem Mond – beispielsweise Helium-3 – tatsächlich wirtschaftlich betrieben werden wird, vermag heute noch niemand zu sagen. Doch eines ist gewiss: Wenn diese Staaten mit großen Programmen auf dem Mond eintreffen, wird es jemanden geben, der sich mit seiner kleinen Mondgrundstücksurkunde bei Gericht einfindet, um seine Rechte als Eigentümer durchzusetzen. Heißt das alles, dass niemand jemals den Mond besitzen und seine Rohstoffe ausbeuten kann? Keineswegs. Zunächst ist Völkerrecht ein Werk, dessen Regeln – wie bei jedem anderen Vertrag auch – abgeändert werden können, sollten die Staaten diesbezüglich einen gemeinsamen Willen äußern. Und dann gibt es da noch die Alternative, internationales Eigentum am Mond zu begründen. Davon steht nun wirklich nichts im Weltraumvertrag. Man könnte für die Verwaltung und Vergabe von Nutzungsrechten auf dem Mond auch eine internationale Behörde einsetzen. So wird das heute, was wenig bekannt ist, bereits mit dem Tiefseeboden gemacht. Und schließlich könnte die Nutzung des Mondes grundsätzlich auch ohne jeden Eigentumsanspruch geschehen. Hier sei abschließend wieder auf die Hohe See verwiesen, deren „Freiheit der Nutzung" als „res communis omnium" einen Grundpfeiler des Seerechts darstellt.

Dieser Beitrag stammt von Alexander Soucek. Er ist Jurist, ESA-Programmkoordinator, lehrt an der Universität Graz und der TU München Weltraumrecht und ist Vorstandsmitglied des Österreichischen Weltraum Forums.

Chinesische Weltraumtouristen auf dem Mond?

TREKKING-TOUREN AUF DEM MOND – DER URLAUBSTIPP

Sie lieben Trekking-Touren? Trekking-Touren sind „in" wie nie. Bloß wohin soll's gehen? Als anspruchsvoller Urlauber waren Sie doch praktisch schon überall. Die letzten Jahre haben Ihnen schmerzlich gezeigt: dieser Planet ist zu klein für Sie geworden. Vorigen Sommer beim Vulkan-Touring auf Guadeloupe sind Ihnen am Soufrière pausenlos diese TUI-Typen vor den Füßen rumgestolpert. Oder das Jahr davor in Nepal. Schrecklich. Aber woher sollten Sie auch wissen, dass Hallermeiers von gegenüber auch den Lhotse/Mount Everest-Treck gebucht haben. Fast noch schlimmer war es vor drei Jahren bei der Mountainbike-Safari durch die Taklamakan, wo Sie dem Frauenchor „Kocherklang" aus Künzelsau begegnet sind. Die Mädels haben die ganze Nacht schwäbische Volkslieder gesungen und ihre mitgebrachten Trollingervorräte niedergemacht. Und dann die Katastrophe vor fünf Jahren. Da waren sie mit Ihrer Frau doch beim „Southern Walking" im McMurdo Sund, und wer läuft Ihnen da über den Weg? Rebekka Vollmer aus der Anlagenbuchhaltung, die Sie monatelang erfolglos angebaggert haben. Gott war das peinlich.

Was bleibt Ihnen also in Zukunft?

Mein Tipp: Der Mond. Derzeit noch nicht überlaufen. Vor allem werden Sie keinen amerikanischen Touristen begegnen. Seit Obama wollen die Amis mit dem Mond nichts mehr zu tun haben. Nutzen Sie also die Gelegenheit und fliegen Sie bald hin. Nicht lange, dann werden die Chinesen in Scharen einfallen.

Nur denken Sie dran: Die Oberfläche unseres Erdtrabanten ist 37 Millionen Quadratkilometer groß. Deutlich größer als Afrika. Und ähnlich wie in Afrika gibt es auch auf dem Mond jede Menge touristisch interessante Ziele. Sie können reizvolle Landschaften besuchen, wie die Krater Tycho oder Plato, sie können anspruchsvolle Trekking-Touren machen, wie zum Beispiel die „Imbrium-Traverse". Und danach rein in die Mondalpen und rauf auf den Mons Blanc. Die Aussicht ist grandios und auch mit einem leichten Raumanzug ohne weiteres machbar. Sie können aber auch die Abenteuer-Tour buchen, die sie in die eiskalten Tiefen des Kraters Shakleton führt und dort nach Wasser schürfen, oder...

...ach, wollen Sie nicht! Sie sind eher archäologisch interessiert?

Na gut. Da bietet der Mond ja auch einiges. Aber seien Sie da mal vorsichtig. Buchen Sie keinesfalls das „Tranquillity Base Special". Die Landestelle von Apollo 11. Viel zu überlaufen. Und klein. So klein. Das Ereignis spielte sich seinerzeit auf der Geländegröße eines Fußballplatzes ab. Irgendwann mal wird man das Ganze auch mit Tribünen umgeben, einem Visitor-Center, anspruchsvoller Lichttechnik und einer Dönerbude. Seinerzeit hat man ja großspurig behauptet, man hätte den „Mond erobert". Deswegen wollte Obama da auch nicht mehr hin. Armstrong und Aldrin seien doch schon dagewesen, meinte er. Gott, was für ein Fehler. Es käme auch niemand auf die Idee zu behaupten, er hätte die Erde erforscht, bloß weil er den Bahnhofsvorplatz von Rimsting in Oberbayern gesehen hat. Die Apollo 12-Landestelle wäre schon interessanter. Aber auch da geht es bald so zu wie in Kairo vor der Sphinx. Gut, es ist nicht uninteressant. Zum einen die Landestufe der Intrepid und nur 300 Meter entfernt Surveyor 3. Das Alsep und die Spuren von Conrad und Bean. Frisch wie am ersten Tag. Zumindest so lange bis der erste Trottel da durchlatscht. Auch der „Rolling Terrain Trail" am Apollo 14-Landeplatz bietet einiges. Der Lehrpfad für Mondtopologie. Der Weg ist recht gut. Ansteigendes Gelände. Ab Landestufe Antares zum Cone Krater und zurück sind das immerhin drei Kilometer. Wegen dieses „Rolling Terrains" haben Shepard und Mitchell seiner-

Luna 9 Landestelle

zeit ja ihr Ziel nicht gefunden: eben jenen Cone-Krater. Dabei waren sie keine zehn Meter vom Kraterrand entfernt. So ist ihnen eine grandiose Aussicht entgangen. Ihnen passiert das natürlich nicht. Der Weg ist gut markiert. Oder der „Apollo 15 Lunar Refuge Walkway". Rein landschaftlich vielleicht beste Mondlande-Stelle des Apollo-Programms. Und Sie können dann gleich noch die beliebte Moonbuggy-Tour durch die Hadley-Rille buchen. Aber, seien wir mal ehrlich? All diese Plätze sind doch, naja, man sollte es nicht so krass ausdrücken, aber..sie sind „touristisch ausgelutscht". Sie als anspruchsvoller Individual-Trekker wollen doch das Besondere. Sie wollen das sehen, was nicht alle sehen. Also: dann will ich Ihnen mal meine Geheimtipps nennen: Da hätten wir die Landestelle von Luna 9 im Meer der Stürme: Weiß der Deibel, warum da keiner hin will. Dabei ist das DIE historische Stätte schlechthin. Nur noch vergleichbar mit dieser Stelle in Kenia, wo sie den Australopithecus gefunden haben. Wie diese Landstufe daliegt, wie eine umgestürzte Amphore. Und die kleine Luna 9 mit ihren vier entfalteten Dämpferstrukturen liegt im Staub wie ein großer silberner Wirsing mit Knopfaugen. Richtig prosaisch könnte man da werden. Und sie sind völlig allein. Kein anderer Tourist weit und breit. Wie gesagt, keine Ahnung warum da keiner hin will. Oder die „Historic Lunochod Route". Sie gehen von der Landestufe von Luna 21 bis zu der Stelle, an der Lunochod 2 seinen Geist aufgab. Gut, das ist fast ein 40-Kilometer-Marsch, da wissen Sie am Abend, was sie getan haben, selbst auf dem Mond bei nur einem Sechstel der Erdschwerkraft. Und natürlich: es ist ein wenig lästig, dass die Enkel von Richard Garriott, der den Mondrover vor langer Zeit bei einer Sothebys-Auktion gekauft hat, bei den Besichtigungsgebühren derart abzocken. Aber ich hab noch was in petto. Wenn Sie was wirklich Ruhiges und dennoch Interessantes sehen wollen, dann empfehle ich Ihnen die Landestellen von Luna

Die Landestufe von Luna 21, fotografiert von Lunochod 2

23 und Luna 26. Ein echter Geheimtipp. Kurz die Story: Im Oktober 1974 ging Luna 23 im Mare Crisium nieder. Ihre Aufgabe war es, Mondmaterial zu entnehmen, in die Rückkehrstufe zu laden und wieder zur Erde zu bringen. Aber es kam zu technischen Problemen und so gelang es nicht, die Probe an Bord zu bekommen. Aus diesem Grund steht Luna 23 heute noch genauso dort wie nach der Landung, mit der nie gezündeten Rückkehrstufe obenauf. Unbeirrt versuchten die Sowjets die Mission im August 1976 noch einmal. Und diesmal klappte es besser. Luna 26 landete in Sichtweite von Luna 23. Der Bohrer grub sich zwei Meter tief in den Boden, entnahm Proben und die Rückkehrstufe flog mit 170 Gramm Material zur Erde. Die beiden Landesonden sind nur 2400 Meter voneinander entfernt – 20 Minuten Fußmarsch. Zwei Landesonden aus dem sowjetischen Luna-Programm in unterschiedlichen Konfigurationen. Rein mondarchäologisch geht es echt nicht besser. Eine Super-Location.
Und...psst...wenn es im nächsten Jahr auf der Mondvorderseite zu voll wird: Er hat auch noch eine Rückseite. Total ruhig. Kein Handy geht, kein Radio, kein Fernsehen. Sie sind abgeschieden von aller Zivilisation. Unvorstellbares Gefühl. Hat seit Generationen keiner mehr gehabt. Und lassen Sie es da mal Nacht werden. So was haben Sie noch nicht gesehen.

Soweit meine Tipps für Ihren nächsten Urlaub. Und „Clear Skies".
Brauch ich eigentlich gar nicht zu sagen. Haben Sie dort immer.

Mit freundlichen Grüßen
Ihre Astra Star-Travel

P.S.: Ich hab auch schon was für das übernächste Jahr. Wir nennen es das „rote Kombipack": Mons Olympus und Vallis Marineris. Und jetzt raten Sie mal, wo das liegt...

Swingby-Manöver an der Erde

ROSETTA SCHREIBT GESCHICHTE(N)

Am 8. November 2007 alarmierte das Minor Planets Center in Cambridge, Massachusetts, die Öffentlichkeit über die Entdeckung eines Himmelsobjektes, das in wenigen Tagen die Erde in geringem Abstand passieren würde. Das Institut gab ihm die Katalogbezeichnung 2007VN84. Es stellte sich jedoch schnell heraus, dass es sich dabei nicht wie vermutet um einen Asteroiden handelte. Das Objekt 2007VN84 war nichts anderes als die Raumsonde Rosetta. Sie befand sich gerade – vom Mars kommend – im Anflug auf die Erde, um dort ihr zweites Swingby-Manöver durchzuführen. Zum Zeitpunkt der kuriosen Veröffentlichung war das Raumfahrzeug schon zweieinhalb Jahre im Weltraum. Doch beginnen wir ganz von vorne, denn Rosetta wurde von Anfang an von ungewöhnlichen Geschichten begleitet.

So war ursprünglich nicht vorgesehen gewesen in der Liste der Ehrengäste für den Start auch zwei russische Wissenschaftler aufzunehmen. Schließlich hatte die Europäische Weltraumbehörde das Raumfahrzeug in Auftrag gegeben, EADS Astrium in Friedrichshafen hatte es gebaut und keines der zehn Instrumente an Bord stammte aus Russland. Auch nicht die 100 Kilogramm schwere Landesonde Philae, die Huckepack an Bord der gut drei Tonnen schweren Raumsonde auf die Reise ging. Was um alles in der Welt also bewegte die ESA dazu, am Starttag, dem 2. März des Jahres 2004, die beiden russischen Astronomen Klim Iwanowitsch Tschurjumow und Swetlana Gerasimenko auf die Ehrentribüne zu bitten?

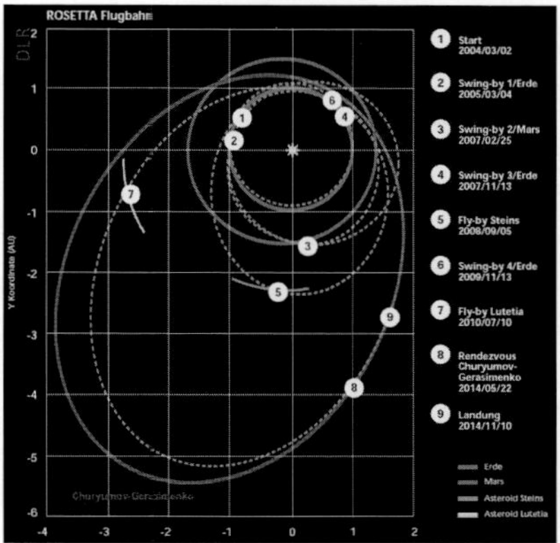

Flugbahn Rosetta

Die Anwesenheit der beiden sympathischen Russen hatte damit zu tun, dass Rosetta nicht wie geplant am 13. Januar 2003 starten konnte. Die Raumsonde war zwar bereit, nicht aber die Trägerrakete. Im Ariane-Programm lief gerade die Untersuchung einer Anomalie, die bei einem der vorausgegangenen Starts aufgetreten war. Und deren Ergebnisse lagen nicht rechtzeitig genug vor, um den Flug zum geplanten Termin durchführen zu können. Mit der Verzögerung war aber nicht nur der ursprüngliche Starttermin entschwunden sondern auch das Ziel Rosettas, der Komet 46P/Wirtanen. Somit musste „Plan B" aktiviert werden: Die Suche nach einem wissenschaftlich lohnenden Ersatzziel. Danach hatten sich die Projektwissenschaftler – Vorsicht ist die Mutter der Porzellankiste – sicherheitshalber schon frühzeitig umgesehen. Es gab da tatsächlich ein hoch interessantes Objekt: einen Kometen, der sich erst seit Kurzem im Inneren Sonnensystem herumtrieb.

Vor dem Jahre 1840 war dieser kosmische Wanderer in seinem Perihel, seiner sonnennächsten Position also, unserem Zentralgestirn niemals näher als vier Astronomische Einheiten (600 Millionen Kilometer) gekommen. Zu wenig, um einen Schweif auszubilden und ihn von der Erde aus sichtbar zu machen. Im Jahre 1959 geriet er jedoch in den Einflussbereich des Riesenplaneten Jupiter,

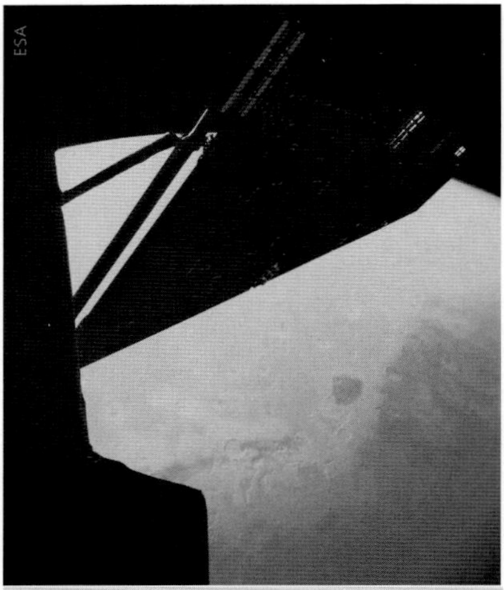

Vorbeiflug am Mars Februar 2007

der seine Umlaufbahn entscheidend änderte. Nach dieser Begegnung wies seine Bahn eine sonnennächste Position von nur noch 1,3 Astronomischen Einheiten auf. Das war nahe genug an der Sonne, dass er von nun an bei seinen alle 6,6 Jahre stattfindenden Perihel-Durchgängen einen gut sichtbaren Schweif ausbildete. Es dauerte allerdings noch 10 weitere Jahre, bis er tatsächlich entdeckt wurde (und man die eben geschilderten Bahnbesonderheiten überhaupt berechnen konnte).

Und damit sind wir bei Klim Iwanowitsch Tschurjumow und Swetlana Gerasimenko angekommen. Die beiden hatten im Sommer 1969 im Institut für Astrophysik in Alma Ata auf belichteten Fotoplatten nach einem ganz anderen Kometen gesucht, und waren dabei zufällig auf das Objekt 67P gestoßen, das bald danach ihren Namen tragen sollte. Für den Start Rosettas wurde erstmals eine verbesserte Variante der Ariane 5-Basisversion eingesetzt, die Ariane 5G+. Sie unterscheidet sich von der „normalen" Ariane 5G dadurch, dass die mit lagerfähigen Treibstoffen betriebene Oberstufe 250 kg mehr Hydrazin und Stickstofftetroxid aufnehmen kann als die Basisversion der Ariane 5. Weitere Modifikationen machten die Stufe wiederzündbar und ermöglichten längere Freiflugzeiten zwischen den Brennphasen. Der Start dauerte damals ungewöhnlich lange für eine Ariane 5 und beinhaltete zwischen dem Abwurf der ersten Stufe und dem Zünden der zweiten Antriebseinheit eine Driftperiode von etwa 100 Minuten Dauer. Erst zwei Stunden und 15 Minuten nach dem Verlassen der Startrampe trennte sich Rosetta vom Trägerfahrzeug und begann ihre zehneinhalb Jahre dauernde Reise durch das Sonnensystem.

Obwohl die Ariane 5 eine der weltweit stärksten Trägerraketen ist, hat sie doch nicht genug Leistung, um Rosetta direkt ans Ziel zu bringen. Die Raumsonde bewegt sich deshalb auf einer genau ausgetüftelten, verschlungenen Bahn, auf der sie insgesamt viermal Schwung holt. Dreimal an der Erde und einmal am Mars. Wollte man einen Direktanflug ohne diese „Schwungmanöver" versuchen, die im Astronautik-Jargon als „Swingby" bezeichnet werden, dann würde Rosetta die dreifache Menge an Treibstoff benötigen. Das wäre außerhalb der Transportkapazität der Ariane 5. Das „Swingby"-Verfahren lässt sich am ehesten mit der Schleudertechnik eines Hammerwerfers vergleichen. Die Planeten Erde und Mars sind dabei die Werfer, Rosetta ist der Hammer. Bei jeder Umdrehung des Werfers, bei jeder Passage an einem der beiden Planeten, nimmt das Raumfahrzeug mehr Fahrt auf bis es schließlich genug Geschwindigkeit aufgebaut hat, um Tschurjumow-Gerasimenko 675 Millionen Kilometer von der Sonne entfernt zu erreichen. Einen ersten Vorbeiflug am Heimatplaneten hatte es bereits am 4. März 2005 gegeben. Am 25. Februar 2007 passierte Rosetta den Planeten Mars in einer Distanz von nur 250 Kilometern. Danach holte sie am 13. November 2007 erneut Schwung an der Erde. Am 5. September 2008 passierte sie den Asteroiden 2867 Steins, von dem Rosetta einige eindrucksvolle Bilder machte. Steins ist ein relativ kleines Objekt, dessen Form an einen Diamanten erinnert. Seine Größe beträgt 6,67 km x 5,81 km x 4,47 km. Am 13. November 2009 stattete Rosetta der Erde ihren endgültig letzten Besuch ab, um noch einmal Schwung zu holen für die weite Reise, die sie am Ende bis über die Jupiterbahn hinaus bringen wird.Nach dieser dritten

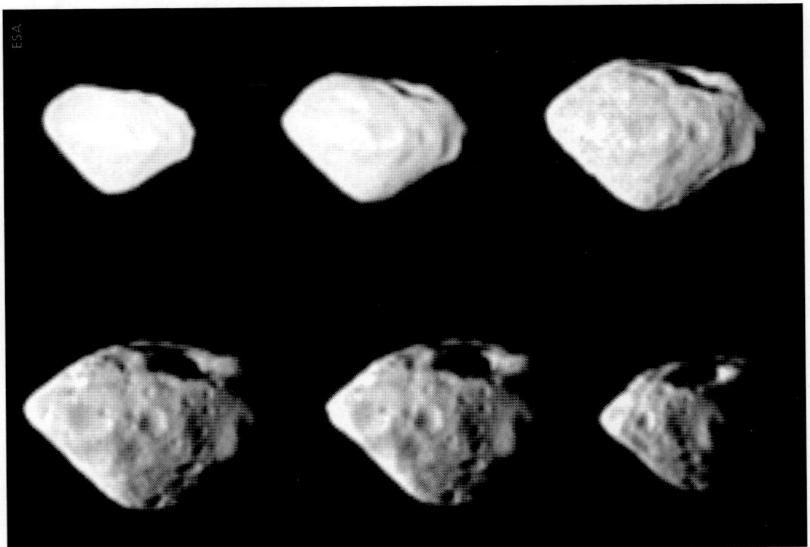

Am 5. September 2008 passierte Rosetta den Asteroiden Steins, hier in einer Mosaikaufnahme

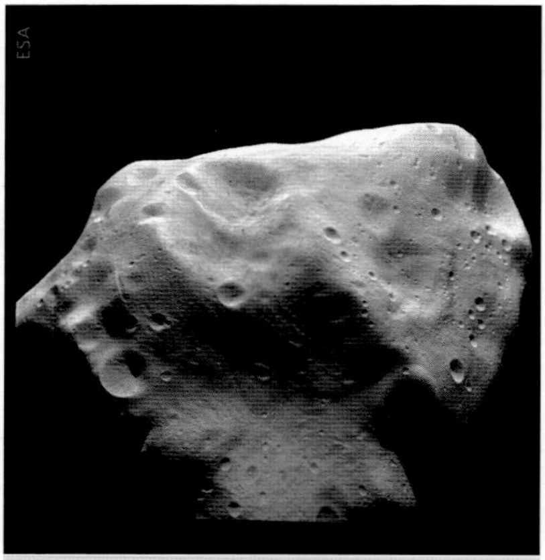

Asteroid Lutetia

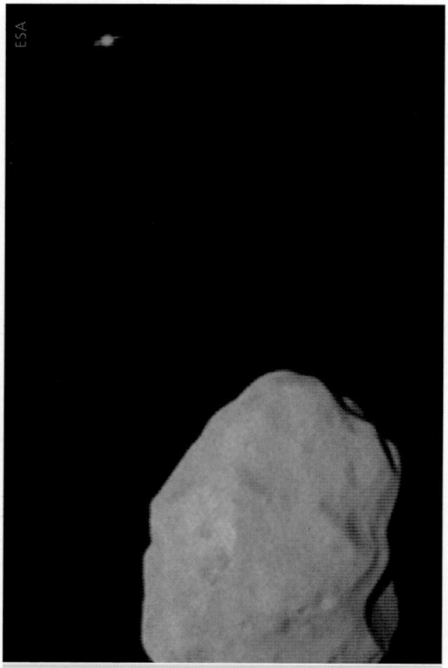

Lutetia mit Saturn –
1,3 Milliarden Kilometer im Hintergrund

und letzten Anschubphase erledigte Rosetta am 11. Juli 2010 noch einen bedeutungsvollen wissenschaftlichen Zwischenstopp. Auf halbem Weg zwischen Mars und Jupiter, im Hauptgürtel der Asteroiden, begegnete sie dem Kleinplaneten 21 Lutetia, einem der größeren Asteroiden des Hauptgürtels (was für den Fachmann schon durch die niedrige Nummer erkennbar ist). Tatsächlich ist Lutetia der größte Asteroid, der jemals von einer Raumsonde besucht wurde. Er ist unregelmäßig geformt mit einem durchschnittlichen Durchmesser von etwa 100 Kilometern. Die Entfernung zur Erde betrug zum Zeitpunkt der Passage 450 Millionen Kilometer, die Entfernung zum Zielobjekt allerdings nur knapp 3.200 Kilometer und alles klappte wie am Schnürchen. Waren die Bilder von Steins schon eindrucksvoll, die Bilder von Lutetia waren eine Sensation. Die Topologie von Lutetia weist eine verblüffende Ähnlichkeit mit dem Marsmond Phobos auf.

Nach diesem Vorbeiflug wurde Rosetta in eine Art künstliches Koma versetzt. Während dieser Schlafphase geht es weit hinaus in die äußeren Bereiche des Sonnensystems. So weit, dass die mächtigen Solargeneratoren der Raumsonde nur noch eine Gesamtleistung von 325 Watt erbringen. Diese enormen Flächen mit einer Flügelspannweite von 30 Metern und einer Gesamtfläche von 68 Quadratmetern erzeugen damit nur noch vier Prozent der Leistung, die der Generator in Erdnähe produzieren kann. Nur einmal wird die Sonde kurz geweckt, im Mai 2011, um eine Funktionsprüfung aller Instrumente durchzuführen. Dann versinkt sie wieder für zweieinhalb Jahre in den Tiefschlaf. Erst im Januar 2014 erwacht Rosetta endgültig. Dann beginnt der Endanflug zum Zielobjekt, dem sie in den darauf folgenden Monaten immer näher kommen wird. Ab August 2014 wird Rosetta den Kometen in geringer Distanz begleiten und seine Oberfläche kartografieren. Bald danach kommt es zum Höhepunkt der Mission: Dem Absetzen der Landesonde Philae, die im November 2014 auf Tschurjumow-Gerasimenko aufsetzen soll. Die geringe Schwerkraft bewirkt, dass der auf der Erde immerhin 100 Kilogramm schwere Lander auf der Oberfläche des Kometen nur wenige Gramm wiegen wird.

Das erfordert besondere Maßnahmen um beim Kontakt ein Zurückprallen zu verhindern. Philae wird deshalb eine Harpune mit Widerhaken abfeuern, um den nötigen Halt zu erlangen. Danach wird Rosetta den Kometen 17 Monate lang begleiten und ihn in allen Phasen seiner Entwicklung beobachten. Erstmals können wir dann vor Ort erleben, wie ein Komet seinen charakteristischen Schweif ausbildet. Doch bis dahin dauert es noch eine Weile. Wir werden darüber berichten und hoffen, dass Swetlana Gerasimenko und Klim Tschurjumow die Ankunft dieses in Deutschland gebauten Forschungsroboters miterleben können. Diesmal müssten die dann schon recht betagten Herrschaften nicht mehr in den heißen Dschungel Südamerikas reisen. Sie könnten das Ereignis, das sich 25 Lichtminuten entfernt im Weltraum abspielt, in einem angenehm klimatisierten Kontrollraum in Darmstadt erleben.

Philae landet auf Tschurjumow-Gerasimenko. Künstlerische Darstellung

Buzz Aldrin ist heute ein gefragter (und guter) Redner

BUZZ ALDRIN IST 80

In den Tagen vor und nach dem denkwürdigen 21. Juli 1969, an dem Buzz Aldrin kurz nach Neil Armstrong als zweiter Mensch den Mond betrat, hielt Wernher von Braun in den NASA-Zentren von Florida, Alabama und Texas eine Reihe von Reden. Darin gab er sich überzeugt, dass US-Astronauten spätestens im Jahre 1989 auf dem Mars landen würden. Von Brauns Prognosen für den Verlauf der US-Raumfahrt hatten immer gestimmt, es gab keinen Grund, ihnen dieses Mal zu misstrauen.

Stellen wir uns vor, wir hätten Buzz Aldrin während der Apollo 11-Miss on über seine Vorstellung gefragt, wie man wohl dereinst den 40. Jahrestag seines historischen Tags begehen würde. Auf Grundlage der von Braun'schen Prognosen und vor allem seiner eigenen Erfahrungen des rasanten Fortschritts in den sechs Jahren, seit er im Astronautencorps war, hätte er ohne weiteres folgendes Szenario ausmalen können: „Im Mare Tranquillitatis, an der eingezäunten Landestelle von Apollo 11, findet eine kleine Feier statt, zu der eine Abordnung von der seit 25 Jahren bestehenden „Tranquillity Base II" herüber-

Aldrin verließ Gemini 12 insgesamt drei Mal zu Außenbordmanövern

gekommen ist. Dann wird eine Gedenktafel aus lunarem Basalt mit den Konterfeis der drei ersten Mondfahrer enthüllt. Die siebte US-Marsexpedition übermittelt dazu angemessene Grußworte aus dem Vallis Marineris und der amerikanische Präsident verspricht in Kürze endlich selbst einmal auf dem Mond vorbeizuschauen". Heute sieht eine solche Vorstellung wie pure Science-Fiction aus. Damals hätte so etwas niemand sonderlich in Frage gestellt. Überhaupt hätte Buzz Aldrin wahrscheinlich mit vielem gerechnet, aber bestimmt nicht damit, dass er an jenem 21. Juli 1969 nicht nur der zweite, sondern für viele Jahrzehnte auch schon wieder der elftletzte Mensch auf dem Mond sein würde. Für sich selbst konnte er erwarten, dass die Zukunft Großartiges bereithielt. Er war noch keine Vierzig und er war auf der Höhe seiner mentalen und physischen Fähigkeiten. Doch es kam alles anders: Als er vom Mond zurückkehrte, war seine Karriere als Astronaut beendet. Er kam mit dem Ruhm nicht zurecht und weniger noch mit dem Gefühl, nur der Zweite gewesen zu sein. Erst wenige Monate vor der Landung hatte die NASA entschieden, dass Neil Armstrong, der Kommandant, beim Betreten des Mondes den Vortritt vor dem Piloten der Landefähre haben sollte. Bis dahin war die Reihenfolge bei Außenbordmanövern stets andersherum gewesen: Der Kommandant blieb im Schiff, der Pilot unternahm den Ausstieg. So war es bei allen fünf Gemini-Missionen mit Außenbordeinsätzen gewesen und so hatte man es bei Apollo 9 praktiziert, der bis dahin einzigen Apollo-Mission mit einer EVA (Extra Vehicular Activity = Außenbordmanöver). Aldrin konnte somit nach seiner Nominierung zur ersten Lande-Crew fest davon ausgehen, dass es auch dieses Mal so laufen würde. Doch dann entschied die NASA anders, und er war um seinen Ruhm gebracht. Diese Kränkung, aber mehr noch innere Leere und Perspektivlosigkeit bemächtigten sich seiner in den Monaten und Jahren nach dem Flug. Es ging steil bergab mit dem bemannten Raumfahrtprogramm der USA und mit Dr. Edwin Aldrin. Er verließ die NASA, war noch für einige Monate Leiter der militärischen Astronautenausbildung in Edwards, wurde schließlich depressiv und begann exzessiv zu trinken. Seine Persönlichkeitsveränderungen wurden evident. Die Beförderung zum

Die Crew von Gemini 12.
Links Aldrin, rechts Lovell.

Brigadegeneral blieb aus, er wurde abgelöst, erlitt einen Nervenzusammenbruch, seine Ehe scheiterte. Den Tiefpunkt hatte er erreicht, als er in der psychiatrischen Abteilung des Air Force Hospitals in San Antonio landete. 1972 schied er auch aus der Luftwaffe aus. Danach versuchte er in verschiedenen Jobs Fuß zu fassen: als Berater einer Ölgesellschaft, als Cadillac-Dealer und als Werbemann für Volkswagen. Nicht dass er irgendeine eine Ahnung von diesen Geschäften gehabt hätte, aber sein Name war nach wie vor Gold wert. Es spricht für Buzz Aldrin, dass er sich seine mentale Stärke nach und nach wieder erarbeitete. Gewisse Phasen der Labilität machten sich später bei ihm nur noch durch gelegentliche Temperamentsausbrüche bemerkbar. Einer, der ihm viele Sympathien einbrachte, ging 2002 durch alle Medien: Als ihm auf dem Weg zu einer Veranstaltung ein Verschwörungstheoretiker den Weg verstellte, ihn in eine Ecke drängte und ihn zwingen wollte, auf die Bibel zu schwören, dass er nie auf dem Mond gewesen sei, brachte er den gerade mal halb so alten Mann kurzerhand mit einem gut gezielten Kinnhaken zur Strecke. Buzz Aldrins Vermächtnis für die bemannte Raumfahrt liegt übrigens gar nicht so sehr im Apollo-Programm begründet. Für die Entwicklung der Raumfahrttechnik leistete er zuvor schon wesentlich Bedeutenderes. Während des Gemini-Programms hatte sich Aldrin eine Art Ehrentitel als „Dr. Rendezvous" erdient. Er hatte am Massachusetts Institute of Technology über das Thema „Rendezvous-Techniken für bemannte Raumfahrzeuge" promoviert, arbeitete auch bei der NASA in diesem Gebiet und half mit, die für die späteren Mondlandungen so wichtige Technik der Annäherung und des Zusammenkoppelns von Raumfahrzeugen zu vervollkommnen. Fast noch bedeutender aber war seine akribische Arbeit an der Perfektionierung von Außenbordmanövern. Die erste ernsthafte EVA (= Extra Vehicular Activity) des Gemini-Programms, durchgeführt bei der Mission von Gemini 9, war ein lebensgefährliches Desaster und auch bei den

Flügen von Gemini 10 und 11 bekamen die Crews die Probleme nicht in den Griff. Aldrin entwickelte und testete in der Folge dieser Fehlschläge mit den Ingenieuren der NASA Technologien und Arbeitspraktiken, welche für die erfolgreiche Durchführung einer EVA unabdingbar sind. Am 11. November 1966 startete er zusammen mit James Lovell in Gemini 12 in den Erdorbit. Er demonstrierte bei dieser Mission die von ihm mit geschaffenen Verfahren und Werkzeuge und löste damit das letzte große Problem der Gemini-Ära in Vorbereitung für Apollo. Seine Raumfahrt-Begeisterung und seinen Elan hat Buzz Aldrin bis heute nicht verloren. Er hat vier Unternehmen gegründet, schreibt Sachbücher, Science-Fiction und biografische Werke. Anders als früher tritt er heute gerne in der Öffentlichkeit auf und ist ein gefragter (und teurer) Redner. Ein Asteroid ist nach benannt: „6470 Aldrin", und auch ein Mondkrater – vormals „Sabine B" – trägt jetzt seinen Namen. Er tourt auf dem ganzen Planeten in Sachen Weltraum herum. In Deutschland war er zuletzt bei der Premiere des Films „Im Schatten des Mondes" in München zu sehen. Anfang des Jahres konnte man ihn in Wien erleben, beim Kongress „Com.sult 2010", der unter dem Motto „Shape the Future" stand. Bei Gelegenheiten wie diesen sagt er es jedem, der es hören will oder auch nicht: Die Menschheit muss sich Ziele setzen. Der Forscherdrang ist dem Menschen angeboren. Grenzen sind da, um überwunden zu werden.

Am 20. Januar 2010 ist Buzz Aldrin 80 geworden.

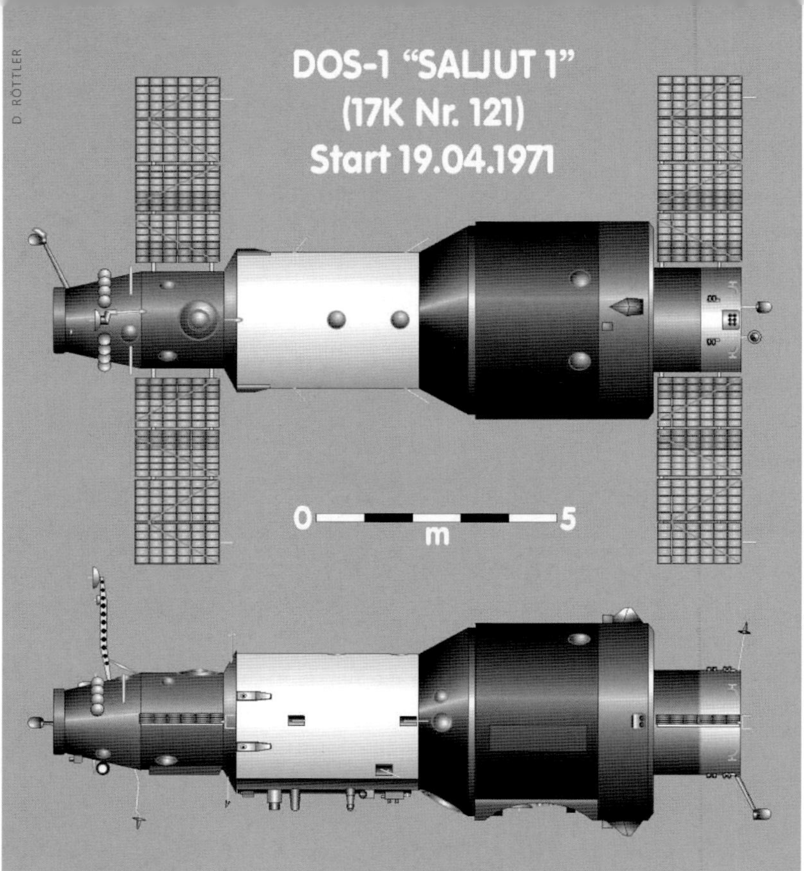

Grafische Darstellung der Raumstation Saljut 1.

SALJUT 1

Im Herbst 1969 musste die sowjetische Führung einsehen, dass das Rennen um die erste bemannte Landung auf dem Mond verloren war. Die Frage war jetzt, wo im ideologisch bestimmten Wettkampf der Supermächte auf dem Gebiet der bemannten Raumfahrt eine andere wichtige Erstleistung noch vor den USA erzielt werden könnte. Die Antwort war schnell gefunden.

Es gab zu dieser Zeit in der Sowjetunion schon weit fortgeschrittene Pläne des Raumfahrtingenieurs Vladimir Chelomey für eine militärische Raumstation mit der Bezeichnung Almaz. Für dieses Projekt hatte die Firma Chrunitshev bereits Ende 1968 zwei Strukturen hergestellt. Das Vorhaben war seinerzeit als Antwort auf das Projekt MOL (Manned Orbiting Laboratory) der US Luftwaffe entstanden. Es wurde beschlossen, diese beiden Almaz-Strukturzellen in zivile

Raumstationen umzuwandeln. Das Projekt lief unter der offiziellen Bezeichnung DOS 17K (DOS = Dolgovremennaya Orbitalnaya Stanziya, in etwa: Orbitalstation für Langzeitaufenthalte) Dies geschah unter hohem Zeitdruck, denn das Projekt „Skylab“ der USA war bereits angelaufen. Den sowjetischen Technikern war bekannt, dass McDonnell Douglas am 8. August dieses Jahres von der NASA den Auftrag bekommen hatte, zwei S-IVB-Oberstufen der Saturn 5 Rakete in Orbitallabore umzubauen.

Sojus U -Trägerrakete mit Sojus 11 an der Spitze kurz vor dem Start

Leider war die Systementwicklung für die Almaz-Station zu diesem Zeitpunkt noch nicht sonderlich weit gediehen. Almaz sollte mit einer ganzen Reihe neuester militärischer Systeme ausgestattet werden. Deren Entwicklung war schwierig, und es zeichnete sich ab, dass sie frühestens in zwei bis drei Jahren bereitstehen würden (tatsächlich wurden es dreieinhalb). So kamen die Verantwortlichen unter der Führung des Konstrukteurs und Kosmonauten Konstantin Feoktistov im Oktober 1969 auf die Idee, die Almaz-Struktur mit Systemen des Sojus-Raumschiffes zu bestücken, um zu einer möglichst schnellen und einfachen Lösung zu kommen. Im Januar 1970 wurde dieses Konzept unter der Bezeichnung „Saljut“ offiziell in Auftrag gegeben. Im Februar begann man mit der Modifikation der beiden Almaz-Zellen. Es gelang den Sowjets in der für heute Begriffe unglaublich kurzen Zeitspanne von nur 16 Monaten, eine Raumstation zu bauen, zu testen, startfertig zu machen und die Crews zu trainieren. Anfang Januar 1971 gab die Prawda bekannt, dass die Sowjetunion in der „näheren Zukunft“ ein Orbitallabor in die Umlaufbahn bringen werde. Im Februar wurde DOS-1 nach Baikonur gebracht, wo die Arbeiten an der Station und die Integration mit der Trägerrakete im

Mission 1 „Granit“	
Raumschiff:	Sojus 10
Start:	23. Apr 71
Landung:	25. Apr 71
Dauer:	1 d 23 h 46 m
Besatzung:	Wladimir Schatalow (K) Alexej Jelissejew (FI) Nikolai Rukawischnikow (FI)

Dreischichtbetrieb durchgeführt wurden. Der Start war zunächst für den 23. März angesetzt, musste aber aus technischen Gründen verschoben werden. Am Montag des 19. April 1971, um 03:40 Uhr mitteleuropäischer Zeit war es schließlich so weit. Saljut 1 startete von der Rampe 81 in Baikonur und erreichte 10 Minuten später sicher den Orbit. Nur drei Tage darauf, am Donnerstag dem 23. April um 01:54 Uhr mitteleuropäischer Zeit hob Sojus 10 vom Startkomplex 1 des Raumfahrtzentrums in Baikonur ab. Die Besatzung bestand aus den Kosmonauten Wladimir Schatalow, Alexej Jelissejew und Nikolai Rukawischnikow, eine für die damalige Zeit ungewöhnlich erfahrene Crew. Jelissejew war zuvor schon beim Kombinationsflug von Sojus 4 und 5 dabei gewesen, genauso wie Schatalow, der zusätzlich auch die Mission Sojus 8 geflogen hatte. Nur für Rukawischnikow war es der erste Weltraumeinsatz.

Das Anlegemanöver an Saljut 1 gelang unter dramatischen Umständen. Nachdem zuvor einige Kurskorrekturen verspätet durchgeführt wurden und das automatische Igla-System versagt hatte, führten die Kosmonauten gut 26 Stunden nach dem Start das Anlegemanöver manuell durch. Es stellte sich jedoch schnell heraus, dass keine vollständige Kopplung gelungen war, sondern nur ein loser Kontakt bestand. In den nächsten Stunden gelang es nicht, die Verbindung zwischen Station und der Sojus dauerhaft herzustellen. Schließlich entschloss sich die Flugleitung, wieder von der Station abzulegen. Doch auch dabei gab es Schwierigkeiten, denn für ein normales Ablegemanöver wäre zuvor eine vollständige Kopplung erforderlich gewesen. Um 09:17 Uhr mitteleuropäischer Zeit kam Sojus 10 schließlich wieder frei, fünfeinhalb Stunden nachdem das Raumschiff angelegt hatte. Einen weiteren Versuch wollte die Flugleitung nicht wagen, und diese Entscheidung war korrekt. Wie die späteren Analysen zeigten hätte der Mechanismus auch bei einem weiteren Versuch nicht funktioniert. Anstelle der geplanten 30-Tage-Mission musste die Crew nach nur 47 Stunden wieder zur Erde zurückkehren. Erstmals in der Geschichte der Raumfahrt bei Nacht. Nach dem Fehlschlag überlegte man, wie man ähnlichen Problemen bei Sojus 11 vorbeugen könnte. Als wahrscheinlichste Fehlerursache war ein mechanischer Defekt am Dockingsystem von Sojus 10 ermittelt worden. Dies konnte allerdings aber nicht hundertprozentig verifiziert werden, weil der Mechanismus nicht geborgen werden konnte. Es war Bestandteil der Wohnsektion der Sojus 10 gewesen, das vor der Landung abgesprengt werden musste. Eine der Ideen, die besprochen wurde, bestand darin, vor dem Anlegen ein Außenbordmanöver durchzuführen, um den Docking-Mechanismus zu prüfen. Dieser Gedanke wurde aber bald wieder aufgegeben. Es wäre zu wenig Zeit verblieben, die Crew für solch ein Manöver zu trainieren, denn Saljut 1 konnte nicht mehr lange im Orbit bleiben. Die Modifikationen an Sojus 11 waren am 18. Mai abgeschlossen. Danach wurde entschieden, den nächsten Start zur Station am 6. Juni durchzuführen. Dieser Termin wurde durch die verfügbaren Startfenster auf Grundlage der jetzt als nominal auf 25 Tage festgelegten Mission bestimmt.

Mission 2 „Jantar“	
Raumschiff:	Sojus 11
Start:	06. Jun 71
Landung:	29. Jun 71
Dauer:	22 d 10 h 39 m
Besatzung:	Georgi Dobrowolski (K) Viktor Pazajew (FI) Wladislaw Wolkov (FI)

Nur vier Tage vor dem Start wurde die Mannschaft von Sojus 11, bestehend aus den Kosmonauten Leonov, Kubasov und Kolodin durch die Reservecrew ersetzt, die aus den Kosmonauten Dobrowolski, Wolkov und Patsayev bestand. Der Grund dafür war, dass bei der abschließenden medizinischen Untersuchung ein dunkler Fleck auf Kubasows rechtem Lungenflügel gefunden wurde. Die Ärzte vermuteten eine verkapselte Tuberkulose und suspendierten ihn von der Mission. Nach den damals geltenden Regeln war damit die gesamte Crew vom Flug ausgeschlossen. Dem widersprach der Trainingschef der Kosmonauten, Nikolai Kamanin jedoch. Er stimmte dafür, lediglich Kubasov auszutauschen und Leonov und Kolodin fliegen zu lassen. Er begründete das damit, dass es in der Ersatzcrew nur ein Mitglied mit Flugerfahrung gab, nämlich Wolkow. Kamanin wurde jedoch überstimmt und das Schicksal nahm seinen Lauf. Die Versorgungslage der Saljut-Raumstation stellte sich Anfang Juni 1971 so dar, dass Treibstoffe und andere Verbrauchsstoffe voraussichtlich bis zum 20. August reichen würden. Dies hätte genügt, um nach der 25 Tage-Mission der Sojus 11 eine weitere Mannschaft für eine ähnliche Zeitdauer zu entsenden. Dieses Raumschiff – Sojus 12 – sollte im Juli

Von links, aufrecht sitzend: Georgi Dobrowolski, links unten: Viktor Pazajew, rechts Wladislaw Wolkov

Künstlerische Darstellung des Anlegemanövers zwischen Sojus 11 und Saljut 1

mit den Kosmonauten Alexej Leonov, Nikolai Rukawischnikow und Fjotr Kolodin starten. Danach hätte keine weitere Crew mehr Saljut 1 anfliegen können. So startete Sojus 11 am Sonntag, dem 6. Juni 1971, um 06:55 Uhr morgens mit der Ersatzcrew. Das Verfolgungsmanöver und das Anlegen verliefen nach Plan, und am 7. Juni gegen 07:10 Uhr mitteleuropäischer Zeit, außerhalb der sowjetischen Funkreichweite, legte Sojus 11 an der Raumstation Saljut an. Um 09:45 Uhr öffneten die Kosmonauten die Luke und der historische Moment des ersten Betretens einer Raumstation erfolgte.

Die ersten Tage an Bord der Station verliefen nach Plan, aber am 16. Juni kam es zu einer chaotischen Situation, die das amateurhafte Verhalten aller Beteiligten in dieser noch von keinerlei vorausgehender Erfahrung getrübten Situation anschaulich macht. Der paranoide Geheimhaltungswahn des Kalten Krieges tat dazu sein Übriges. Die Sowjets waren sich im Klaren darüber, dass der Funkverkehr von und zur Raumstation abgehört wurde und hatten deshalb für verschiedene Situationen Codewörter vereinbart. Wladislaw Wolkov, der zusammen mit Pazajew zu dieser Zeit Dienst tat, meldete aufgeregt an die Bodenstation, dass es in der Station zu Rauchentwicklung käme, offensichtlich durch ein Feuer. Tatsächlich handelte es sich um eine durchgebrannte elektrische Isolation und der Rauch kam aus dem Kontrollpanel eines wissenschaftlichen Experimentes. Wolkov hatte aber nicht von „Rauch" gesprochen, sondern die zuvor vereinbarte Code-Bezeichnung benutzt. Das Code-Wort für Rauch war: „Vorhang". Der Missionscontroller am Boden dachte jedoch nicht an den Code und seine Bedeutung und begann nun intensiv nachzufragen, was es denn mit diesem "Vorhang" auf sich habe, von dem Wolkov so aufgeregt sprach. Schließlich gab der Kosmonaut entnervt auf und schrie ins Mikrofon: "Feuer. Wir haben Feuer an Bord. Wir evakuieren. Wir gehen in die Sojus". Wolkov meldete sich ein weiteres Mal und gab durch, dass er die Evakuierungs-Checkliste nicht finden konnte. Also fing die Missionskontrolle an, die Checkliste zu verlesen, unterbrach dies aber, als sie bei einem wichtigen Punkt angekommen waren: Die Missionskontrolle erklärte, dass die Entscheidung, die Station zu verlassen, ausschließlich durch den Kommandanten der Expedition gefällt werden könnte. Schließlich kam Kommandant Dobrowolski aus seiner Koje und erklärte, dass er nicht bereit sei, überhastete Entscheidungen zu treffen. Er schaltete die suspekte Einheit ab und schickte Wolkov in die Ruhepause, während er und Pazajew übernahmen. Das war damals der normale Zyklus an Bord. Stets schlief einer, während die beiden anderen Dienst taten. Später hatte sich Wolkov wieder beruhigt, der Qualm war durch die Lüftung abgesaugt worden und das defekte Instrument war stillgelegt. Am 17. Tag ihres Aufenthaltes legte die Crew einen Ruhetag ein. An diesem Tag brachen sie den bisherigen Rekord für den Daueraufenthalt im Weltraum, den zuvor die Kosmonauten Nikolajew und Sewastjanow mit Sojus 9 gehalten hatten. Am 29. Juni, um 20:28 Uhr mitteleuropäischer Zeit legte Sojus 11 von der Station ab. Die Crew trug keine Raumanzüge, weder bei Start noch bei der Landung. Eine Dreimann-Crew hätte die Sojus in ihrer damaligen Ausführung nicht mit Raumanzügen bekleidet aufnehmen können. Niemand machte sich damals Gedanken darüber. Die Durchführung von Starts und Landungen in normaler Kleidung war seit dem Flug von Woschod 1 der Standard, der nur in wenigen Ausnahmefällen unterbrochen wurde. Gegen 23:15 Uhr wurden der Besatzung die Wetterdaten für das Landegebiet übermittelt. Um 00:35 Uhr zündeten die Bremstriebwerke für gut drei Minuten. Zu diesem Zeitpunkt waren es noch 41 Minuten bis zur Landung.

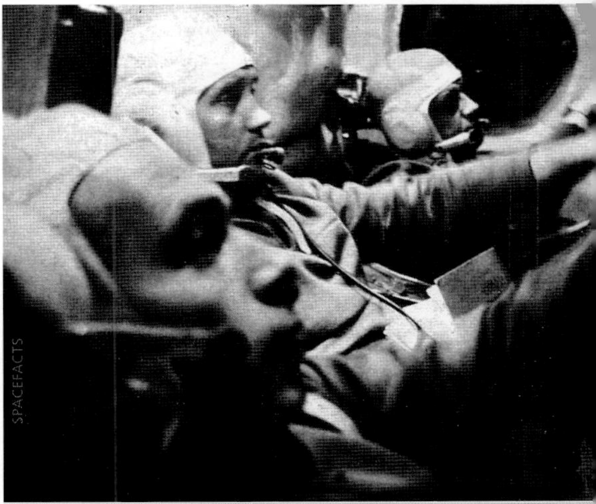

Start zur Mission Sojus 11/Saljut 1.
Die Kosmonauten tragen keine Raumanzüge.

12 Minuten nach Beendigung der Bremszündung, nur 26 Minuten vor der Landung kam es zu einer fatalen Fehlfunktion an Bord der Sojus. Zu diesem Zeitpunkt sollten durch kleine Sprengladungen das Wohn- und das Gerätemodul abgesprengt werden. Und zwar nacheinander, um die Belastungen auf die Struktur der Kapsel niedrig zu halten. Diese Sprengsequenz erfolgte jedoch gleichzeitig, wodurch eine heftige Erschütterung durch die Landekapsel ging. Dies löste eine weitere pyrotechnische Vorrichtung aus, und zwar jene, welche die Verriegelung des Ventils für den Ausgleich des Kabinendrucks nach der Landung löste. Der Riegel wurde gesprengt und das Ventil öffnete sich. Die Höhe betrug zu diesem Zeitpunkt 168 Kilometer, die Crew befand sich also noch im freien Weltraum. Schnell begann die Luft zu entweichen.

Durch die an Bord gespeicherten Telemetriedaten weiß man heute, dass die Crew den Druckabfall sofort bemerkte und an der Luke zu hantieren begann, die sie als Ursache für den Druckverlust betrachteten, stellten aber fest, dass diese dicht war. Um die Lage des Geräusches zu lokalisieren schalteten die Kosmonauten alle Funkgeräte ab. Schließlich entdeckten sie die Ursache des zischenden Geräusches unter ihren Sitzen. Sie hatten keine Chance, in der kurzen Zeit, die ihnen bis zum Verlust des Bewusstseins noch verblieben, an diese Stelle heranzukommen. 30 Sekunden nach dem Auftreten des Druckverlustes wurde die Crew bewusstlos. Nach weiteren 90 Sekunden war der Druck in der Kabine bei Null angelangt und die Besatzung war tot. Am Boden wusste man von alldem nichts. Aus der Kapsel wäre nach dem Absprengen des Wohn- und Servicesegmentes immerhin noch für drei Minuten eine Sprechfunkübertragung möglich gewesen. Danach trat die Sojus in die dichten Luftschichten ein, und der Kanal ionisierter Gase, der sie dann umgab, machte jeglichen Funkkontakt unmöglich. Die Radardaten zeigten, dass die Landung nominal verlief. Nach dem Kommunikations-Blackout begann die Kapsel den automatischen Standard-Morsecode über 121,75 MHz zu senden. Diese Signale konnten am Boden deutlich empfangen werden. Der Fallschirm öffnete sich wie vorgesehen, und die Bergungskräfte konnten die Kapsel bereits hoch in der Luft ausmachen. Bergungshelikopter begleiteten sie bis zum Boden, den die Kapsel exakt um 01:18 Uhr mitteleuropäischer Zeit erreichte. Die vier Bergungshelikopter landeten direkt neben der Kapsel, die Bergekräfte sprangen heraus und öffneten innerhalb weniger Minuten die Luke.

Die Bergungscrews hatten zwar von der Besatzung in den letzten Minuten vor dem Blackout, und auch in der Phase des Fallschirm-Abstiegs nichts von der Crew gehört, dachten dabei aber mehr an ein kleineres technisches Problem mit der Funkausrüstung wie etwa abgeschmolzene Kommunikationsantennen und waren deshalb völlig unvorbereitet auf das, was sie zu Gesicht bekamen: Die leblosen Körper der drei Kosmonauten mit dunkelblau angelaufenen Gesichtern. Innerhalb weniger Sekunden begannen die Bodencrews mit Wiederbelebungsmaßnahmen, die aber allein durch den Charakter des Unfalles, einer gewaltsamen Dekompression, chancenlos waren.

Erschütternde Szenen nach der Landung. Die Bergungskräfte unternehmen – erfolglos – Wiederbelebungsversuche. Die schlechte Qualität des Fotos ist darauf zurückzuführen, dass dies ein Einzelbild aus einem Film ist.

Nach dem tragischen Unfall wurde die Bahn von Saljut 1 insgesamt noch sechsmal angehoben. Schließlich gab man die Hoffnung auf, noch eine weitere Crew zu dieser ersten Raumstation der Menschheit entsenden zu können. Am 25. September wurde Saljut 1 über dem Südpazifik gezielt zum Absturz gebracht.

Drei Tage später findet an der Kremlmauer ein Staatsbegräbnis statt.

Edward White war der erste Amerikaner,
der sein Raumfahrzeug für ein Außenbordmanöver verließ.

AM LIMIT

Am 3. Juni 1966 startete die NASA eine Titan II-Rakete von Cap Canaveral in Florida und brachte damit das bemannte Raumschiff Gemini 9 in den Weltraum. Thomas P. Stafford, der Kommandant der Mission, war bereits mit Gemini 6 im Weltraum gewesen. Für Eugene A. Cernan, seinen Piloten, war es der erste Flug. Der Flugplan sah unter anderem für Cernan eine ambitionierte zweieinhalbstündig EVA vor, eine „Extra Vehicular Activity", für die sich in der deutschen Sprache der unsägliche Euphemismus „Weltraumspaziergang" eingebürgert hat. Ziel war es, die US-Expertise für Außenbordaktivitäten im Weltraum zu verbessern. Man wusste noch so gut wie nichts über das Arbeiten außerhalb des Raumschiffs, nur geschützt durch einen Druckanzug.

Cernan würde erst der dritte Mensch im freien Weltraum sein. Der Russe Leonow hatte im Jahr zuvor seine Woschod 2 für 10 Minuten verlassen (und war nur um Haaresbreite mit dem Leben davongekommen, was damals im Westen aber noch niemand wusste) und der Amerikaner Edward White hatte es – ebenfalls im Jahr zuvor – auf gut 20 Minuten außerhalb seiner Gemini 4-Kapsel gebracht. Cernan sollte vor allem ein rucksackartiges Manövriersystem mit der Bezeichnung AMU (Astronaut Maneuvering System) testen, das an einem Adapter am Ende der kegelförmigen Gemini-Kapsel angebracht war und ihn zum ersten menschlichen Satelliten im Weltraum machen sollte. Sein Einsatz endete beinahe in einer Katastrophe und zeigte deutlich, wie wenig man damals über die Durchführung von Außenbordmanövern wusste.

Tom Stafford (links) und Gene Cernan

Mission:	Gemini 9
Trägerrakete:	Titan II
Besatzung:	★ Thomas P. Stafford (Kommandant) ★ Eugene Cernan (Pilot)
Start:	3. Juni 1966, 13:40 Uhr UTC
Landung:	6. Juni 1966, 14:00 Uhr UTC
Erdumkreisungen:	45
Bahnneigung:	28,9 Grad
Apogäum:	267 Kilometer
Perigäum:	159 Kilometer

Der zweite Startversuch für die Mission Gemini 9 erfolgte am 1. Juni (es hatte bereits am 17. Mai einen gegeben, aber der Agena Zielsatellit, der 90 Minuten vor dem Start der Gemini gestartet wurde, hatte seine Umlaufbahn nicht erreicht). Gene Cernan und Tom Stafford kämpften sich gerade ächzend in ihre maßgeschneiderte, mehrlagige Spezialunterwäsche – Bestandteil des Raumanzugs – als Deke Slayton, Chefastronaut der NASA, hereinkam und sagte: „Tom, ich muss mit Dir kurz noch ein paar private Worte wechseln". Cernan warf Stafford einen schnellen Blick zu. Der machte ein erstauntes Gesicht, zuckte mit den Achseln und folgte Slayton in den Nebenraum. Dieses kleine private „Tête-à-Tête" unmittelbar vor dem Start bereitete Gene Cernan etwas Unruhe. Der Gesprächsgegenstand konnte nur er selbst sein, Gene Cernan, der Welt-

Stafford und Cernan besteigen ihr Raumschiff

raumneuling. Andernfalls müssten sie nicht so heimlich tun. Er war ein „Rookie“, wie die Astronauten einen Kameraden nennen, der zum ersten Mal in den Weltraum fliegt. Cernan war verärgert. Schließlich war er Astronaut. Warum, zur Hölle, stand er hier in diesem dämlichen Anzug herum, bereit das Raumschiff zu besteigen, wenn sie ihm nicht trauten.

Als die beiden zurückkamen taten sie als wäre nichts geschehen. „Um was ging es denn gerade?“ frage Cernan seinen Commander und versuchte seinen Ärger unter Kontrolle zu halten. „Alles klar, Geno. Nichts Besonderes.“

Cernans Vermutung war nicht unbegründet. Es war kein Geheimnis, dass der Weltraumausflug den er unternehmen sollte, extrem gefährlich war. Die gesamte Erfahrung der Menschheit mit Außenbordmanövern im Weltraum betrug im Juni 1966 30 Minuten. Seine beiden Vorgänger hatten im Prinzip nichts anderes gemacht, als sich vor ihrer Kapsel herumtreiben zu lassen. Die Möglichkeit, dass außerhalb des schützenden Raumschiffes etwas Unvorhergesehenes geschah, war nur zu real. Irgendetwas konnte mit seinem Anzug passieren, mit der Nabelschnur, die ihn mit Luft versorgte und gleichzeitig als Verbindungsleine zum Raumschiff fungierte, oder mit dem Rückentornister, den er erproben sollte. Oder irgendetwas Unbekanntes, das ihn so beeinträchtigte, dass es unmöglich war, in die Kabine zurückzukehren. Sollte das geschehen, dann bliebe Tom Stafford nichts anderes übrig, als ihn da draußen zurückzulassen, die Versorgungsleitung zu durchtrennen, die Kabine wieder zu schließen und ohne ihn zur Erde zurückzukehren.

Keine besonders attraktive Aussicht, da oben als „Erdsatellit Cernan“ zu enden. Nichtsdestotrotz war es eine reale Möglichkeit, der er sich stellen musste und deshalb hatte er sich schon lange vor dem Flug damit befasst. Ihm war klar, dass Stafford ihn nicht in die Kabine zurückholen konnte, wenn er nicht selbst in der Lage wäre, sich aus einer misslichen Situation zu befreien. Natürlich würde sein Commander das Äußerste unternehmen, um ihn hereinzuziehen. Irgendwann aber würde er den Punkt erreichen, wo er ihn aufgeben musste, um sich selbst zu retten. Die Alternative wäre, dass sie beide den Tod fänden. Auch dieser zweite Startversuch musste schließlich abgebrochen werden, denn kurz vor dem Abheben kam es zu einer Fehlfunktion im Flugkontroll-Computer. Aber am 3. Juni war es dann so weit und zwei Tage später wurde Gene Cernan zum zweiten Amerikaner, der ein Außenbordmanöver durchführen sollte.

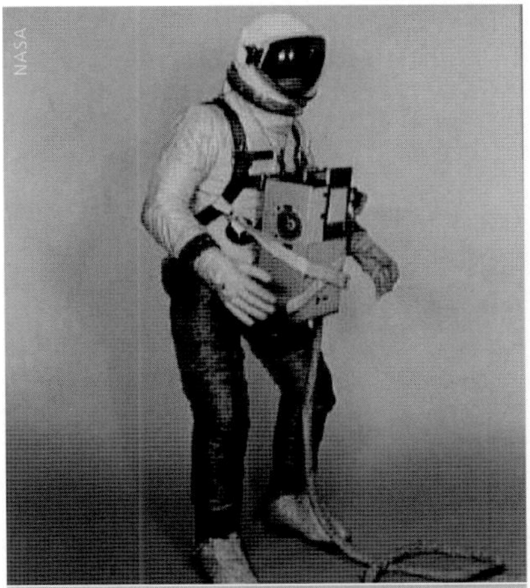

So sah der „Chestpack" aus

Tom Stafford und er benötigten fast vier Stunden um sich durch die elf Seiten lange EVA-Checkliste zu arbeiten. Cernan nahm seinen quadratischen Versorgungstornister, „Chestpack" genannt – eine Box in der Größe zweier Schuhschachteln – aus einer Halterung über seiner linken Schulter und schnallte sie am Raumanzug vor seiner Brust fest. Unten am „Chestpack" gab es eine Ventilöffnung und an der befestigte er seine acht Meter lange „Nabelschnur". Dieser Schlauch, im NASA-Jargon „Umbilical" genannt, versorgte den Astronauten mit Sauerstoff. Durch diese Leitung liefen auch die Kommunikationsleitung und die Drähte, welche Telemetrie und Bio-Daten von Cernan an die Gemini 9-Kapsel und von dort an die Flugkontrolle am Boden übermittelten. Die „Umbilical" in der Schwerelosigkeit aus ihrer Transportbox zu befreien ähnelte dem Versuch einen herumtanzenden Gartenschlauch einzufangen. Sie wand sich wie ein Wurm durch die kleine Kabine und war nur mühsam unter Kontrolle zu bekommen. Dann halfen sich die beiden gegenseitig, Helme und Visiere zu schließen, die druckdichten Hand-

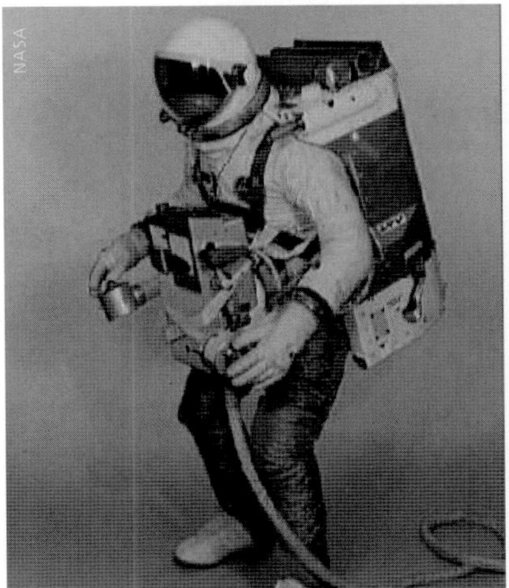

Den Tornister sollte sich Cernan umschnallen, sobald er die Rückseite der Gemini erreicht hatte schuhe überzuziehen und die Anzüge unter Druck zu setzen. Als das vorgesehene Niveau erreicht war, war der Anzug so steif, dass man sich damit fast nicht mehr bewegen konnte. Weder an den Ellenbogen, noch in den Knien, noch an der Hüfte, noch sonst irgendwo. Es war, als wäre man von Kopf bis Fuß in einem Gipsverband eingeschlossen.

Gene Cernans Raumanzug unterschied sich erheblich von Tom Stafford's Modell. Auch Stafford war dem Vakuum ausgesetzt, denn eine Schleuse gab es in dem winzigen Gemini-Raumschiff nicht, aber er blieb in der Kabine auf seiner Sitzposition. Er hatte auch keine Umbilical und konnte sich nicht weiter bewegen, als seine Arme reichten. Cernans Anzug war nicht ohne Grund wesentlich fester ausgefallen als Staffords. Er war dicker isoliert, denn er war den Temperaturwechseln zwischen Tag und Nacht außerhalb des Raumschiffes ausgesetzt. Ohne diese vielen Lagen an Isolation würde Cernan in kürzester Zeit entweder gegrillt oder beinhart gefroren sein. Zusätzlich hatte er in der Beckengegend und an den Beinen eine weitere – metallische – Schutzhose, die ihn vor den stark korrosiven Abgasen des Rückentornisters schützen sollte.

Die Besatzung ließ nun den letzten Sauerstoff aus dem Raumschiff ab und prüfte noch einmal, dass die Raumanzüge nicht leckten, während sie sich auf der Nachtseite der Erde der amerikanischen Westküste näherten. Der Außenbordeinsatz sollte über den Vereinigten Staaten beginnen. Dort war bereits der Morgen angebrochen. Außerdem war dann eine direkte Kommunikation mit Houston möglich und man musste sich nicht auf eine Relaisstation verlassen.

Die Missionskontrolle führte noch einmal eine letzte Ferndiagnose der Systeme durch. Dann erteilte sie die Erlaubnis zum Öffnen der Luke. Während der 31. Erdumkreisung – es war früher Sonntagmorgen in Houston, für die beiden Astronauten vor der amerikanischen Pazifikküste aber noch Nacht – griff Cernan nach einem Hebel rechts über seinem Kopf und begann ihn zu drehen. Vor dem Start waren mehrere Männer nötig gewesen, die schwere Tür zu schließen. Jetzt, in der Schwerelosigkeit, bewegte sie sich sanft und auf den leichtesten Druck hin.

„Hier Gemini 9. Wir beginnen mit dem Außenbordmanöver", meldete er an Houston.Als die Luke offen war, brauchte es nur noch einen ganz leichten Stoß gegen die Sitzfläche und Cernan hob ab. Er griff an den Rahmen der Luke und zog sich hoch bis er schließlich auf dem Sitz stand. Die Hälfte sei-

Dieses Bild machte Cernan als er vor der „Nase" der Gemini schwebte

nes Körpers ragte jetzt aus dem Raumschiff heraus. Er wirkte wie ein Tramp, der als blinder Passagier in einem offenen Güterwagen mitfährt und wartete darauf, dass die Sonne an der kalifornischen Küste über den Horizont stieg.

Und was war das für ein Anblick. Niemand hatte ihn auf diese Überflutung der Sinne vorbereitet. „Halleluja" rief Cernan „Junge, ist das wunderbar hier".

Nachdem sich das Raumschiff mit einer Geschwindigkeit von fast 28.000 Kilometern pro Stunde nach Westen bewegte, rasten die Astronauten jetzt aus der Finsternis ins Licht. Innerhalb von Sekunden ging die völlige Dunkelheit in ein geisterhaftes Nebelgrau über. Gleich darauf erschien ein dünnes Band von zerbrechlichem Blau entlang der gekrümmten Horizontlinie. Das änderte sich in Sekunden über eine Reihe von Farbschattierungen schließlich zu einem Goldton. Und dann sprang die blendende Scheibe der Sonne herauf und entzündete den Himmel wo noch vor wenigen Augenblicken die Nacht geherrscht hatte. Cernan konnte jetzt, von einem Moment zum anderen, keine Sterne mehr sehen. Seine Augen waren von der Helligkeit der Erde und des Lichts geblendet.

Schon im vollen Morgenlicht überquerte Gemini 9 die kalifornische Küstenlinie und Cernan konnte von San Francisco bis hinunter nach Mexiko sehen.

Er musste sich fast mit Gewalt von dem Anblick losreißen und zu seiner Aufgabe zurückkehren. Während Stafford Cernan am Fußgelenk festhielt, um ihm etwas Halt zu geben, befestigte dieser eine 16 Millimeter Maurer-Filmkamera an einer Halterung und holte zwei Materialproben, die vor dem Start an der Außenseite des Raumschiffs befestigt worden waren in die Kabine herein. Dann streckte er sich nach vorne und montierte einen kleinen Spiegel an der Nase des Raumfahrzeugs. Über diesen Spiegel sollte Stafford erkennen können, was Cernan machte, während er sich im hinteren Teil der Gemini befand, der für den Kommandanten nicht einsehbar war.

Dann bereitete sich Cernan auf seine erste Aufgabe vor: Erprobung der „Nabelschnur-Dynamik" wie es die Ingenieure genannt hatten. Cernan verfügte nicht über das spezielle Manövriergerät, das Ed White im Jahr zuvor benutzt hatte. Das war eine Art Pistole gewesen, mit der man einen Gasstrom herausblasen und damit seine Raumlage verändern konnte. Das Gerät hatte nicht besonders gut funktioniert, und die Techniker hatten sich überlegt, dass es doch genauso gut möglich sein sollte, zu manövrieren, in dem man einfach an der Versorgungsleitung zog. Eine sehr schlechte Idee, wie sich schnell zeigte.

Cernan stieß sich ab und bewegte sich wie eine Marionette nach oben. Er war jetzt schon den zweiten Tag schwerelos, und so war das Gefühl nicht mehr neu für ihn. Aber das war jetzt etwas anderes, als festgeschnallt in der engen Kabine der Gemini zu verharren. Jetzt bewegte er sich weg von der schützenden Hülle der Gemini 9 und war stattdessen in einem klaustrophobisch engen Raumfahrzeug eingeschlossen umgeben vom grenzenlosen Universum.

Cernans einzige Verbindung zur „wirklichen Welt" war die Versorgungsleitung. Die „Schlange", wie sie von den Astronauten auch genannt wurde. Und diese Nabelschnur war jetzt dabei, dem Astronauten eine Sonderlektion über Newtons Gesetze zu vermitteln.

Da es nichts gab, womit er seine Bewegungen stabilisieren konnte, geriet Cernan sofort außer Kontrolle und segelte in allen möglichen Positionen vor dem Raumschiff herum. Als er das Ende der Leine erreicht hatte, spannte sich die

Umbilical und er federte wieder in Richtung Raumschiff zurück wie ein Bungee-Springer in Super-Zeitlupe. Als die Nabelschnur wieder kürzer wurde, begann sie sich einzurollen und als Cernan versuchte, sie gerade zu halten, gelang ihm das zwar, aber nun drehte er sich um sich selbst und die Schnur stand still. Er hatte noch keinen Handgriff außerhalb der Kabine gemacht und begann die Schlacht dennoch schon zu verlieren. Er war nicht über das gewarnt worden, was ihn da erwartete. Alles was er tat und versuchte war neu. Er war schon nach wenigen Minuten jenseits der geringen Erfahrungen von Leonow und Ed White. Er befand sich auf unerforschtem Terrain.

Die Anordnung des Rückentornister an der hinteren Seite der Gemini. Hier noch ohne die übliche Goldfolienverkleidung.

Cernan hatte das Gefühl mit einem Kraken zu kämpfen. Die Nabelschnur kapriolte in verrücktem Eigenleben herum, verdrehte sich in Schleifen und Bögen und versuchte Cernan einzuwickeln wie die Blende eines Fenster-Rollos, das hochgezogen wird. Cernan drehte Loopings und Rollen um das Raumschiff, und vollführte Pirouetten, als würde er durch Pfützen mit Weltraumöl schliddern. Er hatte keinerlei Kontrolle über seine Bewegungen, seine Position und seine Raumlage. Er war zwar nicht gerade im Weltraum verloren, aber dennoch vollständig hilflos. „Ich komme nicht hin, wo ich will", teilte er Stafford frustriert mit. Der sah das aber ohnehin selbst. „Die Schlange ist einfach überall".

Die einzige Chance, die Kontrolle wieder zurückzugewinnen bestand darin, dass er etwas zu fassen bekam, sobald ihn das Bungee wieder zum Raumschiff zurückfederte. Cernan kämpfte etwa 30 Minuten wie ein Besessener mit der Versorgungsleitung, bewegte sich langsam kreiselnd bis ans Ende der Schnur, dann wieder zurück zum Raumschiff und dann wieder hinaus, und brach bei diesem sinnlosen Hin- und Hertrudeln den Rekord für den längsten Aufenthalt im freien Weltraum. Schließlich bekam er die Luke zu fassen, und er klammerte sich an sie wie ein Ertrinkender an eine Planke in den Weiten des Ozeans.

Cernan trainiert vor dem Flug das Handling des Rückentornisters

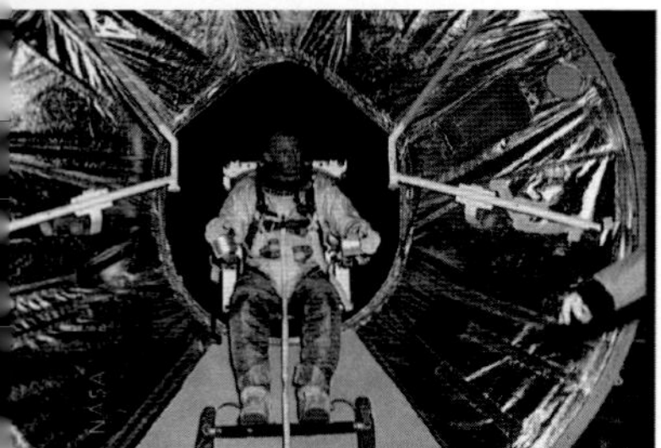

Ein Techniker demonstriert die Sitzposition nach dem Anlegen des Tornisters

Schließlich „stand" er wieder schweißgebadet auf seinem Sitz und atmete tief durch. Und musste aufstoßen. Und merkte augenblicklich, dass ihm einige salzig-bittere Bröckchen aus dem Magen hochkamen, Überreste einer Essiggurke von der Start-Abbruchparty von vor fünf Tagen. Die halbverdaute Gurke begleitete ihn nun direkt vor seinen Augen für den Rest des Ausflugs, und zu zusätzlich zu seinen übrigen Problemen musste er nun auch darauf achten, dass er nicht diese Stückchen versehentlich einatmete.

Mehr als 30 Minuten waren jetzt vorbei, und er hatte das Ziel seines Ausfluges, die Rückwand der Gemini, in der sein Rückentornister befestigt war, noch immer nicht erreicht. Dies musste laut Missionsplan bei Tageslicht geschehen, also innerhalb von 45 Minuten nach Beginn der EVA. In den dann folgenden 45 Minuten der Dunkelheit sollte er sich von der Umbilical abstöpseln und sich an das Lebenserhaltungssystem des Rückentornisters anschließen, der ihn danach mit Sauerstoff versorgen sollte. Beim nächsten Sonnenaufgang würde Tom Stafford dann einen Schalter umlegen, der den Raketenrucksack mit dem darauf festgeschnallten Gene Cernan freigab. Danach sollte er an einer 40 Meter langen dünnen Nylonleine unter Zuhilfenahme der Manövriertriebwerke seines Rückentornisters als unabhängiger Satellit herumfliegen. Gene Cernan alias Flash Gordon. Gegen Ende seines Ausfluges musste diese Übung dann in umgekehrter Reihenfolge stattfinden.

Doch erst musste er die Rückseite der glockenförmigen Gemini erreichen. Der Raumanzug war steinhart aufgeblasen und er sah darin aus wie ein Michelin-Männchen. Zusätzlich hatten die Konstrukteure des Raumanzugs eine Strukturverstärkung eingewoben, ein sehr festes Spezialgewebe, das dem Raumanzug schon unter normalem Luftdruck die Beweglichkeit einer rostigen Ritterrüstung gab. Nur um den Arm zu beugen, bedurfte es gewaltiger Muskelkraft und sobald man nachließ, schnellte der Arm wieder in seine Ausgangsposition zurück.

Die Konstrukteure des Anzugs hatten so etwas wohl schon andeutungsweise geahnt, als sie ihm empfahlen, Hanteltraining durchzuführen.

Cernans Herzschlag ging rapide nach oben und stabilisierte sich erst bei 155 Schlägen in der Minute. Aus der Erfahrung der ersten 30 Minuten wusste er nun, dass er sich irgendwo festhalten musste, um nicht die Kontrolle über seine Bewegungen zu verlieren. So arbeitete er sich Hand über Hand an einer Kabelleitung an der Außenhülle des Raumschiffs entlang und stopfte die Umbilical alle dreißig Zentimeter unter den Kabelstrang, so gut das eben ging, denn für diesen Zweck war sie nicht konstruiert. Immerhin ging das unter enormer Kraftanstrengung gut, bis er das Ende der Adaptersektion der Gemini erreicht hatte. Dort wartete eine böse Überraschung auf ihn. Als die zweite Stufe der Titan abgesprengt worden war, war ein gezackter Metallrand zurückgeblieben, scharf wie ein Sägemesser, den die Sprengschnur nicht sauber durchtrennt hatte. Niemand hatte bei der Planung seines Weltraumausfluges an so etwas gedacht. Vorsichtig legte Cernan die lebenserhaltende Nabelschnur über die rasiermesserscharfen Metallkanten. Ein Raumanzug mit einem Loch ist in Sekunden nichts mehr anderes als ein Leichensack.

Gemini 9 flog nun über Südafrika und näherte sich wieder dem Terminator. Als sich Cernan schließlich hinter die Gemini schwang, und damit aus dem Blickfeld von Staffords Spiegel geriet, ging die Sonne so schnell unter, wie sie aufgegangen war. Nun hatte er den Tornister erreicht. Cernan klappte die Transportsicherungen des Rückenpacks weg und schaltete ein Paar kleiner Lampen ein. Es funktionierte aber nur eine von den beiden und lieferte ein klägliches Funzellicht. Cernan schob sein Goldvisier nach oben, aber auch das verbesserte seine Sicht nicht wesentlich.

All diese Handgriffe und Bewegungen musste er gegen den Widerstand des steinhart aufgepumpten Anzuges unternehmen mit dem Ergebnis, dass Cernan schon bald sehr erschöpft war. Sein Puls war nach wie vor bei 155 Schlägen in der Minute, er schwitzte enorm, die vor seinem Gesicht herum schwebenden Gurkenstückchen waren die Pest, er konnte kaum etwas sehen. Er musste sich immer mindestens mit einer Hand an einem der Haltebügel festhalten um nicht abzutreiben und er hatte mit seiner Aufgabe noch gar nicht begonnen.

Tom Stafford konnte ihn bei der Vorbereitung seines Rucksacks nicht sehen, aber die Sprechverbindung durch die Umbilical erlaubte es Cernan zumindest seinem Kommandanten mitzuteilen, dass die Dinge aus dem Ruder liefen. Das Funzellicht war völlig unzureichend. Er konnte praktisch nichts sehen, als er sich durch die 35 Positionen seiner Checkliste arbeitete. Allesamt notwendig, um den Rückentornister flugfähig zu machen. Knöpfe drücken, Ventile öffnen, Verbindungen legen, Schläuche umstecken. Die Strapazen begannen ihren Tribut zu fordern. Was auf der Erde in den Simulationen kinderleicht war, zeigte sich in der Realität des Weltraums praktisch nicht zu bewältigen.

Cernan hatte diese Übung 100 Mal bei Parabelflügen an Bord einer KC 135 gemacht, mit der sich so etwas Ähnliches wie Schwerelosigkeit für etwa 20 Sekunden herstellen ließ. Im Flugzeug hatte es doch funktioniert. Warum ging es hier nicht? Der Schweiß brannte in seinen Augen, aber er konnte ihn wegen des Helms nicht abwischen. Schließlich gelang es ihm, den letzten Schalter umzulegen. Die Systeme des Rückentornisters fuhren hoch. Beinahe Zeit zu fliegen.

107 Minuten, nachdem die EVA begonnen hatte, hätte es nun losgehen können. Wenn er nur etwas erkennen könnte. Die Gemini musste doch längst wieder auf der Tagseite der Erde sein. Es dauerte eine Weile, bis ihm klar wurde, dass es tatsächlich schon Tag war. Doch er konnte trotzdem nichts sehen. Cernan hatte so hart gearbeitet, dass die künstliche Atmosphäre im Inneren seines Raumanzuges das viele Kohlendioxid und vor allem die Feuchtigkeit, die er in den Anzug pumpte, nicht mehr bewältigen konnte. Die Sichtscheibe seines Helms hatte sich beschlagen und war durch die Kälte auf der Nachtseite der Erde vollständig eingefroren. Die Scheibe war blind wie die eines Autos, das in einer kalten Winternacht im Freien gestanden hatte.

Er teilte es Tom Stafford mit. „Tom, mein Visier ist komplett zugefroren. Ich kann nichts mehr erkennen." Das war der Punkt, an dem der Kommandant unruhig wurde, und vielleicht an seine kleine Unterhaltung mit Deke Slayton zurückdachte, und sich überlegte, was er tun sollte für den Fall, dass es Gene Cernan nicht mehr gelänge ins Raumschiff zurückzukommen.

Das Hauptproblem bestand darin, ohne die Hilfe der Schwerkraft irgendeine Hebelwirkung zu erzielen. Die einzige Halterung waren zwei dünne Metallbögen, die dafür vorgesehen waren, die Füße am Platz zu halten. An denen konnte man sich aber nur lose einhaken. Sie waren vollständig unzureichend um ihm genügend Stabilität zu verleihen. Vor allem aber waren sie für eine sitzende Position ausgelegt, bei der er dem Raumschiff den Rücken zukehrte. Seine jetzige Arbeitsposition war aber genau anders herum. So schlüpfte er mit dem rechten Fuß unter die Halterung und stellte den anderen Fuß fest darauf. Gleichzeitig musste er sich mit einer Hand am Bügel des Tornisters festhalten, während er versuchte, mit der anderen Hand zu arbeiten. Es war, als versuchte man, die Schlauchkupplung zweier zusammengeschlossener Gartenschläuche mit nur einer Hand wieder zu trennen. Und das gleich nach einem Dreitausend-Meter Lauf, mit zwei Paar extradicken Handschuhen, in fast völliger Dunkelheit und dabei wie wild hin und her schwankend.

Schnittzeichnung der Gemini-Raumkapsel

Die Arbeit war hart und Cernan japste nach Luft. Sein Herzschlag stieg auf 180 Schläge in der Minute. Das Visier war innen jetzt vollständig vereist. Er hatte keinerlei Sicht mehr nach außen. Da er das Visier nicht abwischen konnte, blieb als einzige Möglichkeit, zumindest für einige Momente wieder geringe Sicht zu bekommen, mit der Nase ein Loch in die Scheibe zu rubbeln. Der Tornister war eine komplexe Maschine. Voll mit Ventilen, Hebeln und Armaturen. Viele von ihnen an Plätzen, die auch unter normalen Bedingungen nur schwer zu erreichen waren. Der Missionsplan sah vor, diese Geräte mit Hilfe eines Rückspiegel zu überwachen, den Cernan am Arm trug.

Sobald er versuchte, ein Ventil zu öffnen oder einen Hebel zu betätigen, forderte Newtons Gesetz seinen Tribut und drehte Cernan mit der gleichen Kraft, die er für die Tätigkeit aufgewendet hatte, auf die andere Seite. Dann rutschte sein Fuß wieder aus dem Bügel und der ganze Körper begann sich in Pirouetten zu drehen und das alles in unmittelbarer Nähe des sägezähnigen Adapters, der nur darauf wartete, mit seinen scharfen Kanten Löcher in den Anzug zu reißen.

Um den Tornister zu einem handlichen Paket zu schnüren, das gut in die Mulde auf der Rückseite der Gemini passte, hatten die Ingenieure lange nachgedacht. Es war ein mechanisches Meisterstück geworden. Viele Elemente waren faltbar, oder als Teleskopvorrichtung ausgelegt. Die Haltearme waren sogar beides, gefaltet und ineinander einfahrbar. Der Versuch, sie auszuklappen und auszufahren glich dem Versuch, gekochte Spaghetti in sprudelndem Wasser gerade zu bekommen. Cernan zog, und die Arme zogen zurück. Er drehte und wurde selbst gedreht. Schließlich aber hatte er sie da, wo sie sein sollten, brachte seinen Körper auf den kleinen sattelartigen Sitz und schnallte den Sitzgurt fest.

Nun musste er sich von der Umbilical abklemmen und sich an den Tornister anschließen, der jetzt als Lebenserhaltungssystem dienen und ihn mit Sauerstoff und Energie versorgen sollte. Das gelang ihm, da er nun in seiner Sitzposition über Haltepunkte verfügte, relativ problemlos. Das erste Mal in der Geschichte der Raumfahrt hatte sich ein Mensch von der Versorgung seines Raumschiffes getrennt. Doch indem er das tat, schnitt er auch die Kommunikationsverbindung mit Tom Stafford ab, die per Draht durch die Nabelschnur gelaufen war. Sie wurde durch eine schwache Funkverbindung ersetzt, die nur dann ausreichend funktionierte, wenn Sender und Empfänger in direkter Sicht waren. Da er sich am hinteren Teil der Adapter-Sektion befand, war er durch Metall und Treibstofftanks von Tom Stafford getrennt, und so war sein Kommandant im Rauschen und Krachen des dünnen Signals kaum zu verstehen. Immerhin bekam Stafford die wesentliche Aussage Cernans mit:

„Tom, ich kann nichts vor meinen Augen sehen". Die Bodenkontrolle konnte Cernan jetzt nicht mehr hören. Stafford hatte ihnen aber erzählt, dass die Arbeitsbelastung das Vier- bis Fünffache dessen betrage, was angenommen worden war. Und dass die Kommunikationsverbindung sehr schlecht sei und dass er durch sein Helmvisier nichts mehr sehen konnte. Und so gab er folgendes durch: „Wenn sich die Situation nicht sehr schnell verbessert sage ich die AMU-Aktion ab."

Bevor Cernan von der Umbilical zum Rückentornister umschaltete hatte das medizinische Team am Boden die Biomed-Daten seiner Körpersensoren online verfolgen können. Nun waren sie von diesen Daten abgeschnitten. Und da Ärzte von Berufs wegen zur Besorgnis neigen, waren sie alarmiert. Sie hatten die Kontrolle verloren. Das letzte, was sie an Informationen von Cernan hatten, zeigte, dass er vor Anstrengung japste. Sie sahen, dass er Energie in einem Maße verbrauchte, als würde er 116 Stufen in der Minute nach oben laufen. Und das seit einer dreiviertel Stunde. Der normale Herzschlag hatte sich verdreifacht, die Sachlage entwickelte sich chaotisch und er befand sich in

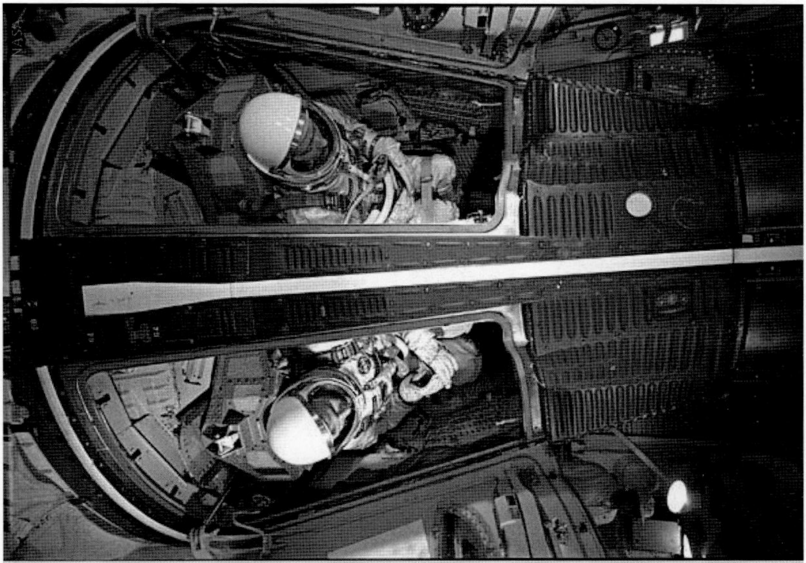
Mehr Platz stand den Astronauten nicht nur Verfügung.

einer Zone, aus der er möglicherweise nicht mehr zurückkommen konnte. Der Astronaut Gene Cernan, so befanden sie, steckte tief in der Scheiße.

Der Gegenstand ihrer Sorge saß in der Zwischenzeit auf seinem kleinen Thron, versuchte seine Nase an der Scheibe zu reiben um zumindest ein kleines Sichtloch freizubekommen und spähte hinaus. Es war Nacht und Australien zog unter dem Astronauten durch. Cernan konnte die Lichter von Perth und Sidney erkennen. Aber was er auch erkennen musste war, dass er der Sache nicht länger gewachsen war.

Tom Stafford meldete sich wieder. Seine Stimme war durch das Rauschen und Knistern der Funkübertragung kaum zu verstehen. „Kannst Du irgendwas erkennen, Geno? Kannst Du mich verstehen? Geno? Geno?? Ja oder nein???" Cernan schrie ins Mikrofon, aber er konnte sich nur schwer verständlich machen. Es kam zur einer verstümmelten Unterhaltung mit vielen Rückfragen und Wiederholungen, die schließlich in einer enttäuschenden Entscheidung endete.

„Okay", entschied Stafford „No-go. Die Verbindung ist grauenhaft. Hast Du's verstanden? Ich sagte No-Go. Du kannst nichts sehen. Wir brechen ab. Du schaltest Dich zurück auf die Umbilical".

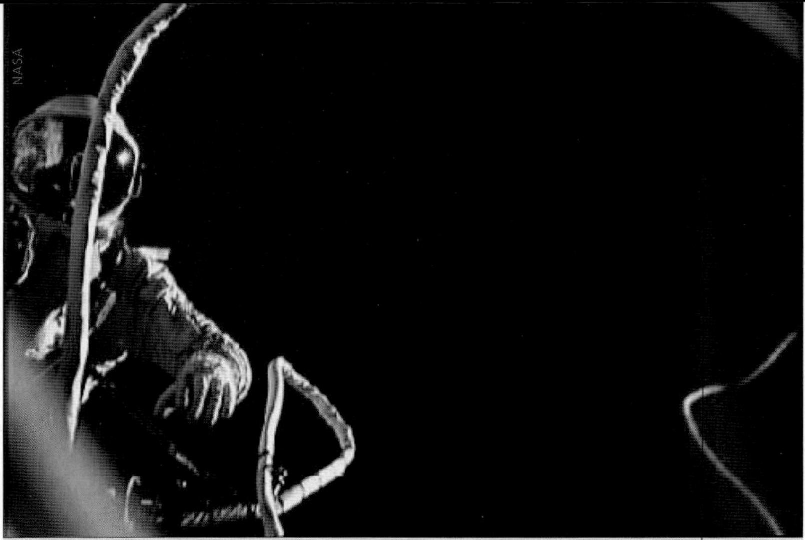

Gene Cernan außerhalb der Gemini 9 am Beginn der EVA

Es war die richtige Entscheidung, und Tom war nicht der Typ, der so etwas noch einmal diskutierte. Er setzte sich umgehend mit der Bodenstation Hawaii in Verbindung. „Hawaii, hier Gemini 9". Die Bodenstation bestätigte. „Hört zu. Der AMU Einsatz findet nicht statt. Wir haben keine andere Chance. Gene teilt euch mit, dass er es nicht gerne tut, aber er sieht keine Chance und ich sehe sie auch nicht". „Roger, verstanden", bestätigte die Bodenstation. Und das war es dann, für den „Nichtflug" des AMU-Rückentornisters. Die Probleme waren damit aber nicht beendet. Gene Cernan war noch nicht wieder zurück.

Das Abschnallen, das Wiederanschließen der Umbilical, das Herumklettern um die Adapter-Sektion und das vorsichtige Einholen der Lebenserhaltungsleitung schien einfacher als beim Hinausgehen, aber es war sehr zeitaufwendig. Der aufgepumpte Raumanzug hatte in den vergangenen zwei Stunden nichts von seiner Steifheit verloren und das Visier war nach wie vor komplett vereist. Cernans letzte Kraftreserven schmolzen dahin wie der Schnee im März.

Aus dem Bericht von Ed White wussten die Astronauten, dass das Zurückklettern in das Raumfahrzeug eine besonders knifflige Aufgabe war. Anstatt aber zu berichten, dass es schwierig sei, hätte Ed White besser gesagt, dass es nahezu unmöglich war. Wenn ein Astronaut größer war als 1,75 konnte er sich in der winzigen Kabine nicht ausstrecken, ohne mit dem Kopf oder den Füßen irgendwo gegenzustoßen. Cernan war schon ohne Helm 1,83, was bedeutete, dass er sich in jedem Fall zusammenkauern musste, um wieder hineinzukommen. Dabei war er bereits völlig erschöpft und trug diese unbewegliche Rüstung. Doch im Weltraum ist kein Job erledigt, bis nicht die Luke wieder geschlossen ist.

Nachdem Cernan das kleine Raumschiff für seinen Ausflug an das Heck der Gemini verlassen hatte, hatte er die Luke bis auf sieben oder acht Zentimeter geschlossen. Noch genug, um die Umbilical durchzulassen, aber auch ausreichend wenig, um das Innere von der direkten Sonneneinstrahlung zu schützen. Nun tastete Cernan blind mit seinen Fingern herum, um die Luke zu finden.

Seine suchenden Hände fanden schließlich die offene Türspalte. Er zog sie auf, drehte sich und steckte die Füße ins Raumfahrzeug. Stafford, der die Umbilical mit jedem Meter weiter eingeholt hatte, den sich Cernan der Luke näherte, langte nun herüber, packte Cernan am Knöchel und beendete damit das schwerelose Ballett.

Bei der Gelegenheit kickte er die Hasselblad-Kamera weg, die Stafford benutzt hatte, um Bilder von Cernans Ausflug zu machen. Die Kamera schwebte langsam an seinem beschlagenen Helm vorbei. Durch das kleine Loch, das er mit der Nase in die Scheibe gerubbelt hatte, konnte er immerhin sehen, dass da was unbeabsichtigt das Raumschiff verließ. Er grabschte danach, hielt es auch für einen Moment, aber die Finger hatten nicht länger die Kraft sie fest zu packen. Die Fotos waren weg. Heute existieren von Cernans Ausflug nur Standbilder der Filmkamera, aber keine Fotos. Die Hasselblad verglühte einige Wochen nach der Mission in der Erdatmosphäre.

Gemini 9 war wieder über dem Atlantik als Gene Cernan begann, sich wieder in das Raumschiff zu quetschen. Die Anstrengung, sich im Anzug zusammen¬zukrümmen war wie der Versuch, ein prall aufgeblasenes Schlauchboot umzuknicken. Tom Stafford konnte ihm nicht mehr helfen als er es ohnehin tat und so begann der Kampf Gene Cernans mit dem Raumanzug aufs Neue. Sein Atem ging stoßweise als er versuchte die Beine anzuwinkeln und unter die Konsole zu pressen. Das Ganze endete in einer Art Entengang-Position, die Beine breit und nur noch halb gestreckt.

Cernan versuchte sich ein wenig zusammen zu kauern. Entsetzliche Schmerzen schossen ihm in den Oberschenkel als er versuchte seinen Körper in den Sitz und seine Beine unter das Instrumentenpanel zu zwängen. Schließlich gelang es ihm zunächst die Zehenspitzen, dann auch die Fersen über die Sitzkante zu pressen und schließlich die Knie in einer abenteuerlichen Stellung unter das Instrumentenpanel zu klemmen. Die Stiefel waren jetzt eisern an eine Stahlplatte gepflastert, die den Sitz vorne abschloss. Die Zehenspitzen deuteten senkrecht nach unten und die Beine waren in einer schrecklichen V-Position gebeugt, als er versuchte sich immer weiter in die Kabine zu pressen. Schmerzhafte Krämpfe liefen in Wellen die Beine hoch.

Cernans Ziel war es, irgendwie den Allerwertesten auf den Sitz zu bekommen, und den Rücken flach auf die Rückenlehne, aber das war aufgrund des steinhart aufgepumpten Anzugs völlig unmöglich. Die Mühe wurde zur Anstrengung und schließlich zur Qual, als er schwitzend Millimeter für Millimeter an Terrain in der winzigen Kabine gewann. Die Pulsfrequenz überstieg wieder die 150er Marke und die Atemfrequenz ging auf 40 die Minute.

Schließlich bekam er seine Finger unter das Instrumentenbrett und begann, sich mit aller Kraft hineinzuziehen. Eine weitere kleine Bewegung schließlich, und es gelang die Knie unter das Panel zu klemmen. Das war schwieriger, als einen Champagnerkorken wieder in die Flasche zurück zu stopfen.

Schließlich war Cernan zu zwei Dritteln im Raumfahrzeug und noch zu einem Drittel draußen. Mit einer weiteren Gewaltanstrengung gelang es ihm, die Schultern unter das Niveau der Luke zu bringen. Dann kauerte er sich hinunter soweit es mit äußerster Kraft ging, bog den Nacken und Kopf in einen unmöglichen Winkel nach unten und zog gleichzeitig mit aller Kraft an der Luke.

Jetzt langte Tom Stafford mit der rechten Hand herüber und griff nach einem Hebel, durch den man über eine Kette die Luke Zentimeter für Zentimeter herunter pumpen konnte. Das quetschte die Tür und Cernans Kopf einige weitere Zentimeter nach unten. Weit genug, um den Schließmechanismus in den obersten Zacken der Zahnstange des Schließmechanismus einrasten zu lassen. Das war zum einen gut, zum anderen aber machte es für Cernan die Dinge schlimmer als je zuvor. Er war in seinem prallgefüllten Gummi-Gefängnis schon bis zu einem Punkt zusammengefaltet, wo es absolut nichts mehr weiter zu stauchen gab. Und die verdammte Tür war weit davon entfernt, geschlossen zu sein. Tom pumpte die Luke einen weiteren Klick der Zahnstange herunter und Cernans Schmerzen wurden immer schrecklicher.

Vor Cernans Augen waberte es nun in roten Wellen. Er war auf seinem Platz eingefroren, nicht in der Lage auch nur die kleinste Bewegung auszuführen. Es war nicht möglich, den Körper noch tiefer zu drücken, die Beine waren wie Beton an die Unterseite des Instrumentenpanels genagelt. Und die Luke war nicht zu. Weitere Klicks waren notwendig, um den Schließmechanismus die Zahnstange hinunter bis zum Verriegelungspunkt zu bringen. Verzweifelt pumpte nun Cernan selbst mit der linken Hand immer weiter und hatte dabei das Gefühl, als hätte er sich schon alle Knochen gebrochen. Nie zuvor im Leben hatte er solche Schmerzen gehabt. Schließlich erfolgte der letzte Druck am Hebel und die Luke rastete ein.

Farbige Lichter tanzten vor seinen Augen, er bekam keine Luft mehr und eine unglaubliche Agonie machte sich in ihm breit, als er da an der Grenze zur Bewusstlosigkeit hing.

„Tom", stöhnte er über den Interkom, „wenn wir das Schiff nicht schnellstens unter Druck setzen können, dann – glaub's mir – sterbe ich hier".

Stafford verlor keine Sekunde, und das Zischen der Luft, die in das Raumfahrzeug strömte, war das schönste Geräusch, das er je gehört hatte. Als der Luftdruck in der Gemini zunahm wurde der Anzug weicher und weicher. Als er seine Füße wieder bewegen konnte, schob er sie mit beiden Händen und unter heftigen Schmerzen endlich ganz unter das Instrumentenpanel und konnte nun auch richtig auf den Sitz rutschen. Er nahm den Helm ab und inhalierte den Sauerstoff in tiefen Zügen.

Nach der EVA ist Gene Cernan die Erschöpfung ins Gesicht geschrieben

Cernans Gesicht war so rot wie ein Radieschen. Er stand unmittelbar vor dem Kollaps. Stafford war geschockt von dem Anblick. Bis zu diesem Zeitpunkt war ihm zwar klar, dass die Situation ernst war, wie es aber tatsächlich um Gene Cernan stand, hatte er noch nicht realisiert. Eine der eisernen Regeln des Astronautentrainings in den Gemini-Tagen war es, niemals – NIEMALS – mit Wasser im Inneren des Raumschiffs

Die Landung von Gemini 9 war die genaueste, die je von einer US-Raumkapsel erzielt wurde

herumzuspritzen, weil die herumfliegenden Wasserkugeln in der reinen Sauerstoffatmosphäre der Geminis zu Kurzschlüssen mit verheerenden Wirkungen führen konnten. Doch jetzt zögerte Stafford nicht eine Sekunde. Er fingerte nach seiner Wasserspritze (aus der die Astronauten damals tranken) richtete sie wie eine Pistole auf Cernan und drückte Ströme kühler Flüssigkeit in das brennende Gesicht seines Piloten.

Einen Tag später landete Gemini 9 im Atlantik, nur 800 Meter vom Zielpunkt entfernt. Es war dies die präziseste Landung einer bemannten Raumkapsel im gesamten US-Raumfahrtprogramm, Apollo mit eingerechnet.

Eine Weile später, das Gemini-Programm war schon vorbei, wurde Thomas Stafford zum Kommandanten von Apollo 10 benannt, dem Flug, bei dem die Mondlandefähre in der Mondumlaufbahn erprobt werden sollte. Als Pilot des Kommando-Moduls wurde John Young benannt und zum Piloten der Mondlandefähre bestimmte die NASA keinen anderen als Eugene Cernan. Bei der Gelegenheit kamen die beiden auf die Geschichte damals vor dem Start von Gemini 9 zu sprechen und Tom Stafford erzählte, was damals besprochen wurde:

„Nun, Deke (Slayton) sagte mir, für den Fall, dass Du da draußen in Schwierigkeiten geraten solltest, und keine Chance besteht, Dich wieder hereinzuholen, dann sollte ich Dich losschneiden und zurücklassen. Aber ich habe Deke natürlich gesagt „Ich bin der Commander dieses Schiffs und ich entscheide, was ich tun muss"."Natürlich hätte ich Dich niemals losgeschnitten, Geno. Das hätte ich nie zugelassen".

Noch einmal Jahre später – auch das Apollo-Programm war nun beendet, bei dem Gene Cernan der Kommandant der letzten Mondlandung gewesen war –

sah er eines Tages im Fernsehen auf dem „History Channel" ein Interview mit Tom Stafford. Der Reporter kam dabei auf die kritische Situation von Gemini 9 zu sprechen, und Tom Stafford erklärte:

„Nun, wissen Sie, wenn Gene da draußen gefangen gewesen wäre, dann wäre er beim Wiedereintritt ohnehin verglüht. Und ich hätte nicht mit einer offenen Luke den Wiedereintritt durchführen können. Mir wäre also keine andere Chance geblieben, als ihn loszuschneiden und ihn sich selbst zu überlassen".

Das EVA-Manöver von Gemini 9 wurde als „erfolgreicher Fehlschlag" gewertet, aus dem die Raumfahrtingenieure enorm viel lernten. Doch immer noch nicht „viel" genug, denn auch bei Gemini 10 und 11 traten bei den Außenbordmanövern von Mike Collins und Richard Gordon ernsthafte Probleme auf, wenn auch nicht mehr in dem Ausmaß wie bei Gemini 9. Erst der Astronaut Dr. Edwin Aldrin, der sich mit der Problematik der Außenbordaktivität intensiv auseinandersetzte, löste das Problem. Er erkannte als erster die Notwendigkeit, überall Haltegriffe und Fußlaschen an der Hülle des Raumfahrzeugs zu platzieren, in kurzen Abständen Rastpausen einzulegen, jeden Handgriff eines EVA minutiös im Vorhinein zu planen (die NASA spricht heute von Choreografie) und jede Tätigkeit auf den besonderen Rhythmus der EVA-Tätigkeit abzustimmen. Aldrin demonstrierte seine Erkenntnisse während der Mission von Gemini 12. Bei insgesamt drei Außenbordmanövern von insgesamt mehr als fünf Stunden Dauer führte er komplexe Tätigkeiten durch, ohne dabei sonderlich angestrengt zu werden. Später kamen dazu die nunmehr wesentlich verbesserten Raumanzüge des Apollo-Programms, die Bewegungen jetzt ohne große Kraftanstrengung erlaubten.

NASA

Missionslogo von Gemini 9

NASA

WELTRAUMLITERATUR

Triebwerksprüfstand Neues Universum Bd. 67 1950

BERND HOLZHAUER

DOPPELFEHLER

SCIENCE FICTION WETTBEWERB – PLATZ 3

Mit stoischer Ruhe verglich er die empfangene Sequenz mit seiner Befehlstabelle. Nullen, nichts als Nullen in diesem Bereich. Die Sequenz war durch einen gültigen Schlüssel autorisiert, durch die Nullen in der Tabelle jedoch kein ausführbares Kommando. Er notierte gewissenhaft Uhrzeit und Sequenz-ID in seinem Log, versah den Eintrag mit „Unknown Command" und wandte sich wieder seinen Standard-Routinen zu. Er registrierte noch nicht einmal, dass er den gleichen Eintrag bereits mehrfach in seinem Log vermerkt hatte. Darauf war er nicht programmiert.

Perl, die Kommandantin auf EOR-IV, hatte ihre Crew bereits vor Stunden informiert. EOR-II war aus bisher unbekannten Gründen explodiert. EOR-Control hatte ihnen neue, deutlich gestraffte Abnahmeprozeduren übermittelt. Jemand im Control Center oder den Etagen darüber wollte den Ausfall von EOR-II durch die vorzeitige Inbetriebnahme des Energy-Orbit-Relais-IV kompensieren.

„He Mike, wie sieht es aus?" Perl deutete auf den Erdüberwachungsmonitor und schaute den Kybernetiker ihres Teams erwartungsvoll an.

„Ich habe das Gefühl die Wolke wird größer und dichter".

„Ist doch pervers, oder? Da unten herrscht Energienotstand und wir platzen hier vor lauter Energie".

„Platzen ist genau das richtige Wort", mischte sich Tom, der 1st Energy Engineer ein, „unsere Speicherbänke sind nur noch bedingt aufnahmebereit und wenn wir die Energie nicht irgendwie abstrahlen, werden wir im wahrsten Sinne des Wortes platzen. Ernsthaft, Leute, ich habe das neu durchgerechnet. Wir haben vielleicht noch 20 Orbits, dann erreichen die Speicherbänke die sogenannte superkritische Ladung. Ich kann nicht genügend Energie abführen. Mike, du musst unbedingt SOL-1 dazu bringen, die Energieübertragungen zu reduzieren oder zu stoppen".

„Ich habe schon mehrfach das Kommando zum Verringern der Übertragungsleistung abgeschickt, bekomme aber noch nicht mal einen Acknowledge zurück. EOR-Control hat es auch schon versucht und die gleichen Probleme mit SOL-1. Was machen die Robots dort? Pennen die?"

„Schalte doch einfach die Reizstrahlen ab", warf Perl ein, „dann kann SOL-1 keine eFlash mehr senden".

„Du bist der Commander, Perl. Wenn du es sagst, mache ich das".

„Dann tue es".

Zitat aus der Info-Broschüre:

25 Jahre saubere Energie aus dem Weltraum

Seit nunmehr 25 Jahren versorgt die Solar Energy and Nuclear Technology Incorporation (SENTI) über eine stetig wachsende Anzahl von Bodenstationen die Bewohner der Erde mit sauberer, regenerativer Energie aus dem Weltraum. In vielen Jahren innovativer und kostenintensiver Forschung hat die SENTI den hochmodernen Energiespeicher eBank und die drahtlose, bipolare Energieübertragung eFlash entwickelt und damit die Grundlagen für die Energieversorgung der Erde durch umweltschonende Solarenergie aus dem Weltraum geschaffen. Bereits 2052 hat die SENTI mit dem Solar Energie Earth Orbiter (SEEO), die erste Solarfarm in einem Erdorbit positioniert. Am 28. Juni 2052 ging die SEEO als erste extraterrestrische Solarstation in Betrieb. Um 09:52 UTC übertrug der erste Energiestrahl (eFlash) aus dem Weltall die Menge von einer Gigawattstunde zur SENTI Bodenstation in Templin, nörd-

lich von Berlin, und leitete damit eine neue Area der Energieversorgung ein. An diesem Tag bekam die Menschheit eine neue Unabhängigkeit: Die Unabhängigkeit von fossilen Brennstoffen.

Die enorme Baugröße der SEEO und die große Menge Space-Debris in den erdnahen Umlaufbahnen führten leider immer wieder zu Zusammenstößen und damit verbundenen Beschädigungen der Station. Zur Vermeidung der dadurch hervorgerufenen Ausfälle in der Energieversorgung entwickelte SENTI mit astronomischen Anstrengungen, sowohl in technischer als auch finanzieller Hinsicht, die SOL-1. Eine Raumstation von gigantischen Ausmaßen und Leistungen. Die SOL-1 ist etwa 1,5 Millionen Kilometer von der Erde entfernt auf dem Lagrangepunkt L1 positioniert und bewegt sich synchron mit der Erde um die Sonne.

Die SOL-1 ist eine Station der Superlative. Eine Station von der Größe der SOL-1 wäre in einem Erdobit instabil. Die größere Nähe zur Sonne, macht sie zudem zur effektivsten Solarfarm die je von Menschenhand gebaut wurde. SOL-1 ist vollständig automatisiert, und wird von Robotern überwacht und gewartet. In einer Rekordzeit von nicht mal zehn Jahren führte die SENTI Konzeption, Entwicklung und Inbetriebnahme der SOL-1 im L1-Orbit durch. Eine Leistung, die nur ein weltweit agierender Großkonzern vollbringen kann. Von SOL-1 wird die Energie derzeit über drei Energy-Orbit-Relais (EOR) zu jedem beliebigen Punkt der Erde übertragen. Um dem steigenden Energiebedarf der Menschen gerecht zu werden, befindet sich EOR-IV bereits kurz vor der Fertigstellung. Eine besondere, sichere Reizstrahltechnik garantiert, dass die einem Gewitterblitz ähnliche, hochenergetische eFlash Verbindung nur die Antennen einer Bodenstation erreichen können. Somit sind eFlash Übertragungen völlig gefahrlos für Mensch und Natur. Die SENTI bereibt in Europa und Nordamerika mehr als 50 Bodenstationen. Auch in Südafrika, Australien, Neuseeland und Japan stellen die SENTI Bodenstationen einen großen Anteil der Energieversorgung.

„Freut mich Sie zu sehen, Frau Doktor Yanagawa. Ich hoffe Sie bringen uns gute Neuigkeiten". Hank Miller, CEO der SENTI war ein schlechter Schauspieler und Dr. Reiko Yanagawa erkannte dies sofort.

„Meine Herren, ich wünschte, ich hätte bessere Informationen für Sie". Yanagawa schaute in die kleine Runde. Neben Miller waren noch der Finanzchef Frank Goldstein und Steve Thompson der Leiter der Security im Raum.

„Die letzten Tage waren alles andere als gut für die SENTI Gruppe".

„Frau Doktor Yanagawa, haben Ihre Ingenieure endlich herausgefunden, warum die Reizstrahlen für die eFlash in der Aschewolke des Vulkans versagen?", fiel ihr Goldstein ins Wort. „Wie Sie wissen, leidet ganz Europa und Teile Nordamerikas an Energienotstand und wir verlieren jeden Tag, den wir nicht übertragen können, 120 Millionen Dollar, weil die Orbital-Relais die Energie nicht auf die Erde bringen. Sie als CTO der SENTI sind für den Verlust verantwortlich. Ihre Techniker sollten schnellstens eine Lösung herbeischaffen, wenn ihnen ihr Job lieb ist".

„Frank!", Miller bedeutete Goldstein zu schweigen, „lass uns erst anhören, was sie zu sagen hat. Beurteilen sollten wir die Situation erst, wenn wir alle Fakten kennen". Reiko wusste, dass Goldstein lieber einen Mann als CTO des Konzerns sehen würde und Frauen in höheren Positionen nicht für voll nahm. Dankbar blickte sie zu Miller:

„Meine Herren, es ist mir sehr wohl bewusst, dass uns jede Gigawattstunde, die wir nicht übertragen rund einhunderttausend Dollar kostet. Leider ist der Vulkan, beziehungsweise seine Aschewolke, ein von uns nicht beeinflussbares Naturphänomen. Die Dichte der Aschewolke verhindert den Aufbau des Transportstrahles. Die eFlash wurden für alle Wetterlagen konzipiert und durchdringen normalerweise, besser als Radar, selbst dickste Wolkenschichten. Warum sie ausgerechnet durch Vulkanasche gestört werden, wissen wir noch nicht. Soweit unsere Ingenieure die Lage bisher analysieren konnten, erreichen die Reizstrahlen die Orbital-Relais, werden aber dort nicht als solche erkannt. Und wie Sie wissen, wurden die EOR wegen der Energiepiraterie absichtlich so entwickelt, dass sie ohne kodierten Reizstrahl nicht abstrahlen können. Unsere Ingenieure arbeiten derzeit mit Hochdruck an dem Problem. Es hat eine Weile gedauert, bis wir die Voraussetzungen schaffen konnten. Wir haben tonnenweise Asche von Island ins Labor geschafft. Der Großversuch ist gestern angelaufen und wird selbstverständlich 7 mal 24 durchgeführt. Wir hoffen auf eine schnelle Lösung. Leider breitet sich die Aschewolke des Vulkans immer noch weiter aus und wenn wir nicht schnell die Lösung finden, müssen wir damit rechnen, weitere Verbindungen zwischen den EOR und den Bodenstationen zu verlieren".

„Dann müssen Sie eben ein bisschen mehr Druck auf Ihre Leute ausüben. Kann ja wohl nicht so schwer sein, das zu regeln. Sie hatten bereits zwei Wochen Zeit in der Sache etwas zu unternehmen. Scheint mir als hätten Sie ihre Leute nicht im Griff." Frank Goldstein war offensichtlich schlecht gelaunt. „Wir haben bereits mehr als eine Milliarde Dollar Verlust eingefahren, ganz zu schweigen von der gestrigen Explosion von Orbital-Relais-Zwo. Können Sie uns wenigstens dazu eine glaubhafte Erklärung liefern?".

Ihrer japanischen Erziehung verdankte Yanagawa, dass sie trotz aufwallender Emotionen ruhig antworten konnte: „Für die Explosion von EOR-II ziehen wir zwei Möglichkeiten in Betracht. Es ist entweder ein Sabotageakt oder die Energiespeicher wurden über den kritischen Zustand geladen und haben selbst gezündet". „Machen Sie sich bitte nicht lächerlich", ergriff Thompson das Wort, „EOR-II hatte eine reine Robotbesatzung und die Überwachungsbänder zeigen eindeutig, dass sich nichts und niemand der Station genähert hat. Auch der Mitschnitt der Kommunikation zeigt keine Auffälligkeiten. Sie werden also den Fehler schon bei Ihrer Technik suchen müssen".

„Meine Herren", Miller versuchte etwas Aggressionspotential aus der Runde zu nehmen, „bei allem Verständnis für die Dramatik der Situation, bitte ich Sie um etwas mehr Sachlichkeit. Frau Doktor Yanagawa, wieso meinen Sie, dass die Speicher selbst gezündet hätten?"

„Ich hoffe, ich verrate jetzt keine Firmengeheimnisse. Die Grundidee von eFlash und eBanks stammt aus dem Projekt ThunderStorm unserer Tochterfirma TransArms vor etwa 30 Jahren. Während der Tests hatte man festgestellt, dass das mit hauchfeinen Goldfäden durchzogene Plasma, das den Kern einer Neutronengranate bildete, einen hochkapazitiven Energiespeicher darstellte, der dazu noch die Fähigkeit von sehr schnellen Speichervorgängen hatte. Mit einer entsprechend weiterentwickelten Variante, der ersten eBank, konnte damals erstmalig ein natürlicher Blitz vollständig gespeichert werden.

Leider hat dieses Plasma auch die Eigenschaft, ab etwa 90 Prozent der Ladekapazität in einen kritischen Zustand überzugehen. Ab 95 Prozent bezeichnen wir die Speicher als superkritisch. Das Plasma wird instabil und kann selbst zünden. Ein Zustand der bei den Projekten der TransArms willkommen ist, bei einer eBank jedoch niemals erreicht werden darf. Bei den eBanks verhindert eine ausgeklügelte Sicherheitstechnik, dass diese nicht über 80 Prozent geladen werden können und garantiert deren Sicherheit".

Nach einer kleinen Pause fuhr sie fort: „Das glaubten wir bis gestern. Wir vermuten, dass das Sicherheitssystem einer oder mehrerer eBanks auf EOR-II versagt hat. Warum auch immer, werden wir wahrscheinlich nie herausfinden. Die übermittelten Log-Files sind alles was von EOR-II übrig geblieben ist. Nach einer ersten Analyse zeigen diese Logs keine Auffälligkeiten.

Der durch die Explosion der eBank ausgelöste Neutronenschock hatte etwa fünf- bis sechshundert Kilometer Reichweite. Zum Glück ist das Relais über dem Pazifik, genauer gesagt über dem Palmyra Atoll explodiert. Dort hat der Neutronenschock in einem Umkreis von etwas mehr als 100 Kilometern, auch bis tief in den Ozean hinein, alles Leben ausgelöscht. Die Satellitenaufnahmen zeigen Quadratkilometerweise totes Meeresgetier an der

Oberfläche. Die SENTI hat bereits Forscher und Forensiker dorthin geschickt. Auf den betroffenen Inseln hat weder eine Ameise noch eine Koralle überlebt. Etwa eine Minute später wäre das EOR-II über Hawaii gewesen. Können Sie sich vorstellen, wie uns die Medien zerreißen würden, wenn es dort passiert wäre? Durch die Abgelegenheit des Atolls ist bisher nichts über die Auswirkungen an die Presse durchgesickert. Das ist jedoch nur eine Frage der Zeit. Ich befürchte, dass unsere Gegner und die Umweltaktivisten jetzt wieder Auftrieb bekommen".

„Das ist nicht Ihre Angelegenheit. Die Security wird sich der Sache annehmen. Wie weit ist eigentlich der Ausbau von EOR-IV fortgeschritten?", die Gier nach Geld sprang förmlich aus Goldsteins Augen. „Wann kann EOR-IV den Ausfall von EOR-II ausgleichen? Und warum antwortet SOL-1 nicht?"

„Für die EOR-IV haben wir, auf Ihre Anweisung und gegen meinen Willen, die Abnahmeprozeduren auf das unterste vertretbare Maß zusammengestrichen. Das Relais hat bereits die ersten Testtransmissionen durchgeführt und wird umgehend EOR-II ersetzen. Außerdem antwortet SOL-1 natürlich. Allerdings gibt es Probleme mit der Regelung der Leistungsabgabe. Die Energieabstrahlung lässt sich erhöhen, jedoch nicht reduzieren. SOL-1 feuert, wenn ich das so nennen darf, auch immer noch auf die vorausberechneten Positionen von EOR-II. Es scheint ein größeres Problem im Kommandomodul von SOL-1 vorzuliegen. Dass unsere Astrophysiker und Kybernetiker daran mit Hochdruck arbeiten, muss ich wohl nicht betonen. SOL-1 liefert soviel Energie, wie die EOR in normalen Zeiten abgerufen haben. Wir vermuten, dass durch die verringerte Energieweiterleitung zu den Bodenstationen und einem Fehler in der Ladeüberwachung die Speicher von EOR-II überladen wurden. Nun haben wir erhebliche Bedenken, dass ein weiteres Relais durch Überladung der eBanks explodieren könnte. Ich schlage deshalb vor, die Transponder bis zur Lösung des Problems auf freie Energieabstrahlung, also ohne kodierten Reizstrahl zu programmieren. Dann könnten die EOR die überschüssige Energie einfach abstrahlen".

„Und so der Konkurrenz die Kassen füllen! Nein! Kommt nicht in Frage!" „Es geht nicht um Übertragungen zur Konkurrenz. Die Stationen könnten die Energie einfach in den Weltraum schicken".

„Millionen von Dollars einfach so zwischen die Sterne blasen? Sie haben wohl zuviel Geld?"

„Herr Goldsteinl", Miller war sichtlich sauer, so hatte er Frank schon lange nicht mehr genannt, „wollen Sie ein weiteres EOR aufs Spiel setzen? Wir können die Energie derzeit doch gar nicht verwerten. Es ist also besser sie zwischen die Sterne zu blasen, als den Verlust eines weiteren Relais zu riskieren".

Und an Yanagawa gewandt: „Wie sicher sind Sie, dass eine Überladung zur Explosion führt, beziehungsweise geführt hat".

„Ziemlich sicher. Ich habe vorhin schon erklärt, dass Energiespeicher, wenn sie über 95 Prozent ihrer Nennkapazität geladen werden als superkritisch zu betrachten sind. Dann können kleinste Fehler zur Selbstzündung und damit zu einer Katastrophe führen. Dazu müsste allerdings ein Fehler in der Laderegelung vorliegen".

„Das sind doch nur Ausreden. Frau Yanagawa", wobei Goldstein das Wort Frau sehr herablassend betonte, „von Ihnen als CTO hätte ich mehr Sachlichkeit, mehr Fakten erwartet".

„Goldstein! Es reicht! Ich sehe jedoch ein anderes Problem. Die Abstrahlung der Energie ohne Codeübermittlung. Wie lange lässt sich das geheim halten? Es darf unter keinen Umständen bekannt werden, dass es technisch auch ohne Reizstrahl gehen würde. Aus dieser Sicht rate ich davon ab. Frau Doktor Yanagawa, danke für Ihre Informationen. Sie haben zurzeit sicher sehr viel Arbeit. Wir wollen Sie nicht länger davon abhalten".

Die Hülle von EOR-IV dröhnte wie eine Glocke als der eFlash in die Antenne einfuhr. Das war völlig normal und da das Relais später unbemannt sein sollte, gab es auch keine konstruktiven Gegenmaßnahmen. Perl schreckte aus ihrer Arbeit auf: „Tom. Hattest du den Reizstrahl nicht abgeschaltet?"

„Der ist abgestellt".

„Wieso hat dann SOL-1 einen weiteren eFlash geschickt?"

„Keine Ahnung. Hätte nicht passieren dürfen".

„Wie viel Energie kannst du eigentlich über die Shunts abstrahlen?"

„Viel zu wenig. Da muss übrigens ein Berechnungsfehler um eine Zehnerpotenz vorliegen. Ich habe das durch den Computer laufen lassen und festgestellt, dass der Wirkungsgrad der Shunts im All nur etwa 10 Prozent dessen beträgt, was in den Spezifikationen steht. Wenn ich sie höher belaste, brennen sie durch. Ich habe das auch schon an EOR-Control gemeldet. Die sind ganz blass geworden, haben es aber mittlerweile bestätigt".

Perl hörte nur noch mit halbem Ohr zu: „Hat SOL-1 eigentlich andere eFlash-Transponder als wir hier?" „Nein, hat sie nicht. Aber warum fragst du?" „Nun, dann muss es möglich sein, Energie ohne Reizstrahl abzustrahlen".

Tom blickte sie erstaunt an: „Wie kommst du darauf. Hättest du Energietechnik studiert, wüsstest du, dass das nicht möglich ist".

„Nee, ich habe Computer- und Kommunikationstechnik studiert".

Perl blickte Tom gereizt an, „aber ich weiß was eine Latenzzeit ist. Zusätzlich kann ich logisch denken. Und wenn mich nicht alles täuscht, hat uns SOL-1 vorhin einen eFlash ohne vorherigen

Reizstrahl geschickt, oder?"

„Ja, und deshalb schließt du Reizstrahlen von den EOR zur SOL-1 aus?"

„Klar, die Latenzzeit ist zirka fünf Sekunden für die einfache Strecke. Wir bewegen uns mit etwa acht Kilometern pro Sekunde auf unserem Orbit. Das bedeutet, bis unser Reizstrahl den Transponder von SOL-1 erreicht und der eFlash hier ankommt, vergehen fast zehn Sekunden. Wir sind in der Zeit etwa achtzig Kilometer weiter geflogen. Ein eFlash fächert meines Wissens auf diese Entfernung nur zirka einen Kilometer auf, wird von der Antenne gefangen und folgt uns dann ein paar Sekunden. Ich denke, das kann nicht mit einem normalen Reizstrahl funktionieren".

„Worauf willst du hinaus?" Tom konnte ihren Gedanken nicht ganz folgen. „Natürlich senden wir einen Reizstrahl mit GPS-Koordinaten, Geschwindigkeit und Zeit und SOL-1 errechnet daraus unsere Position beim Eintreten des eFlash."

„Können wir unsere Daten nicht soweit verfälschen, dass SOL-1 ins Leere schießt?"

„Wie willst du das machen? Die Daten werden automatisch erfasst und weitergeleitet. Wir haben keinen Einfluss darauf". Tom wirkte mutlos.

„Perl, ich hab ne Idee!" Mike hatte bisher schweigend zugehört. Jetzt signalisierten seine Augen Tatendrang. „In meiner Ausrüstung müsste noch eine analoge Echoleitung drinnen sein. Wenn ich mich recht erinnere, kann ich damit ein Signal um bis zu fünf Sekunden verzögern. Wenn wir das Ding vor den Sender des Reizstrahls schalten könnten, müsste SOL-1 den eFlash an uns vorbeischießen".

„Okay, Mike. Lass dir von Tom dabei helfen. Es ist auf jeden Fall eine Option. Schafft ihr die Installation bis zum nächsten Reizstrahl?"

„Könnte eng werden. Was machen wir, wenn es nicht funktioniert?"

„Kümmert ihr euch um die Signalverzögerung. Ich schreibe jetzt eine Email an Yuri Tanaka. Die ist eine persönliche Freundin von mir. Sie arbeitet direkt bei unserem obersten Boss".

„Du meinst bei der Yanagawa?"

„Yep, Yuri ist deren Assistentin. Ich werde sie fragen, wie weit man der Yanagawa vertrauen kann und ob es eine Möglichkeit der Abstrahlung ohne Schlüssel gibt. Falls euer Techno-Trick schief geht, hätte ich gern noch eine Alternative. Außerdem könnten wir die unkodierte Abstrahlung auch zu einer Bodenstation versuchen ... wäre den Menschen da unten wahrscheinlich ne echte Hilfe".

„Und wie sieht es aus? Habt ihr die Echoleitung eingebaut?"

„Ja. Und bei dir? Hast du schon Antwort auf deine Mail?"

„Leider noch nicht. Wann ist der nächste eFlash fällig?"

„Der Reizstrahl wird gleich rausgehen. In drei – zwei – eins – jetzt!"

„Ich hoffe nur, das hat funktioniert" Toms Augen verrieten seine Zweifel.

„Mike konntest du messen, ob und wie lange die Abstrahlung verzögert wurde?"

„Tut mir leid, Perl. Die Zeit hat nicht mehr gereicht um ein Messgerät anzubringen".

„Wie lange bis zum Eintreten des eFlash?"

„Fünf – vier – drei – zwei – eins – Null – minus eins – minus zwei – minus drei ... da, was ist das?" Unter ihnen leuchtete die Atmosphäre auf.

„SiehtauswieeinNordlichtbeiSonnenschein.ObdasunsereFlashwar?" Die drei fielen sich um den Hals, so gut dies in der Schwerelosigkeit möglich war.

„Hurra! Sieht aus als hätten wir dieses Problem gelöst.

Danke Mike, danke Tom".

Eine Automatenstimme unterbrach den Jubel:

„Dringende TelKo von Dr. Yanagawa"

„Oh, der Boss persönlich".

Yanagawas Bild erschien auf dem Monitor. „Wie ich sehe, feiern Sie gerade etwas. Wir hatten hier eine Art Feuerwerk am Himmel. Ist das etwa der Grund für Ihre Freude?"

Etwas verlegen ergriff Perl das Wort: „Hallo, Dr. Yanagawa? Ich denke das war ein eFlash, der an EOR-IV vorbeiging".

„Gratuliere. Dann scheint Ihre Idee mit der Signalverzögerung erfolgreich gewesen zu sein. Ich möchte auch die Idee mit einem eFlash ohne Reizstrahl ausprobieren. Die Daten für eine Testreihe entnehmen Sie bitte der folgenden Email. Wir werden mit geringer Leistung beginnen und wenn alles gut geht, von Station zu Station die Leistung erhöhen. Falls das auch noch durch die Aschewolke funktionieren sollte, werden die Menschen in Europa und Nordamerika sie sicher als Helden feiern. Jetzt wünsche ich uns allen viel Glück bei den Tests. By the way. Unkodierte eFlash Abstrahlungen haben nie stattgefunden und wird es nie geben. Haben wir uns verstanden?"

„Copy und danke"

Er registrierte einen eFlash-Miss, schaute in seiner Befehlstabelle nach, wie er darauf reagieren sollte. Nullen, nicht als Nullen in diesem Bereich. Er notierte gewissenhaft Datum und Uhrzeit sowie: „eFlash missing, unknown command" in seinem Log und wandte sich seinen Standard-Routinen zu. Er war nicht darauf programmiert sich über Nullen zu wundern.

Solarkraftwerk – künstlerische Darstellung

GHASSAN HOMSI

LICHT

SCIENCE FICTION WETTBEWERB – PLATZ 2

Nachdem wir die Errichtung der Installationen auf dem Mond beendet hatten, in denen inzwischen weit über 10.000 Menschen lebten, beantragte ich meine Abfindung, mit der ich unsere Farm in Wyoming abzahlen wollte. Schließlich hatte ich meiner Frau versprochen nach diesem „hirnlosen Abenteuer", wie sie es wiederholt bezeichnete, zukünftig bei ihr zu bleiben.

„Was meinen Sie mit: das geht nicht so einfach?"

Mit der Buchhaltung war ich noch nie sonderlich gut ausgekommen.

„Nun, Scheich Ali möchte Sie unbedingt persönlich sehen, bevor wir irgendwelche weiteren Schritte tun."

Ich hatte dem Scheich viel zu verdanken. Ich musste lächeln, als ich an unser erstes Treffen zurückdachte und daran, welche Mühe es ihn gekostet hatte, mich davon zu überzeugen, dass sein Plan, den Mond touristisch auszubauen, nicht nur einer größenwahnsinnigen Fantasie entsprungen ist. Ich grübelte immer noch darüber nach, als mir Scheich Ali mit gewohnter Herzlichkeit die Hand schüttelte.

„Setzten Sie sich, John. Ich denke, wir haben einiges zu besprechen."

Mir wurde langsam klar, dass es hier auf keinen Fall um meine Abfindung ging, dazu schaute mich mein arabischer Chef viel zu aufmerksam an. Natürlich kam er nicht gleich zum Thema, das empfinden die Jungens als unhöflich. Deshalb war es ein höchst alarmierendes Anzeichen, dass er sich bereits nach knapp fünf Minuten zurücklehnte, seufzte und schwieg.

„Haben Sie die jüngsten Entwicklungen des Desertec-Konsortiums verfolgt?" fragte mich Scheich Ali plötzlich.

„Ja, soweit ich das überblicken kann, wurden Anlagen in Marokko und Algerien in Betrieb genommen. Es müssten derzeit knapp vier Gigawatt Strom nach Europa fließen. Im Vergleich zum dortigen Verbrauch natürlich nur ein Tropfen auf den heißen Stein. Insbesondere jetzt, nachdem fast der gesamte Verkehr auf Elektrofahrzeuge umgestellt worden ist."

Scheich Ali trommelte mit den Fingern auf seinem Schreibtisch herum, etwas, was ich bei ihm noch nie gesehen hatte. „Und mindestens doppelt so viele Anlagen sind im Bau. Ich kann Ihnen den letzten Bericht zusenden, immerhin bin auch ich dort mit einer halben Milliarde Dollar beteiligt. Aber das ist nicht der Hauptgrund für unser Gespräch."

So weit war ich auch schon. Nach meinem Ausstieg bei der NASA und der Übernahme des Mond-Projektes hatte ich gelernt, wie man mit schwerreichen arabischen Geschäftsleuten umgehen muss. Dazu gehört auch, genau auf die subtile Konnotation ihrer Aussagen zu achten. Wenn der Anlass des Gesprächs also nicht die 500 Millionen waren, mit denen sich Scheich Ali an dem Wüstenstromprojekt beteiligt hatte, dann bedeutete dies nichts anderes, als dass wir bereits über ein viel größeres Vorhaben sprachen – ohne dass darüber bisher auch nur ein einziges Wort gefallen wäre. Die nächsten Sätze meines Arbeitgebers bestätigten meine Befürchtungen.

„Wissen Sie, John, als das deutsche Konsortium 2009 das Projekt bekanntgegeben hat, da waren meine Kollegen hier am Golf und ich ziemlich verärgert, denn man hatte uns im Vorfeld mit keiner Silbe informiert. Ein späterer Einstieg wäre einem Gesichtsverlust gleichgekommen. Deshalb erfolgte meine Beteiligung auch nur über Strohmänner. Was würden Sie sagen, wenn ich Ihnen nun ein Projekt vorschlüge, gegenüber dem unsere Mond-Anlage der reinste Kindergarten wäre? Halt – antworten Sie noch nicht."

Ich nickte genauso huldvoll, wie ich es mir bei ihm abgeschaut hatte. „Sie sollten sich gut überlegen", fuhr Scheich Ali fort, „ob ich Ihnen mehr erzählen soll oder nicht. Denn die ganze Angelegenheit untersteht der absoluten Geheimhaltung."

„Sie erwarten also tatsächlich von mir, dass ich zusage, ohne zu wissen, um was es sich überhaupt dreht?"

„Jawohl, John!"

Solche Konditionen hörte ich von Scheich Ali zum ersten Mal. Das Projekt ‚Kamelrennen auf dem Mond' war damals von Beginn an lautstark durch die Medien gegangen. Jede Bohrung und jede Kuppel wurde als epochaler Schritt gefeiert. Ich spürte daher eine gewisse Besorgnis: Was hatte Scheich Ali diesmal wohl ausgeheckt, das eine derartige Geheimhaltung erforderlich machte?

Nach einem Gespräch mit meiner Frau hatte ich meinem Boss zugesagt, auch sein zweites Projekt zu leiten. Es war ein gigantisches Unterfangen. Wie so viele andere Projekte hatte auch dieses zwei Seiten – die offizielle und die geheime. Vor den Augen der Öffentlichkeit installierten wir ein ganzes Feld von Solarsatelliten, um den Sonnenstrom direkt aus dem All zu jeder entsprechend eingestellten Mikrowellen-Empfangsantenne zu senden. Damit befanden wir uns in direkter Konkurrenz zu Desertec. Und natürlich hatte es anfangs großen Lärm gegeben. Andererseits lieferten die Wüstenkraftwerke ihren Strom nur in die Netze der Installationsländer sowie nach Europa. Wir dagegen würden den Strom der Solarsatelliten an jedes Land der Erde liefern, das in der Lage war, die Kosten eines Quadratkilometer großen Feldes von Empfangsantennen zu zahlen – und natürlich die monatliche Stromrechnung! Spätestens in zwei Jahren würden wir damit beginnen, die Erde mit sauberem Solarstrom aus dem All zu versorgen. Zu diesem Zeitpunkt würde allerdings noch etwas anderes geschehen, von dem bislang kaum jemand etwas ahnte. Auch ich selbst versuchte, so wenig wie möglich daran zu denken und besänftigte mein Gewissen mit dem Argument, dass der verdeckte Teil unseres Projektes dazu dienen würde, jegliche Kriege ein für allemal zu beenden. Natürlich machte ich mir damit etwas vor.

Ich muss zugeben, dass mich der technologische Aspekt überaus faszinierte. Natürlich war es nicht fair gegenüber den kleineren Staaten unseres Planeten, doch unser Projekt würde letztlich ja auch ihnen zugute kommen, indem es die Gefahr künftiger Klima-Katastrophen drastisch reduzierte. Dass auch die Desertec-Länder ihre Kohle an uns abdrücken müssten, war nur der Zuckerguss auf dem Kuchen, wie wir Amerikaner sagen. Und glauben Sie mir, der Kuchen war gewaltig!

Natürlich war das Ganze nicht Scheich Alis Idee gewesen. Man hatte sich über Mittelsmänner an Katar gewandt, dessen Staatschef ein Freund meines Arbeitgebers war. Während der nächsten Falkenjagd sprachen die beiden dann darüber. Kurz später gab es das erste Geheimtreffen, an dem auch die Experten des israelischen Forschungsinstitutes teilnahmen, die den Plan ursprünglich entwickelt hatten.

„Und eine Vergeltung auf der Erde fürchten Sie nicht?"

Mein Boss lachte laut auf. „Wissen sie, John, ich rechne schon mit dem einen oder anderen Zwischenfall. Aber glauben Sie mir, sobald wir den Unruhestiftern den Strom abdrehen, werden sie auf allen Vieren angekrochen kommen und um Gnade winseln."

Wir hatten die Pressekonferenz extra auf den Mittag gelegt, und genauso war auch die Örtlichkeit exakt ausgewählt worden. Die ecuadorianische Hauptstadt Quito liegt in einem 2.850 Meter hohen Becken der Anden. Viel wichtiger war jedoch, dass sie nur 20 Kilometer südlich des Äquators liegt. Hier würde man die Auswirkung unseres Projektes am stärksten und am schnellsten bemerken.

Seit dem frühen Vormittag strömten die Vertreter der Presseagenturen und Internetportale in das Stadion der Stadt. Die von uns engagierten Wetter-Propheten waren ihr Geld wert, nicht ein Wölkchen trübte den strahlend blauen Himmel.

Um 11 Uhr begannen die Ansprachen. Es war viel von einer neuen Ära die Rede, und ich musste mich zusammenreißen, nicht jedes Mal zusammenzuzucken. Die ersten Anzeichen von Unruhe bemerkte ich etwa eine halbe Stunde später. Die Fotografen und Kameramänner fummelten nervös an ihren

Geräten herum und konnten sich nicht erklären, warum sich die Lichtwerte so rapide verschlechterten. Es dauerte nicht lange, bis auch der tumbste Pressevertreter merkte, dass irgendetwas aus dem Ruder lief. Scheich Ali, der neben mir auf der Ehrentribüne saß, zwinkerte mir zu. Wenige Minuten später war ich es dann, der am Mikrofon stand und sich ein paar Mal räuspern musste, um die Aufmerksamkeit der aufgeregt nach oben blickenden Reporter zu gewinnen.

„Meine Damen und Herren, wenn Sie mir die nächsten zehn Minuten aufmerksam zuhören, werden Ihnen alle Ihre Fragen beantwortet. Ich bitte um etwas Ruhe."

„Wir kriegen Sie aber nicht mehr so gut ins Bild, denn wir haben keine Scheinwerfer dabei. Wer denkt denn mittags schon daran, dass es plötzlich dunkel werden würde? Oder soll das eine extra bestellte Sonnenfinsternis sein?" Der Rufer, ein junger Reporter von Al-Jazeera, erntete sogar einige Lacher für seine Bemerkung, den meisten Anwesenden war die Beklemmung jedoch deutlich anzusehen.

„Ich denke nicht, dass es noch allzu sehr darauf ankommt, ein gutes Bild zu machen. Als Leiter des Projektes Helios werde ich Ihnen gleich genügend Informationen geben, um das Programm einer ganzen Woche zu füllen. Mindestens! Wie Sie sehen, hat die Stärke der Sonneneinstrahlung drastisch abgenommen. Ihnen ist bekannt, dass unser Konsortium in den letzten Jahren eine Kette von Solarsatelliten im Orbit installiert hat. Nun möchte ich Ihnen über eine weitere Komponente unseres Projektes berichten. Sie beruht auf Forschungen des Weizman-Instituts in Israel, der Universität Moskau und verschiedenen Einrichtungen der US-Regierung."

Ich machte eine kleine Kunstpause, die ich dazu nutzte, mir wie beiläufig den Schweiß von der Stirn zu wischen. „Selbstverständlich haben wir Pressematerialien vorbereitet, die Ihnen an den Ausgängen später ausgehändigt werden. Lassen Sie mich die Sache daher in wenigen Sätzen zusammenfassen: Als die europäischen und nordafrikanischen Staaten 2009 das Projekt Desertec starteten, hat sich kurz darauf ein weiteres Konsortium gebildet, das aus den bei Desertec *nicht involvierten* Akteuren bestand. Wir waren überzeugt davon, dass man auch mit Solarsatelliten konkurrenzfähigen Strom anbieten kann – und dies haben wir getan. Im Laufe der nächsten Wochen werden alle unsere Kunden an die Orbitalstationen ‚angeschlossen' und ihre Energie geliefert bekommen. Dies ist jedoch nur die eine Seite des Projektes."

Ich merkte, dass die Unruhe zunahm und klopfte ein paar Mal mit meinem Fingernagel an das Mikrofon. „Im Rahmen des Projektes Helios haben wir außerdem einen riesigen Schirm aufgespannt, der sich in diesen Minuten schließt und die Erde in Zukunft von der direkten Sonneneinstrahlung abschirmen wird. Damit wollen wir gewährleisten, dass die Klimaprobleme ein für allemal der Vergangenheit angehören. Außerdem können wir dadurch das Licht kontingentieren, so dass nur jene Staaten genügend helles Tageslicht für ihre Landwirtschaft erhalten, die mit uns die entsprechenden Verträge abschließen.

Selbstverständlich hoffen wir, dass alle Regierungen so vernünftig sind und an das Wohl ihrer Bürger denken. Immerhin garantieren wir durch unsere neue Technologie auch ein Ende jeglicher Umweltverschmutzung durch fossile oder nukleare Brennstoffe, ein weltweit ausgeglichenes Klima – und selbstverständlich genügend Energie und Licht für jeden der gewillt ist, diese von uns zu beziehen. Ich bedanke mich für Ihre Aufmerksamkeit."

Ich hatte schon immer gesagt, dass man die Ölscheichs nicht unterschätzen sollte. Klar, sie selbst hätten ohne weiteres wieder ihre Kamele bestiegen und wären in die Wüste hinausgeritten, sollte das Öl wirklich eines Tages zu Ende gegangen sein. Doch wer eine derartige Monopolstellung im Energiesektor schon einmal ausgefüllt hatte, der würde sich nicht so leicht wieder ins Abseits schieben lassen. Am meisten erstaunte mich, wie gut die israelisch-arabische Kooperation im Konsortium lief, so als ob es niemals eine *Nakba* gegeben hatte. Nun widerfuhr zwar dem gesamten Rest der Welt eine noch viel größere *Nakba*, aber diesmal hatten wir die Hand auf dem Lichtschalter ... und wir würden sie auch nie wieder herunter nehmen!

Für meine Farm habe ich selbstverständlich Sonderkonditionen, so dass ich jeden Tag kostenlos in strahlendem Sonnenschein spazieren gehen kann, ganz egal, wie dunkel es sonst überall ist – oder wie viel die Leute für ein wenig Licht bezahlen müssen. *„Denn Gott leitet zu seinem Licht wen Er will"* – wie es in der 24. Sure des Korans so treffend heißt

Spaceweapons

AARON ZIEGLER

UPDATE

SCIENCE FICTION WETTBEWERB – PLATZ 1

März 2102

„Nein, kommt nicht in Frage“, sagte Rockenberry kopfschüttelnd. „Solange ich hier was zu sagen habe, werden keine Waffensysteme auf Satelliten installiert.“ Menard begutachtete den Mann genau. Bislang hatte er Rockenberry für einen halbwegs intelligenten Mann gehalten. Offenbar habe ich mich getäuscht, dachte er. „Und solange ich bei dem Projekt mitarbeite, wird es nicht anders sein“, erwiderte er scharf. „Sie übersehen offenbar, dass es sich hier nicht um irgendwelche normale Satelliten handelt, sondern um die künftige Energieversorgung dieser Nation. Ich kann nicht glauben, dass sie diese größte Achillesferse aller Zeiten ungeschützt lassen wollen.“

Rockenberrys Blick verdunkelte sich. Er setzte zu einer Antwort an, wurde jedoch unterbrochen.

„Einen Moment bitte, Jim“, sagte der US-Präsident mit erhobenen Händen. „Henry, was genau stellen Sie sich vor?“

„Sir", sagte Menard, stand auf und nickte seinem Assistenten zu. Dieser tauschte schnell die Präsentation der NASA gegen die des US Space Command aus. Die farbenfrohen Bilder wichen schematischen schwarz-weißen Grundrissen. „Unsere Kollegen von der NASA haben ein äußerst schlüssiges Konzept eines orbitalen Kraftwerkes vorgelegt und dafür bin ich ihnen sehr dankbar. Ich bin sicher, dass wir damit die Energieprobleme dieser Nation für die nächsten Jahrhunderte oder vielleicht sogar für alle Zeiten lösen werden. Auf diese Weise wird ein Problem, das wir seit dem späten 19. Jahrhundert haben, endgültig gelöst."

Rockenberry nickte, doch sein Blick verriet, dass er dem, was nun kommen würde, nicht mit Freude entgegen sah. Der Präsident dagegen trug weiter seinen neutralen Ausdruck.

„Aber wir müssen leider die Realität akzeptieren, dass wir damit die Sicherheit der Nation gefährden. Heute liegen alle unsere Kraftwerke tief im Landesinneren. Unsere Grenzen werden zu Wasser, zu Lande und in der Luft geschützt. Es ist sehr schwierig eines unserer Kraftwerke anzugreifen und alle gleichzeitig zu zerstören ist ohne einen massiven Nuklearschlag nicht möglich."

Menard beugte sich vor und stützte sich mit den Händen auf dem Tisch im Sitzungssaal ab. „Doch jetzt werden wir diese bodengestützten Kraftwerke deaktivieren und durch orbitale Anlagen ersetzen. Und jede Nation, jede Gruppierung und jeder verrückte Wissenschaftler, der eine Rakete vom technischen Stand der 1950er Jahre hat, wird diese unsere Kraftwerke abschießen können. Und weder die Army, noch die Navy oder die Air Force werden etwas dagegen tun können. NASA plant den Einsatz von insgesamt zwölf kleinen Kraftwerken anstatt eines großen. Gut, sage ich. Aber das heißt auch, dass zwölf Raketen ausreichen werden, um unser Land ins 18. Jahrhundert zurück zu schießen. Wir müssen zwingend unsere Kraftwerke, unsere Energieversorgung schützen, Sir. Mit allen Mitteln!"

Rockenberry wollte etwas erwidern, doch der Präsident hob erneut die Hand. „Henry, an was genau haben Sie gedacht?" Menard nickte seinem Assistenten zu. Die nächste Folie zeigte eines der Kraftwerke aus der Nähe, doch war das NASA-Diagramm um einige Module erweitert worden. „Wir werden state-of-the-art Sensoren an Bord installieren, die jede Form von Rakete oder Raumfahrzeug orten werden können. Die Sensordaten werden mitsamt der normalen Telemetrie zur Bodenstation weitergeleitet, wo neben dem

NASA-Spezialisten ein Mitarbeiter des US Space Command arbeiten wird. Von dieser Konsole aus wird das gesamte Verteidigungsarsenal des Kraftwerkes gesteuert werden können.

Zu diesem Arsenal zähle ich mindestens je zwölf Interceptor-Raketen mit kurzer und hoher Reichweite, Manövrierdüsen für schnelle Ausweichmanöver sowie mindestens vier Phalanx-Abwehrkanonen für kürzeste Reichweite. Dadurch erzeugen wir drei Verteidigungslinien um die Kraftwerke: Linie 1 mit Interceptorraketen hoher Reichweite, Linie 2 mit Interceptorraketen kurzer Reichweite und Linie 3 mit der Phalanx. Für den Fall, dass alles schief geht, können wir noch schnelle Ausweichmanöver ausführen."

„Nein, nein, nein!", rief Rockenberry erregt. „Wir werden keine solchen Waffen installieren, nicht solange ich die NASA leite. Wir haben Verträge abgeschlossen, die es verbieten, Waffensysteme im All zu installieren. Und glauben Sie ja nicht, dass ich nicht merke, dass man ihre Langstrecken-Interceptorraketen auch zum Abschuss feindlicher Satelliten benutzen könnte. Sie wollen unter dem Deckmantel der Verteidigung Offensivwaffen ins All bringen."

Menard atmete gepresst durch. „Ihr Plan liest sich wie ein Festbankett für die Feinde dieser Nation. ‚Abschuss von US-Kraftwerken ohne Risiko, heute im Dutzend billiger'."

„Wenn wir der Welt politisch klarmachen, dass wir einen Angriff gegen die Kraftwerke wie einen nuklearen Angriff werten, wird es niemand wagen uns anzugreifen."

Menard lächelte kalt. „Wie wollen Sie ohne Strom einen nuklearen Gegenschlag ausführen?" Er ging um den Tisch herum auf den Präsidenten zu. „Wenn wir diese Geräte im All platzieren, ändern wir die Spielregeln der nationalen Sicherheit. Unser gesamtes militärisches Arsenal benötigt Strom. Der Strom unserer Nation wird künftig aus diesen Kraftwerken kommen. Unsere gesamte militärische und wirtschaftliche Stärke wird von diesen zwölf Aggregaten abhängen – und diese wollen wir ungeschützt im Orbit hängen lassen? Ich prophezeie Ihnen, Sir: Ein erfolgreicher Angriff gegen diese zwölf Kraftwerke wird den Untergang dieser Nation bedeuten. Denn wir haben nichts, was den Ausfall dieser Aggregate ausgleichen kann."

Der Präsident kratzte sich mit dem Finger am Kinn. Er kniff die Augen zusammen und studierte noch einmal nachdenklich die Folie, die an die Wand gestrahlt wurde. Er schien mit sich zu ringen. Rockenberry stand auf und rief erregt: „Sir, Sie können nicht ernsthaft diese Panikmache als Argument akzeptieren."

„Sie können dieses Szenario nicht einfach von der Hand weisen", gab der Präsident zu bedenken.

„Sir, es wird weiterhin Kraftwerke auf dem Boden der USA geben. Wir werden niemals ganz von den orbitalen Anlagen abhängen. Es wird immer genug Strom geben, um die Nation im Kriegsfall zu führen. Und das wissen alle unsere Feinde, ob Nation oder Terrorist."

„Und die nationale Wirtschaft? Die Zivilbevölkerung?", warf Menard ein. Der Präsident traf eine Entscheidung. Und Sekunden später auch Rockenberry.

August 2110

„Bob, kommst du mal kurz?"

Gregory Thompson wurde aus der Telemetrie von OPP V nicht schlau. Wie konnte denn ein Update stattfinden, wenn er keines schickte? Immerhin steuerte er im Moment die gesamte Kommunikation mit OPP V.

Sergeant Robert McLoyd unterbrach sein Telefongespräch und kehrte an seinen Arbeitsplatz zurück. Greg und er überwachten heute Nacht alle zwölf orbitalen Kraftwerke, kurz „OPP", die römisch von I bis XII durchnumeriert waren. Mit Hilfe von Relais konnten sie alle, unabhängig von ihrer orbitalen Position, komplett steuern.

Und jetzt meldete OPP V, dass ein Update der taktischen Systeme durchgeführt wurde. „Also, ich habe kein Update gestartet", sagte Bob verdutzt. „Haben die Kollegen in England oder Australien irgendetwas geplant?"

„Nein, nicht dass ich wüsste", erwiderte Greg. „Abgesehen davon sind doch jetzt wir am Ruder, dann sollten die sowieso nichts tun, ohne uns zu informieren."

„Ich rufe die mal schnell an", sagte Bob und begann die Nummer der Station in Südengland anzurufen. Greg starrte weiter auf die Anzeige und versuchte gerade OPP V ein paar Informationen zum Update zu entlocken, als plötzlich VII ebenfalls ein Update meldete.

„VII erhält auch ein Update", rief Greg verdutzt.

Bob telefonierte mit Südengland und Australien, doch auch da wusste niemand etwas von einem Update. Währenddessen meldeten II und X ebenfalls Updates. Greg fühlte wie seine Nackenhaare sich aufrichteten und sein Magen sich verkrampfte. Hatte er gerade die Kontrolle über die zwölf wichtigsten Anlagen der Vereinigten Staaten verloren?

Bob schien das gleiche zu denken. Besorgt starrte er auf die Anzeigen. Dann verhärteten sich seine Gesichtszüge.

„OK, da stimmt etwas nicht", sagte er. „Entweder spinnen die Dinger oder irgendjemand sendet Daten an unsere Satelliten. Und dieser irgendjemand gehört nicht zu uns."

Greg und Bob tauschten kurz einen Blick aus und sofort wussten beide, was los war.

„Angriff?"

„Angriff!"

„Ich aktiviere Alarmstufe Rot."

„Ich rufe Menard an."

Greg rief alle Satelliten und stellte Alarmstufe Rot ein, doch die vier Kraftwerke, die ein Update erhalten hatten, reagierten nicht. Bob brüllte derweil den Assistenten von Menard an, der seinen Chef nicht wecken wollte. Mit einem Mal gingen die vier upgedateten Satelliten in den Verteidigungsmodus über. Jeder Satellit übermittelte ein taktisches Display auf Gregs Monitor und jedes Display zeigte elf feindliche Objekte an. Greg war für den Bruchteil einer Sekunde verwirrt, doch dann wurde ihm klar, was diese feindlichen Objekte waren…

„Scheiße!", rief Greg. „Bob, die vier Update-Satelliten… ihre Freund/Feind-Erkennung muss manipuliert worden sein. Sie identifizieren die anderen Kraftwerke als feindliche Objekte. Sie…sie richten ihre Raketen auf sie aus. Sie bereiten sich vor zum Feuern."

Bob starrte wie gelähmt auf die Telemetriedaten, die zeigten, wie die Satelliten ihre Waffensysteme aktivierten. Feuerleitlösungen für die Raketen wurden errechnet und an die Zielsuchsysteme übermittelt. „Oh mein Gott…sie werden sich gegenseitig abschießen." Die vier Update-Satelliten zielten jeweils auf alle anderen Kraftwerke und bereiteten sich darauf vor, alle Interceptorraketen auf einmal zu starten. Gleichzeitig schalteten sie ihre Phalanx-Kanonen und die Manövrierdüsen ab.

„Mein Gott", stöhnte Greg. „Sie haben alle ihre Verteidigungssysteme abgeschaltet. Sie werden sich nicht wehren können. Wenn wir sie nicht stoppen, werden sie sich selbst zerstören und vermutlich alle anderen acht Kraftwerke mitnehmen." Greg hämmerte wie wild auf seiner Tastatur und aktivierte die Verteidigungssysteme der anderen acht Satelliten, die noch reagierten. Er schickte auch Abbruchbefehle zu den vier verrückt spielenden Aggregaten, doch die kümmerten sich nicht um Gregs Anweisungen.

„Scheiße, scheiße, scheiße – Großalarm! Sofort!", rief Bob. Greg hämmerte auf den großen roten Alarmknopf auf seiner Konsole und im ganzen Gebäude begannen rote Alarmlampen zu blinken und ein heulendes Geräusch schrie durch Gänge und Räume.

„Wecken Sie Menard! Ich rufe sofort den Präsidenten an", brüllte Bob ins Telefon, legte auf und wählte die Nummer vom Weißen Haus, während Greg verzweifelt versuchte, die vier Update-Satelliten zu deaktivieren. Aber egal, was er versuchte, sie reagierten nicht mehr.

„Sie senden nur noch Daten, aber sie empfangen nichts mehr", rief er verzweifelt. „Egal, was ich ihnen schicke, sie reagieren auf nichts."

„Konzentrier' dich auf die anderen acht", befahl Bob. „Wir müssen wenigstens die retten."

„Sie feuern!", brüllte Greg. Auf den taktischen Displays tauchten zwischen den Satelliten plötzlich zahlreiche rote Raketensymbole auf, die mit hoher Geschwindigkeit auf alle zwölf Kraftwerke rasten. Sekunden später verschwanden vier der Kraftwerke vom Schirm, noch bevor eine der Raketen ihr Ziel erreicht hatte.

„Sie haben sich deaktiviert", rief Greg entsetzt.

„Was? Wer? Wie?", brüllte Bob dazwischen, während er am Telefon die Mitarbeiter des weißen Hauses mit dem was er sagte in Panik versetzte.

„Die vier Updatesatelliten, sie haben sich nach dem Abschuss einfach deaktiviert. Jetzt kann niemand mehr etwas tun. Großer Gott, wir haben gerade ein Drittel unserer nationalen Stromversorgung verloren."

Greg schien langsam zu realisieren, was für Konsequenzen das hatte, was er gerade sah, was er erfolglos zu verhindern versuchte.

„Greg, vergiss die! Was ist mit den anderen acht Kraftwerken?"

Greg starrte Bob an. Seine Augen verrieten, dass er kurz vor einem Kollaps war. „Hast du nicht verstanden, Bob?", schrie er. „Wir haben gerade die USA vernichtet. Wir sind schuld, wir haben versagt! Wir werden in die

Steinzeit zurückgebombt und wir können nichts, aber auch gar…"

Bob ließ den Telefonhörer fallen, packte Greg am Kragen und verpasste ihm drei schallende Ohrfeigen. „Beruhige dich, Mann!", brüllte er seinen Kollegen an. „Verlier jetzt nicht die Nerven! Ich kann das nicht ohne dich machen. Du bist der Techniker, ich bin der Taktiker. OK, wir haben vier Satelliten verloren. Das ist scheiße, es wird schlimm werden, sie werden uns den Arsch aufreißen. Aber wir haben noch acht Satelliten, die wir retten können und müssen. Reiß' dich zusammen, Mann, sonst verlieren wir die auch noch. Willst du das etwa? Hä? Antworte mir!"

„Nein, nein, natürlich nicht", stammelte ein verschreckter Greg.

„Gut, dann hinsetzen! Schütze die anderen Satelliten! Sofort!"

Greg schüttelte sich kurz, dann schaltete er auf die acht aktiven Satelliten um. „Alle Abwehrsysteme einsatzbereit, aber ohne Garantie, dass wir alle Raketen erwischen."

Es waren einfach zu viele Waffen, die dort im Orbit herumflogen. Das Verteidigungssystem war auf den Einsatz einzelner Raketen, jedoch nicht auf einen massiven Schlag mit Dutzenden von Waffen ausgerichtet worden.

„Das…das wird nichts", sagte er kopfschüttelnd. „Das System ist gedacht, um ein paar Raketen abzuwehren, nicht Dutzende."

„Es muss doch nicht jeder Satellit alle Raketen bekämpfen", sagte Bob hastig. „Kannst du die Raketen nicht irgendwie verteilen?" Aus dem Telefonhörer brüllte eine Stimme, die Informationen verlangte. Bob nahm den Hörer und brüllte zurück: „Ruhe, verdammt noch mal, wir müssen hier die Nation retten. Ist mir scheißegal, Herr Präsident, jetzt müssen Sie warten!"

Greg versuchte etwas Ordnung ins Chaos zu bringen. Er warf die vier Aggressorsatelliten aus der Verteidigungsstrategie und brachte den acht verbliebenen Kraftwerken schnell bei, sich ohne die vier miteinander zu koordinieren. Doch mehr konnte er nicht tun.

„Das war's", sagte er zitternd. „Mehr kann ich nicht tun. Jetzt kommt es aufs Glück an."

„Ist alles aktiviert?", fragte Bob, doch die Monitore beantworteten die Frage noch vor Greg. Die acht verbliebenen Satelliten starteten ihre Raketen. Noch mehr rote Symbole erschienen auf den Displays und es war kaum noch zu erkennen, welches die ‚guten' und welches die ‚bösen' Blips waren.

„Alle Raketen gestartet und die Phalanxen warten auf die Interceptors, die durchkommen", sagte Greg leise. Er lehnte sich zurück und krallte seine Hände in seinen Haaren fest. Er atmete schnell, war kurz davor zu hyperventilieren. Und nun war er gezwungen abzuwarten ohne etwas tun zu können. Es war die reinste Folter.

„Menard und der Präsident auf Lautsprecher", sagte Bob und drückte einen Knopf am Telefon.

„Wie sieht's aus?", knurrte Menard.

„Zwei oder drei Raketen für eine Angreiferrakete", antwortete Bob. „Dazu die Phalanx und die Manövrierdüsen. Nicht gut, Sir."

„Wie viele werden wir verlieren?", fragte der Präsident.

„Die vier Aggressoren sind schon jetzt verloren. Sie sind inaktiv und verteidigen sich nicht. Die anderen acht...beten Sie, Sir. Wenn alles gut läuft, behalten wir alle. Wenn es schlecht läuft, bleibt keiner übrig. In zehn Minuten wissen wir mehr."

Greg und Bob starrten wie gebannt auf ihre Anzeigen und bissen die Zähne zusammen. Kleine rote Kugeln zeigten Explosionen an. Die Interceptoren leisteten ganze Arbeit, doch konnten sie bei weitem nicht alle Raketen abfangen. Auf jedes verbliebene Kraftwerk flogen mindestens zwei Raketen, die durch das Sperrfeuer gelangt waren.

„Phalanxen?"

„Aktiviert. Die Displays müssten auch ihr Feuer anzeigen."

Die vielrohrigen Hochgeschwindigkeits-Maschinenkanonen begannen zu feuern. Die Displays zeigten dünne Streifen, die auf die roten Raketensymbole zuflogen. Erneut symbolisierten Kugeln Explosionen.

„Scheiße!"

„Was ist passiert, was ist passiert?", riefen Menard und der Präsident durcheinander ins Telefon.

„Na was wohl",

knurrte Bob so leise, dass die beiden ihn nicht hören konnten.

Oktober 2110

Rockenberry hatte sich einen kühlen Milchshake bestellt. Zwar war es schon Herbst, doch Herbst in Kalifornien war wie Sommer in anderen Teilen des Landes. Er genoss den Blick auf den pazifischen Ozean und lehnte sich zurück. Ein schönes Strandcafe, das Menard ausgesucht hatte. Und glücklicherweise brauchte es nicht viel Strom. Lizenzen waren heutzutage schwer zu bekommen und je mehr Energie man verbrauchte, umso geringer waren die Chancen.

Nachts wurde es sehr dunkel in den Städten. Die Straßenbeleuchtung erfolgte mit äußerst dimmen LED-Strahlern, die fast keinen Strom verbrauchten und einigen wenigen Solarlampen, die tagsüber ihre Speicherzellen aufluden. Allerdings hatte die Stadt bislang nur wenige davon aufstellen können, da die Hersteller mit Aufträgen überschüttet worden waren und doch selbst am Energiemangel litten. Sie konnten ihre Anlagen nur noch ein paar Stunden pro Tag fahren, was die Produktion stark behinderte. So schnell war es soweit gekommen. Menard hatte Recht gehabt und doch waren seine eigenen Waffen, die er zum Schutz der Kraftwerke hatte installieren lassen, für diese Katastrophe eingesetzt worden, ja hatten sie erst überhaupt ermöglicht.

„Angenehm kühl, nicht wahr?", fragte Menard, als er sich in den Sitz gegenüber von Rockenberry fallen ließ. „Einer der wenigen Kühlschränke, der in diesem Stadtteil laufen darf. Einer von den ganz energieeffizienten. Aus Europa, soweit ich weiß."

„Gut ausgewählt, Menard", stimmte Rockenberry zu.

„Für Freunde und Feinde nur das Beste",
erwiderte Menard sarkastisch.

„Und in welcher Kategorie finde ich mich wieder?"

„Vielleicht ein wenig in beiden."

„Dann verraten Sie mir doch mal, weswegen Sie mich hierher eingeladen haben."

Menard bestellte sich ein lauwarmes Mineralwasser und lehnte sich zurück. „Erinnern Sie sich an das Meeting, in dem der Präsident meinen Plan zur Stationierung von Waffen auf den Kraftwerken billigte und Sie zurückgetreten sind?" Rockenberrys Blick verhärtete sich. „Natürlich nicht. Man erinnert sich doch nicht an seinen letzten Arbeitstag und an das Meeting, in dem die fatalste Entscheidung unserer Tage gefällt wurde. Wovon genau sprechen Sie?"

„Sehen Sie denn jetzt ein, dass Sie im Unrecht waren?"

Rockenberry verschluckte sich beinahe an seinem Milchshake. „Wie bitte?!", fragte er entgeistert. „Es waren ihre Waffensysteme, die diese Katastrophe überhaupt erst ermöglicht haben. Sechs Satelliten wurden zerstört, zwei weitere schwer beschädigt. Zwei Drittel der Energieversorgung der Vereinigten Staaten ist verloren gegangen und das nur, weil Sie damals auf die Installation von Waffensystemen bestanden haben."

„Glauben Sie das wirklich?", bohrte Menard nach. „Unsere Feinde haben die Zugangscodes zu unseren Satelliten stehlen können. Hätte es keine Waffen gegeben, hätten sie die Satelliten mit ihren eigenen Manövrierdüsen einfach aus dem Orbit gekickt und in der Atmosphäre verbrennen lassen. Die Satelliten waren nicht zu stark gesichert, sondern zu schwach. Wir haben an Raketen gedacht, aber nicht an gottverdammte Diebe."

Rockenberry schüttelte den Kopf und beließ es dabei. Hat eh keinen Zweck, dachte er.

„Warum haben Sie mich eingeladen, Menard?", fragte er.

„Ich wurde heute entlassen", sagte Menard emotionslos. „Sie sollen mich ersetzen. Sie zu finden und Ihnen das mitzuteilen war meine letzte Aufgabe. Und vermutlich auch ein Teil der Strafe. Man erwartet wohl einiges an Schadenfreude Ihrerseits."

Rockenberry warf einen Blick in die dunkle, kaum beleuchtete Stadt. „Tut mir leid, aber bei dem Anblick vergeht mir selbst meine Schadenfreude."

Der Betreiber des Cafes schaltete die spärliche Außenbeleuchtung ab.
Die Sperrstunde hatte begonnen. Es wurde dunkel in den Vereinigten Staaten.

AUFRUF: POESIE UND KOSMOS

Es gibt nicht viele Gedichte, die sich mit dem Weltraum und seiner Erforschung auseinandersetzen. Einige wenige aber doch. Hier sind die wunderschönen Verse der amerikanischen Poetin Sarah Williams (1837–1868). Leider ist es uns nicht gelungen, eine hochwertige deutsche Übersetzung dieses Gedichtes zu finden. Die Bitte an unsere Leser ist es daher, entweder eine aufzutreiben, oder aber selbst eine anzufertigen. Das Ergebnis der Recherche oder Ihrer eigenen Bemühungen werden wir – Qualität vorausgesetzt – in Space 2012 veröffentlichen.

THE OLD ASTRONOMER TO HIS PUPIL

By Sarah Williams

Reach me down my Tycho Brahe, I would know him when we meet,
When I share my later science, sitting humbly at his feet;
He may know the law of all things, yet be ignorant of how
We are working to completion, working on from then to now.

Pray remember that I leave you all my theory complete,
Lacking only certain data for your adding, as is meet,
And remember men will scorn it, ,tis original and true,
And the obliquy of newness may fall bitterly on you.

But, my pupil, as my pupil you have learned the worth of scorn,
You have laughed with me at pity, we have joyed to be forlorn,
What for us are all distractions of men's fellowship and smiles;
What for us the Goddess Pleasure with her meretricious smiles.

You may tell that German College that their honor comes too late,
But they must not waste repentance on the grizzly savant's fate.
Though my soul may set in darkness, it will rise in perfect light;
I have loved the stars too fondly to be fearful of the night.

Diese Radierung zeigt Tycho Brahe bei der Beobachtung einer Supernova im Sternbild Kassiopeia. Erschienen in ‚Astronomie Populaire' von Camille Flammarion (Paris, 1884).

Atlas 5 mit NROL-41 startete am 20. September 2010

RAUMFAHRT-JAHRESCHRONIK
1.10.2009 – 30.09.2010

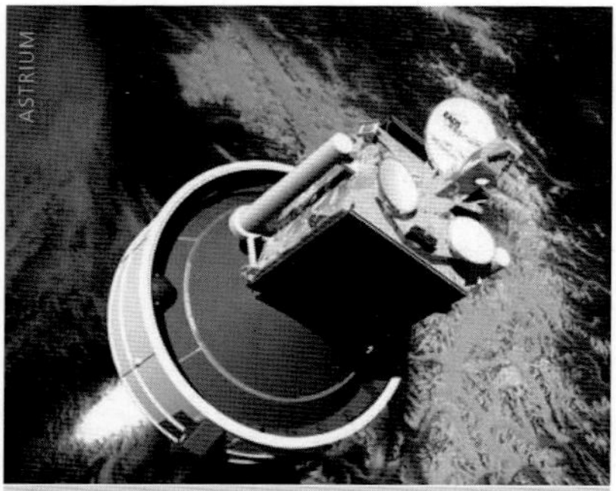

Satcom BW

01.10.2009 – Ariane 5 ECA bringt zwei Satelliten ins All

Am 1. Oktober 2009 brachte eine europäische Trägerrakete des Typs Ariane 5 ECA zwei Kommunikationssatelliten für Hispasat und die Deutsche Bundeswehr in den Weltraum. Der Start erfolgte vom europäischen Weltraumbahnhof Kourou in Französisch-Guayana. Die fünfte Mission einer Ariane 5 des Jahres 2010 begann eine Minute vor Mitternacht mitteleuropäischer Zeit mit der Zündung des mit flüssigem Wasserstoff und flüssigem Sauerstoff betriebenen Vulcain2-Haupttriebwerkes der Zentralstufe. Sekunden später wurden auch die beiden mächtigen Feststoffbooster aktiviert und die Rakete hob ab. Zwei Minuten und 20 Sekunden nach dem Liftoff wurden diese Starthilfsraketen in einer Höhe von 67 Kilometern abgetrennt. Die Zentralstufe der Rakete war nach rund neuneinhalb Minuten ausgebrannt. 27 Minuten nach dem Verlassen der Startrampe wurde zuerst Amazonas 2 in einem geostationären Transferorbit ausgesetzt, danach COMSATBw 1. Beide Satelliten werden den Transfer in ihre endgültige geostationäre Kreisbahn in den folgenden Tagen mit den Bordtriebwerken durchführen. Die Gesamtnutzlast bei dieser Mission, der 191. in der Geschichte der Ariane-Raketen, betrug 9.087 Kilogramm. 7.905 Kilogramm entfielen davon auf die beiden Satelliten. Die Startmasse der 50,5 Meter hohen Rakete betrug rund 780 Tonnen. Der beim Start 5.650 Kilogramm schwere Kommunikationssatellit Amazonas 2 ist der Vierte, den Astrium für Hispasat gebaut hat. Und es ist der Fünfte, der von Arianespace in den Orbit transportiert wurde. Das Raumfahrzeug basiert auf der Eurostar-E3000-Plattform. Der Satellit ist mit 54 Ku-Band-Transpondern und 10 C-Band-Transpondern ausgerüstet. Die beiden Solargeneratoren – ihre Gesamtspannweite beträgt 39 Meter – erzeugen zusammen 12 kW. Der Satellit wird auf 61 Grad westlicher Länge im geostationären Orbit stationiert und dort Amazonas 1 unterstützen. Er wird Nord- und Südamerika, vor allem aber Brasilien, mit einer breiten Palette von Telekommunikationsdiensten versorgen. Amazonas 2 hat eine Lebenserwartung von 15 Jahren. Der militärische

Kommunikationssatellit SATCOMBw 1 brachte vor dem Start 2.440 Kilogramm Startgewicht auf die Waage. Er wurde von EADS Astrium auf Basis der Spacebus-3000B2-Plattform von Thales Alenia Space für das deutsche Verteidigungsministerium gebaut. Die Kommunikationsnutzlast wurde vom Astrium-Tochterunternehmen TESAT beigesteuert. 5 UHF-Band-Transponder und 4 SHF-Band-Transponder sollen für mindestens 15 Jahre betrieben werden. Mit dem Satelliten können militärische Audio- und Videokommunikation, Fax- und Datenübertragung sowie Multimedia-Anwendungen auf abhörsicheren Verbindungen durchgeführt werden. Von seiner Endposition bei 63 Grad östlicher Länge überstreichen seine Bordantennen ein Gebiet, das vom amerikanischen Kontinent bis zum Fernen Osten reicht. Kontrolle und Steuerung des Satelliten werden über Bodenstationen der Bundeswehr und des Deutschen Zentrums für Luft- und Raumfahrt e.V. (DLR) erfolgen.

08.10.2009 –
WorldView 2 im Orbit

World View 2

Ein kommerzieller Erdbeobachtungssatellit der Premium-Klasse wurde gestern an der Spitze einer zweistufigen Delta 2 Trägerrakete von der kalifornischen Luftwaffenbasis Vandenberg in einen polaren Erdorbit transportiert. Der Start erfolgte um 20:38 Uhr mitteleuropäischer Zeit (11:38 Uhr vormittags Ortszeit) vom Startkomplex 2 dieses zweitgrößten US-Weltraumbahnhofs. Die Flugroute verlief fast exakt nach Süden. Der Träger war in der Konfiguration 7920-10 unterwegs , zweistufig mit neun Feststoffboostern und einer Nutzlastverkleidung mit einem Durchmesser von 10 Fuß (3,1 Meter). Wie üblich bei dieser Variante der Delta 2 wurden sechs Zusatzraketen am Boden gezündet und die restlichen drei nach dem Ausbrennen des ersten Boostersatzes, 72 Sekunden nach dem Verlassen der Startrampe. Eine Besonderheit bei Starts von Vandenberg aus ist es, dass die ausgebrannten Booster noch für weitere 25 Sekunden mitgeführt werden bis eine Ansammlung von Öl-Plattformen vor der Küste überflogen ist. 11 Minuten und acht Sekunden nach dem Verlassen der Startrampe war SECO 1 erreicht, „Second Engine Cutoff 1“, also der erste Brennschluss der zweiten Stufe. Danach erfolgte eine gut 40-minütige Driftphase, in welcher die Stufe mit dem Satelliten an der Spitze in freier Drift zum Apogäum der Bahnparabel aufstieg. Gut 35 Minuten nach dem Abheben von der kalifornischen Startrampe überflog die Kombination dabei die Antarktis. 53 Minuten und 34 Sekunden nach dem Verlassen der Startrampe zündete die zweite Stufe über Madagaskar, diesmal für eine Brennphase von 22 Sekunden Dauer. Danach war ein kreisförmiger Orbit in einer Bahnhöhe von 770 Kilometern erreicht. Die Telemetrieübertragung erfolgte in dieser Phase über die Empfangsanlage von Malindi in Kenia, eine Station, die auch von Arianespace genutzt wird. Der Satellit hat eine Einsatzlebensdauer von sieben Jahren. Er ist auf einer sonnensynchronen Polarbahn mit einer Umlaufperiode von 100 Minuten unterwegs. Das Raumfahrzeug ist 4,30 Meter groß und wog zu Beginn der Mission 2.800 Kilogramm. Die Solargeneratoren haben eine Spannweite von 7,1 Meter und erbringen eine Leistung von 3,2 Kilowatt. Er ist in der Lage – trotz seiner erheblichen Bahnhöhe – nur 50 Zentimeter große Oberflächenmerkmale auf der Erde auszumachen. WorldView 2 wurde schließlich über Kenia freigegeben. Erste Funksignale des Raumfahrzeugs wurden von der Bahnverfolgungsstation in Thule auf Grönland erfasst. Sie bestätigten den erfolgreichen Start und die gute Verfassung des Raumfahrzeugs. Der Start war bereits der neunte Einsatz einer Delta 2 im Jahr 2009 und die 37. der insgesamt 146 Delta 2-Missionen, die von der Luftwaffenbasis Vandenberg ihren Anfang nahm.

09.10.2009 – Sensationell unsensationell

Was als eines der spektakulärsten Weltraumexperimente des Jahres 2009 angekündigt war, stellte sich in der Realität als recht moderat geratenes Schauspiel heraus. Doch hier zeigte sich erneut, dass das Einzige, was man in der Raumfahrt immer erwarten kann, das Unterwartete ist. Der Einschlag der Raumsondenkombination LCROSS (Lunar CRater Observation and Sensing Satellite) in den Wall des am lunaren Südpols gelegenen Kraters Cabaeus war als gewaltiges kosmisches Feuerwerk angekündigt worden. Es sollte selbst mit guten Amateurinstrumenten von der Erde aus sichtbar sein. In der Realität war der Einschlag zur Verblüffung der Projektverantwortlichen so lichtschwach, dass selbst die dem Hauptimpaktor in 400 Kilometer Abstand hinterher fliegende Begleitsonde den Einschlag gerade noch eben wahrnehmen konnte. Auf den

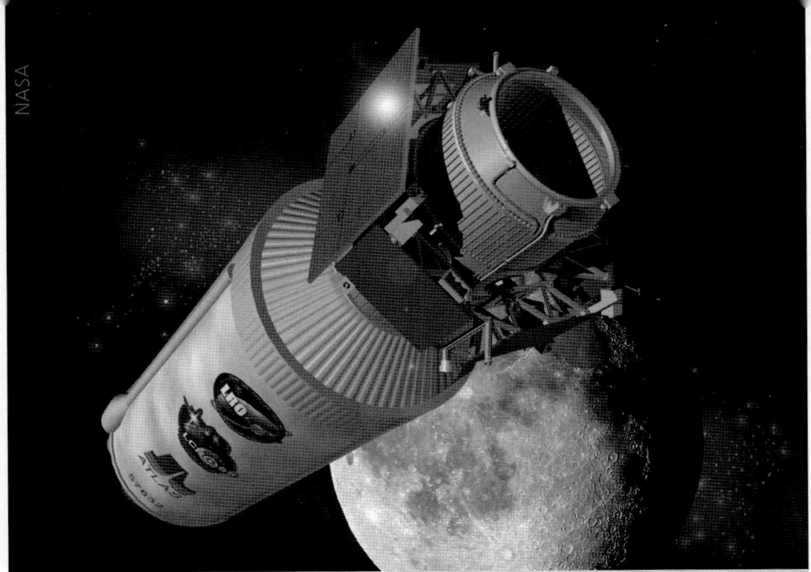

Raumsondenkombination LCROSS und Centaur

Fotos, die im optischen Bereich entstanden, war die Aufschlagszone gerade mal einen einzigen Bildpunkt groß. Und was die irdischen Großteleskope betraf, die in die Kampagne mit eingebunden waren, angefangen vom Fünf-Meter Spiegel am Mount Palomar über das 8,2 Meter Subarau-Teleskop, das 10-Meter Keck-Teleskop und das Gemini-Teleskop, allesamt auf dem Mauna-Kea in Hawaii (resp. dem Cerro Pachon in Chile) gelegen: Nicht eines dieser gewaltigen Instrumente konnte auch nur die kleinste Spur des Einschlags feststellen. So enttäuschend dieser Umstand aber für das breite Publikum war, das sich, angeheizt durch die Medien, ein kosmisches Spektakel erhofft hatten, so frappierend unerwartet ist dieses Ergebnis für die Spezialisten. Die große Frage, die sich jetzt erhebt ist: Warum war – zumindest im optischen Bereich – kaum etwas zu sehen? Die Centaur-Stufe verschwand offensichtlich wie in einer Nebelwand und ließ nur ein leichtes Glimmen zurück.

Das Ereignis spielte sich am Mittag des 9. Oktober 2009 kurz nach 13:30 Uhr mitteleuropäischer Zeit ab. Zu diesem Zeitpunkt erreichte der so genannte Impaktor der zweiteiligen LCROSS-Raumsondenkombination den in ewiger Dunkelheit liegenden Ringwall des Kraters Cabaeus.

Die beiden Segmente von LCROSS bestanden aus der leeren Oberstufe der Atlas 5-Trägerrakete, die LCROSS und den Lunar Reconnaissance Orbiter 112 Tage zuvor in den Weltraum transportiert hatte und einer mit zahlreichen Beobachtungsinstrumenten ausgerüsteten Manövriereinheit, die zunächst mit dieser Stufe verbunden blieb. Aufgabe des Moduls war es in den vergangenen

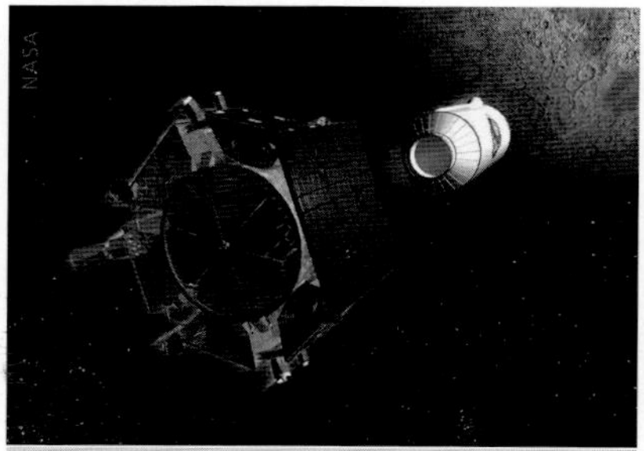

LCROSS und Centaur trennen sich

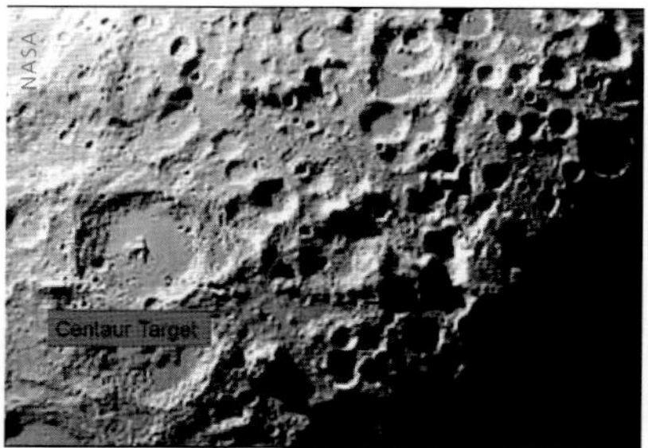

Einschlagpunkt

Wochen gewesen, die Centaur-Stufe exakt auf die Zielbahn zu bringen. Dieses Manöver war schwierig zu bewerkstelligen gewesen und bedurfte einer Vorbereitungsphase von fast vier Monaten, in denen die Trajektorie immer weiter angepasst wurde. Am 9. Oktober aber war schließlich die „Zielgerade" erreicht.

Hier der Ablauf der Ereignisse an diesem Freitagmittag. Alle Zeitangaben in mitteleuropäischer Zeit.

★ *3:52 Uhr:* LCROSS trennt sich in die Centaur-Stufe, der von nun an als Impactor oder einfach weiterhin als Centaur bezeichnet wird. Er selbst wird von nun an als „Shepherding satellite" bezeichnet, als „Geleitsatellit". Ein relativ simpler, mechanisch aktivierter Federmechanismus schiebt die beiden Flugkörper auseinander. Die 2,5 Tonnen schwere Centaur und der 750 Kilogramm schwere Geleitsatellit fliegen jetzt unabhängig voneinander. Vier Minuten später wird das Lageregelungssystem des Geleitsatelliten neu initialisiert, da er sich nun alleine bewegt und deshalb ganz andere dynamische Eigenschaften aufweist als zu der Zeit, als er die gesamte Kombination mit der Centaur steuern musste. Die Centaur selbst ist völlig inaktiv. Ein totes Objekt. Sie wurde bereits wenige Stunden nach dem Start vollständig stillgelegt. Ihre einzige Funktion besteht darin, für dieses Weltraum-Experiment ihre Geschwindigkeit und ihre Masse zur Verfügung zu stellen.

★ *3:58 Uhr:* Aus dem Weltraum treffen Livebilder ein. Sie zeigen die Trennung der beiden Flugkörper.

★ *5:30 Uhr:* Die Geleitsonde hat ein vier Minuten dauerndes Brennmanöver abgeschlossen, das dazu führt, dass sie zum Zeitpunkt des Einschlag der Centaur-Oberstufe 400 Kilometer hinter dieser herfliegen wird. Das Raumfahrzeug kann aus dieser Position den Einschlag beobachten und die Auswurfswolke analysieren. Die Daten müssen dabei mit hoher Übertragungsrate zur Erde übermittelt werden, denn sie selbst überlebt nur vier Minuten länger als die Centaur. Nach der Zündung liegen die Einschlagdaten und Positionen der beiden Raumfahrzeuge mit hoher Präzision fest. Die Centaur wird um 13:31:20 mitteleuropäischer Zeit in den Krater Cabeus einschlagen und zwar exakt auf 84,674 Grad südlicher Breite und 311,302 Grad östlicher Länge. Das LCROSS-Geleitfahrzeug wird den Mondboden um 11:35:36 erreichen und zwar auf einer Position von 84,731 Grad südlicher Breite und 310,522 Grad östlicher Länge.

★ *12:42 Uhr:* Die ersten Livebilder kommen herein. Das Geleitfahrzeug fliegt genau auf den Terminator zu. Phantastische Bilder. Cabaeus ist im Kratergewimmel deutlich auszumachen.

★ *12:54 Uhr:* Die Entfernung zum Aufschlagpunkt beträgt 4.500 Kilometer. Der Mond füllt jetzt den ganzen Bildschirm.

★ *13:02 Uhr:* Alle Bilder und alle anderen Daten wie etwa die Informationen der Spektrometer müssen in den Sekunden vor dem Einschlag noch zur Erde gesendet werden. Das LCROSS Geleitfahrzeug wie auch die Centaur werden beim Aufprall auf dem Mond, der mit einer Geschwindigkeit von 2,5 Kilometern pro Sekunde – also 9.000 Kilometern pro Stunde – erfolgt, zerstört.

★ *13:09 Uhr*: Die Centaur ist noch 2.700 Kilometer von der Mondoberfläche entfernt. LCROSS folgt im Abstand von 400 Kilometern.

★ *13:12 Uhr:* Nun findet eine letzte Konfiguration des Datenstroms statt, um sicherzustellen, dass alle wichtigen Informationen in die begrenzte Übertragungsrate von einem Megabit pro Sekunde passen.

★ *13:14 Uhr:* Die Centaur ist 2.100 Kilometer von der Mondoberfläche entfernt.

★ *13:19 Uhr:* In diesen letzten Minuten vor dem Einschlag beschleunigt die Schwerkraft des Mondes die beiden Raumfahrzeuge immer mehr. Die Centaur wird einen Krater mit 20 Metern Durchmesser und vier Metern Tiefe erzeugen und dabei 350 Tonnen Material empor schleudern. Diese Materialwolke soll vom LCROSS-Geleitsatelliten angepeilt und analysiert werden, bevor auch sie mit derselben Geschwindigkeit wie die Centaur auf dem Mond einschlägt.

★ *11:27 Uhr:* Die Centaur ist noch 610 Kilometer vom Boden des Kraters Cabaeus entfernt.

★ *11:28 Uhr:* Der genaue Einschlagpunkt befindet sich jetzt im Fadenkreuz der LCROSS-Geleitsonde.

★ *11:30 Uhr:* Eine Minute bis zum Einschlag der Centaur.

★ *11:31 Uhr:* Jetzt sollte der Einschlag erfolgt sein. Es ist aber kein sichtbares Zeichen davon im Fernsehbild der Geleitsonde zu erkennen.

★ *11:33 Uhr:* Weiterhin kein sichtbares Zeichen des Einschlags

★ *11:34 Uhr:* Noch eine Minute bis zum Einschlag der Geleitsonde. Die Mondoberfläche kommt jetzt rasend schnell näher.

★ *11:35 Uhr:* Das Fernsehbild erlischt. Das Schicksal des Geleitfahrzeugs hat sich erfüllt.

★ *11:37 Uhr:* Bei den Projektwissenschaftlern herrscht Erstaunen darüber, dass kein sichtbares Zeichen des Einschlags der Centaur vorliegt. Michael Bicay, Wissenschaftsdirektor am Ames Forschungszentrum der NASA gibt aber bekannt, dass eine thermische Signatur gemessen wurde.

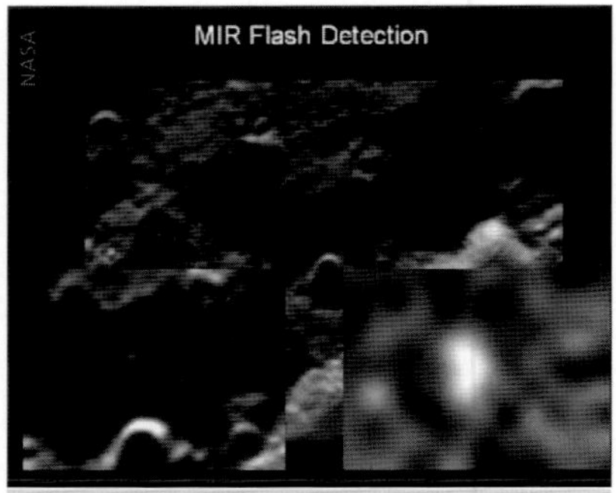

Einschlag im sichtbaren Bereich

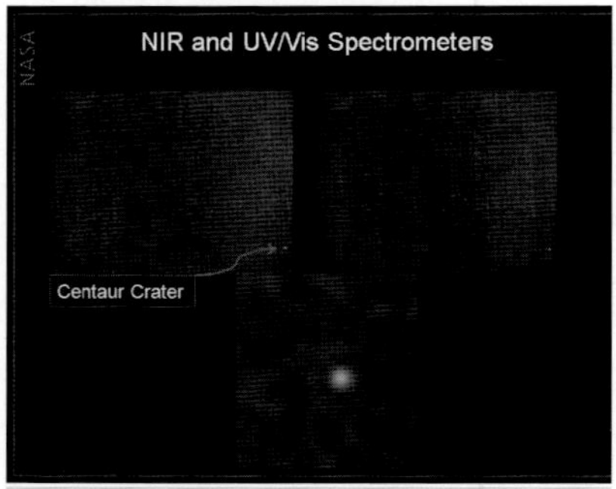

Einschlag im Spektrometer

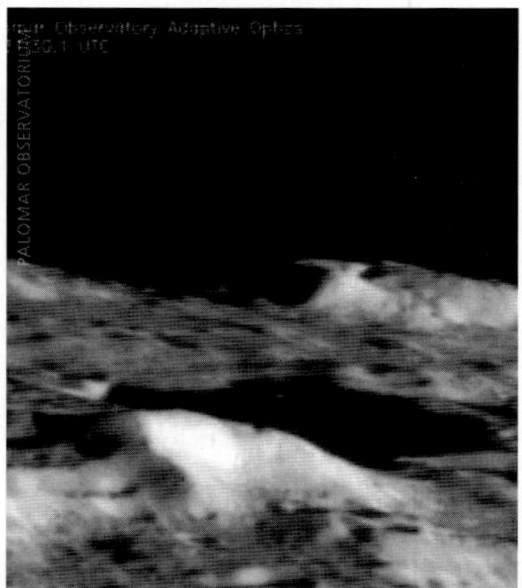

Aufnahme mit der adaptiven Optik des Mt. Palomar Teleskops

★ *12:30 Uhr:* Die Beobachtungsdaten der weltgrößten Teleskope liegen vor. Nicht ein einziges von ihnen hat ein Anzeichen des Einschlags beobachtet.

★ *14:08 Uhr:* Tony Colaprete, der LCROSS-Chefwissenschaftler gab auf der Pressekonferenz nach dem Einschlag bekannt, dass die Raumsonde im optischen Bereich nur eine schwache, aber immerhin deutlich erkennbar Signatur beobachten konnte. Auch der Einschlagkrater konnte ausgemacht werden.

★ *14:55 Uhr:* Die Verwirrung über den unerwarteten Ausgang des Experimentes ist deutlich spürbar. Fast keine Anzeichen im optischen Bereich, aber eine Menge spektroskopischer Daten. Völlig unerwartet auch etwas, das die Wissenschaftler einen „Natrium-Blitz" nennen.

Die Auswertung der gewonnen Daten wird etwa zwei Monate dauern. Erst dann werden wir Genaueres darüber erfahren, was wir an diesem Freitagmittag erlebt haben. Der Mond bleibt spannend.

11.10.2009 –
Sichere Landung in Kasachstan

Landung Sojus TMA-14

Eine russische Sojus-Raumkapsel mit dem Kosmonauten Gennady Padalka, dem NASA-Flugingenieur Michael Barratt und dem kanadischen Gründer des Cirque du Soleil, Guy Laliberté, legte am Samstag von der Internationalen Raumstation ab und landete kurz darauf sicher in Kasachstan. Unter einem riesigen orange-weißen Fallschirm hängend setzte das Abstiegsmodul der Sojus TMA-14 um 6:32 Uhr mitteleuropäischer Zeit in der kasachischen Steppe unweit der Stadt Arkalyk auf. Der Landestoß wurde wie üblich durch den Einsatz von Bremsraketen abgemildert, die eine mächtige Rauchwolke aufwirbelten. Zusätzlich gemindert wurde der Aufprall durch Teleskopdämpfer in den Sitzen. Trotzdem ist die Landung in einer Sojus-Kapsel verglichen mit dem des Space-Shuttle beinhart. Wie häufig bei den Sojus-Landungen wurde die Kapsel auch dieses Mal durch den steifen Wind an der Landestelle vom Fallschirm umgeworfen und rollte einige Meter über den Boden. Die Kapsel war bereits in den letzten Minuten ihres Abstiegs von zwei Hubschraubern begleitet worden. Sie landeten nur Sekunden nach der Sojus. Die Bergungscrew

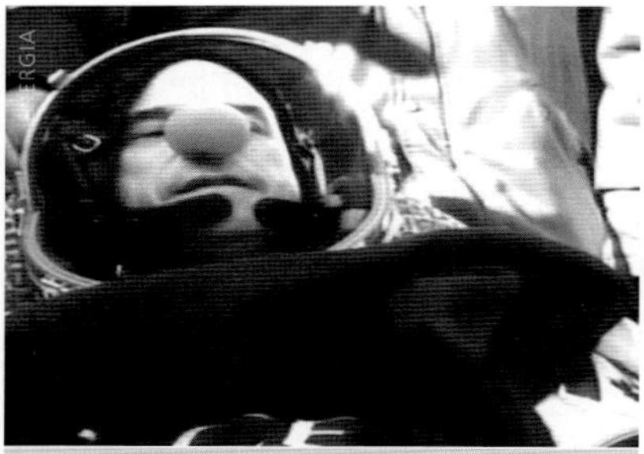
„Privatastronaut" Guy Laliberté

von Energia, dem Unternehmen, das für die Durchführung des Raumflugs verantwortlich ist, brachte die Kapsel dann unmittelbar danach in die korrekte Position. Sechs Minuten nach dem Aufsetzen war bereits die Luke geöffnet und Gennadi Padalka wurde vorsichtig als Erster herausgehoben. Wenige Minuten danach lagen alle drei Raumfahrer in Liegestühlen vor der Kapsel, blinzelten in die Sonne und winkten den Reportern und Bergungstechnikern zu. Laliberté trug dabei seine berühmte rote Clown-Nase. Padalka aß einen Apfel und Barrat unterhielt sich angeregt mit dem Bodenpersonal. Für Padalka und Barrat bedeutete diese Landung das Ende eines 199-tägigen Marathonaufenthaltes auf der ISS. Sie waren am 26. März von Baikonur aus gestartet. Padalka, der bereits die Raumstation Mir besucht hatte und schon zweimal auf der ISS war, brachte seine Gesamtbilanz als Kosmonaut zusammen mit dieser Mission auf 586 Tage Weltraumaufenthalt. Er ist damit in der Rekordliste der erfahrensten Raumfahrer auf Platz sechs. Laliberté dürfte etwa 35 Millionen Dollar dafür bezahlt haben, um neun Tage an Bord der Internationalen Raumstation verbringen zu können. Er startete am 30. September zusammen mit dem Kosmonauten Maxim Surajev und dem NASA-Astronauten Jeffrey Williams. Diese beiden verblieben an Bord der Station, zunächst als Mitglieder der Expedition 21.

Padalka, Baratt und Laliberté hatten um 3:07 Uhr mitteleuropäischer Zeit vom russischen Pirs-Modul abgelegt. Padalka unternahm den Rückflug zur Erde im Mittelsitz der Sojus. Links von ihm saß Baratt, der als Flugingenieur fungierte, und rechts von ihm befand sich Laliberté. Um 5:40 Uhr feuerten die Bremstriebwerke der Sojus für vier Minuten und 24 Sekunden und bremsten das Fahrzeug dabei um etwa 410 Kilometer pro Stunde ab. Dies genügte, um den niedrigsten Bahnpunkt des daraus resultierenden Orbits in die obersten Schichten der Erdatmosphäre hinab zu verlegen. Etwa 20 Minuten später trennten sich das Orbitalmodul und das Antriebsmodul von der Kapsel. Die Trennsequenz verlief nominal. Bei einigen der letzten Flüge hatte es hier Probleme gegeben. In einer Höhe von etwa 110 Kilometern traf die Kapsel dann auf die obersten Ausläufer der Erdatmosphäre. Danach folgte ein normaler sogenannter „aerodynamischer Abstieg", bei dem das Lageregelungssystem die Kapsel so steuert, dass die Andruckbelastung 4 g nicht übersteigt. Bei den Flügen mit den nicht nominalen Trennsequenzen in der jüngeren Vergangenheit war es jeweils zu einem so genannten „ballistischen Abstieg" gekommen, bei dem die Andruckbelastungen bis über 9 g stiegen. In einem solchen Fall wird auch das nominelle Landegebiet stets um mehrere hundert Kilometer verfehlt. An Bord der Station war zuvor Padalka als Kommandant vom europäischen Astronauten Frank de Winne abgelöst worden. Es ist dies das erste Mal, dass ein Europäer das Kommando über die ISS übernimmt. De Winnes Crew arbeitet unter der Bezeichnung „Expedition 21". Sie besteht aus ihm selbst, den russischen Kosmonauten Maxim Surajev und Roman Romanenko, den beiden US-Astronauten Williams und Stott und dem Kanadier Robert Thirsk. Romanenko, Thirsk und De Winne waren am 27. Mai zur Station gestartet. Nicole Stott kam am 28. August an Bord der Raumfähre Discovery. Sie soll Ende November mit der Atlantis wieder zur Erde zurückkehren. De Winne, Thirsk und Romanenko sollen am 1. Dezember zurückkehren, was bedeutet, dass die Station für drei Wochen nur noch mit zwei Besatzungsmitgliedern besetzt ist, nämlich mit Jeffrey Williams (der Kommandant der Expedition 22 wird) und Max Surajev. Zu ihnen werden dann am 21. Dezember der Kosmonaut Oleg Kotov und die beiden Astronauten Timothy Creamer von der NASA und Soichi Noguchi von der JAXA stoßen.

15.10.2009 – Frachtschiff auf dem Weg zur ISS

Russland hält die Versorgung der Internationalen Raumstation mit bemerkenswert abgeklärter Routine aufrecht. In den frühen Morgenstunden mitteleuropäischer Zeit startete an Bord einer Sojus U-Trägerrakete der insgesamt bereits 35. Progress-Frachter zur ISS und die 94.Progress insgesamt (seit Salut 6). Es gab bisher noch nicht einen einzigen Fehlschlag in dieser Serie. Weder im Programm der Internationalen Raumstation, noch bei den Versorgungsflügen für die Raumstationen Mir, Salut 6 und Salut 7, als die Vorläufer der heutigen Progress-Frachter eingesetzt waren. Die hier eingesetzte Variante der Progress ist die dritte Weiterentwicklung dieses Typs.

Das Raumfahrzeug verließ die Startrampe am Kosmodrom Baikonur in Kasachstan um 3:14 Uhr mitteleuropäischer Zeit. Der Start erfolgte in der ersten Morgendämmerung. Die Rakete hob noch in der Dunkelheit ab und gelangte erst im Laufe des Aufstiegs in das Sonnenlicht, was ein Aufsehen er-

Progress M-03M

regendes optisches Spektakel während der Brennphase der zweiten und dritten Stufe verursachte. Dadurch war der Träger noch mehrere Minuten nach dem Abheben mit bloßem Auge zu verfolgen. Neun Minuten nach dem Verlassen der Startrampe hatte das Fahrzeug einen ersten Übergangsorbit erreicht. Gleich darauf wurden die beiden Solargeneratoren und die Kommunikations- und Navigationsantennen ausgefahren. Am Donnerstag und am Freitag werden jetzt eine Reihe von Bahnanpassungsmanövern durchgeführt, um die Progress auf die Bahn der Internationalen Raumstation zu bringen. Das Andocken ist am Sonntagmorgen um 3:41 Uhr geplant. Das acht Meter lange Raumfahrzeug wird den Pirs Docking-Adapter an der Raumstation ansteuern. Der war erst vor wenigen Tagen frei geworden, nachdem Sojus TMA-14 von der Raumstation abgelegt hatte und mit Gennady Padalka, Michael Barratt und Guy Laliberté wieder zur Erde zurückgekehrt war. Der Start trägt in der Aufbau-Matrix der Internationalen Raumstation die Bezeichnung 35P. Die korrekte russische Bezeichnung des Fahrzeugs lautet aber Progress M-03M. Das Frachtschiff wiegt exakt 7.197 Kilogramm. Davon sind 2.420 Kilogramm Fracht für die Raumstation: 820 Kilogramm Ausrüstungsgegenstände (unter anderem ein neuer Orlan-Raumanzug), 1.120 Kilogramm Treibstoff, 53 Kilogramm Sauerstoff und 430 Liter Wasser.

18.10.2009 – Ersatz für den „verhexten" F16 gestartet

Es ist fast auf den Tag genau sechs Jahre her, dass die amerikanische Luftwaffe den „verhexten" F 16 startete, die Flugeinheit Nummer 16 im Defense Meteorological Satellite Program, kurz DMSP. Er verließ am 18. Oktober 2003 die Startrampe auf der Vandenberg Luftwaffenbasis an Bord der letzten Titan II-Trägerrakete, die jemals eingesetzt wurde. Als der Start erfolgte, war dies der Endpunkt einer 33 Monate umfassenden Zeitspanne von Verschiebungen, Pannen und Enttäuschungen, die dazu geführt hatten, dass der Satellit nicht wie geplant schon im Januar 2001 in den Orbit gebracht werden konnte. Nach zwei vorausgegangenen Verschiebungen im Dezember 2000 und Anfang Januar 2001 schien an diesem 20. Januar 2001 alles glatt zu

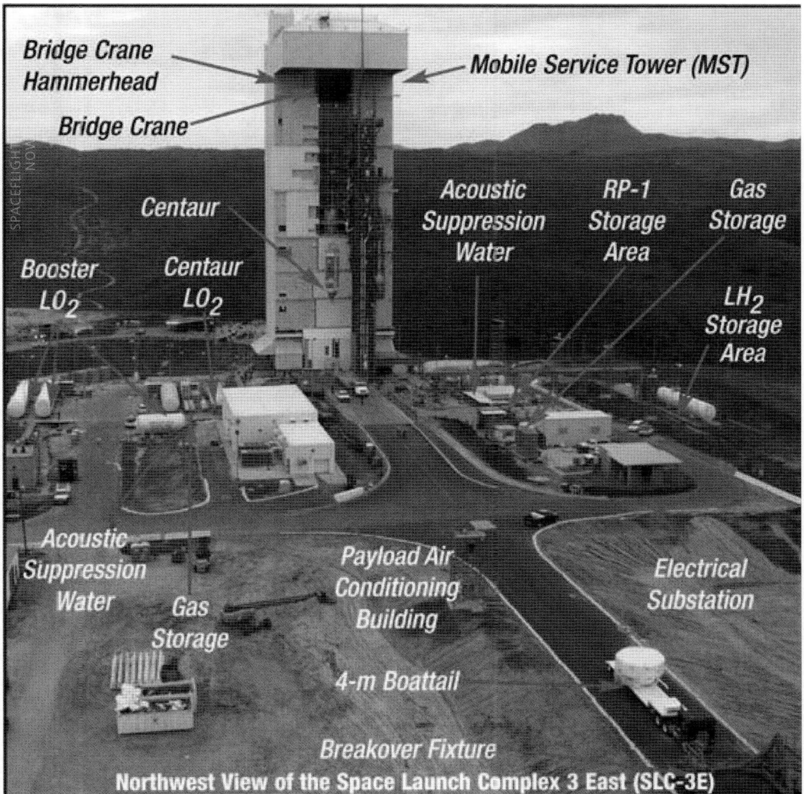

Startkomplex 3E in Vandenberg

gehen. Drei Minuten vor dem Start kam es aber zu einem Fehler in einer technischen Anlage der Rampe und der Start wurde auf den nächsten Tag verschoben. Am 21. Januar 2001 waren es schließlich nur noch 28 Sekunden, als sich scheinbar eines der Druckausgleichsventile an der Rakete nicht öffnen wollte. Erneut wurde der Start abgesagt. Wie sich später herausstellte, war eine Telemetrieanzeige falsch gewesen. Das Ventil selbst funktionierte einwandfrei. Der Satellit wurde wieder von Batteriebetrieb auf Bodenstrom umgestellt. Der nächste Startversuch sollte am kommenden Tag stattfinden. In der Nacht aber gab es eine bis heute ungeklärte Kette von Fehlfunktionen. Zuerst wurde ein Treibstoffleck in einer der Lageregelungsdüsen festgestellt. Dann kam es zu einer schwerwiegende Fehlfunktion im Trägheitsnavigationssystem des Satelliten, dessen Aufgabe es auch gewesen wäre, die Rakete zu steuern. 20 Minuten später fiel die Hauptstromversorgung aus und der Satellit schaltete auf den Reservekreislauf. In der Folge musste der Satellit von der Rakete entfernt und in einem Cleanraum in Vandenberg auseinander genommen werden. Dabei stellte sich heraus, dass es einen Kabelbruch gegeben hatte, der die ganze Ereigniskette ausgelöst hatte. Der Satellit wurde an den Hersteller zurückgesendet und dort repariert und noch mal eingehend inspiziert. Im November 2001 wurde der Start erneut angesetzt. Die Titan II war die ganzen Monate draußen auf der Rampe gestanden und hatte auf ihren Einsatz gewartet. Doch jetzt, wieder kurz vor dem Start, stellten die Verantwortlichen fest, dass die Dichtungen der Turbopumpen durch den monatelangen Aufenthalt in der Seeluft korrodiert waren.

Am 1. Februar 2002 war es erneut soweit. Die Titan II war repariert, und der Satellit wurde, wenige Tage vor dem geplanten Start, erneut betankt. Doch diesmal wurde festgestellt, dass eines der vier Haupttriebwerke des Satelliten leckte. Für die Reparatur wurden einige Wochen veranschlagt. Nun kam es am Schlimmsten. Die Trägerrakete, die seit weit über einem Jahr auf der Rampe stand, musste komplett demontiert werden, um einer anderen Titan II mit einer wichtigen NASA-Nutzlast Platz zu machen. Dieser Satellit, NOAA-M, startete vollständig problemlos nach einem ebenso kurzen wie ereignislosen Countdown am 24. Juni 2002. Im Juli 2002 wurde die Titan 2 wieder aufgerichtet. Der Start wurde nun für den 6. Oktober 2002 angesetzt. Doch dann entdeckte man fehlerhafte Lötstellen an einem der Instrumente des Satelliten. Erneut war DMSP 16 gegrounded.

Und erneut entschied sich die US Luftwaffe, die für die Startdurchführung verantwortlich war, die Rakete wieder abzubauen, denn eine weitere Titan II, diesmal mit dem Satelliten Coriolis stand in der Warteschlange und beanspruchte die einzige Startrampe für diesen Träger. Nun kam es auch für Coriolis, dessen Start eigentlich im Dezember 2002 hätte stattfinden sollen, zu Startverzögerungen. DMSP 16 war dagegen wieder einsatzbereit. Die US-Luftwaffe entschied sich aber, mit Coriolis weiter zu machen und nach insgesamt sechs Startversuchen war dessen Start schließlich am 6. Januar 2003 erfolgreich. DMSP 16 kam erst im August 2003 wieder nach Vandenberg. Durch die lange Lagerung hatten eine ganze Reihe von Komponenten ausgetauscht werden müssen. Außerdem hatte man alle Lötstellen im Satelliten überprüft. Der Start sollte nun Mitte September erfolgen. Doch dann gab es zunächst ein Problem mit einem Kreisel in der Trägerrakete und danach musste die (einzige) Titan-Startmannschaft, über die Lockheed verfügte, einen Titan IV-Start in Cap Canaveral durchführen. Der Start wurde auf den 18. Oktober 2003 verschoben. Und dieses Mal klappte es. Auf der vorletzten verfügbaren Titan II (die letzte wurde nie eingesetzt) trat DMSP 16 seinen Weg in den Orbit an und funktioniert seitdem einwandfrei. Er ist auch heute noch in bester Verfassung und voll funktionstüchtig. Langsam aber, nach sechs Jahren im Orbit, ist hauptsächlich aufgrund der schwindenden Treibstoffvorräte das Ende seiner technischen Lebensdauer absehbar. Aus diesem Grunde brachte gestern Abend um 18:12 Uhr mitteleuropäischer Zeit (um 9:12 Uhr morgens US-Westküstenzeit) eine Atlas 5 in der Version 401 seinen Nachfolger in den Orbit. Beim ersten Versuch zu dem seit Monaten festgelegten Zeitpunkt.

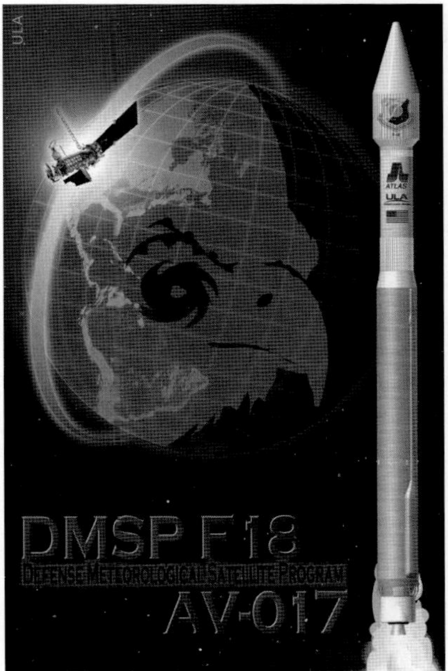

Sojus 2-1B CR

Wie seinerzeit beim Start von DMSP 16 erfolgte auch gestern der Liftoff im erbsensuppendicken Nebel. Die Rakete war in der ersten Startphase nur schemenhaft erkennbar, bis sie sich aus der Nebelwatte schälte und von den Bahnverfolgungskameras auf den umliegenden Bergen erfasst werden konnte. Die Trägerrakete war die insgesamt 17. Atlas 5 und die zweite die von Vandenberg aus startet. Sie funktionierte perfekt und lieferte den 1.300 Kilogramm schweren DMSP F 18 knapp 20 Minuten nach dem Abheben im vorgesehenen polaren, sonnenchronen Morgenorbit ab. Der Start war noch in anderer Hinsicht ein ganz besonderer: Es ist nämlich der 600. Einsatz einer Trägerrakete mit der Bezeichnung „Atlas", seitdem dieser Typ am 17. Dezember 1957 seinen Erstflug hatte. Die heutige Atlas 5 hat allerdings mit dem damaligen Träger nicht ein einziges Bauteil mehr gemeinsam.

Ares 1-X Rollout

20.10.2009 –

Ares 1-X rollt zum Start

Zum ersten Mal seit mehr als 30 Jahren sah das Kennedy Space Center den Rollout einer neuen Rakete. Einer der Crawler-Transporter, der selbst noch aus den Apollo-Tagen stammt, brachte die Ares 1-X zur Startrampe 39B des Kennedy Space Centers. Das Ares X-1 Testvehikel ist das größte Fluggerät, seit am 14. Mai 1973 die letzte Saturn 5 zur Startrampe transportiert worden war. Der Transporter brachte die Ares 1-X in einer achtstündigen Fahrt mit Schrittgeschwindigkeit die sechseinhalb Kilometer zur Startanlage 39B. Für diesen Start – und für alle folgenden Ares 1-Starts (für den Fall, dass das Programm weiter geführt wird) wurde die Startanlage 39B modifiziert. Die Probemission für die Ares-Trägerrakete kommt zu einem Zeitpunkt, an dem das komplette Constellation-Programm der NASA einer Überprüfung unterzogen wird. Es ist gut möglich, dass der Flug am kommenden Dienstag die erste und einzige Mission einer Ares 1 sein wird. Bei diesem Testflug geht es nicht in den Orbit. Der Ares 1-X Demonstrator ist in seiner oberen Hälfte nur eine leere Hülse. Nur der Feststoffbooster, auf dem er bis in eine Höhe von 60 Kilometern reiten soll, ist echt. Doch auch er hat nur vier Feststoffsegmente anstelle der fünf, die für das spätere Einsatzfahrzeug geplant sind. Die 98 Meter hohe Rakete erreichte die Startrampe 39B um 15:17 Uhr mitteleuropäischer Zeit. Nach einer Reihe von Überprüfungen soll die nur wenig mehr als zwei Minuten kurze, aber 445 Millionen Dollar teure Mission am kommenden Dienstag erfolgen. Sie soll den Ingenieuren Daten über das Flugverhalten der ungewöhnlich schlanken Kombination in den ersten Flugminuten geben. Vor allem der Vibrationspegel kurz vor Brennschluss der Booster ist von hohem Interesse für die Projektverantwortlichen. Von Kritikern wird ein Vibrationsniveau vorhergesagt, das es Astronauten an Bord eines solchen Trägerfahrzeugs unmöglich macht, die Instrumente an Bord ihrer Raumkapsel abzulesen. Simulationen auf dem Boden oder rechnerischer Modelle geben hier nur ungenaue Daten. Aus diesem Grunde ist dieser Testflug erforderlich. Die Ares 1-X wird von einem 4-Segment-Feststoffmotor angetrieben, wie ihn auch die Space Shuttles der NASA benutzen. Das spätere Ares 1-Einsatzvehikels, das – so die jetzige Planung – nach 2015 der neue bemannte Träger der USA sein soll, wird über einen Fünf-Segment-Startbooster verfügen. Diese neue Konfiguration wurde erst vor wenigen Wochen bei einem Bodentest in Utah erfolgreich erprobt. Die zweite Stufe, die Mannschaftskapsel und das Rettungssystem werden von Attrappen simuliert, die in Form und Gewicht den Originalen entsprechen. Sie werden werden – sollte die Vollentwicklung finanziert werden, was derzeit ungewiss ist – nicht vor 2013 als „Originale" zur Verfügung stehen.

Ares 1-X 24 Stunden vor dem Start

26.10.2009 – Ares I-X Testflug steht unmittelbar bevor

Der mit Spannung erwartete morgige Testflug der Ares I-X Rakete wird nur wenige Minuten dauern. Trotzdem erwartet die US-Raumfahrtagentur zehntausende von Zuschauern an den Beobachtungsplätzen rund um das Kennedy Space Center, denn es ist ein historisches Spektakel, das an diesem Dienstagnachmittag 14:00 Uhr mitteleuropäischer Zeit ((8:00 amerikanischer Ostküstenzeit) bevorsteht. Voraussetzung dafür sind aber günstige Wetterbedingungen. Es sollten klare Sicht und keine Höhenwinde herrschen und möglichst keine Wolken die Beobachtungsmöglichkeiten beschränken. Der ziemlich teure Test dauert in der angetriebenen Phase nur 124 Sekunden, die gesamte Länge des Fluges wird 369 Sekunden betragen. Der Start morgen Nachmittag dürfte recht spektakulär ausfallen. Angesichts der technischen Daten des Boosters kein Wunder. Die Rakete ist ziemlich genau 100 Meter hoch und damit weltweit die derzeit größte Rakete. Das 815 Tonnen schwere Projektil startet von der Shuttle-Rampe 39B des Kennedy Space Centers. Der Brennschluss wird in einer Höhe von 40 Kilometern bei einer Geschwindigkeit von etwa 5.000 Kilometern pro Stunde erfolgen. Danach wird die Rakete einer Freifallparabel folgen und bis auf über 45 Kilometer Höhe aufsteigen. Die Ares I-X ist ein suborbitaler Prototyp der neuen Ares 1-Trägerrakete, die das Orion-Raumschiff, den designierten Shuttle-Nachfolger, künftig in eine Erdumlaufbahn bringen soll. Es ist mehr als 40 Jahre her, seit die NASA das letzte Mal eine Testmission für ein anderes bemanntes Raumfahrtsystem als den Shuttle unternommen hat. Der Ares I-X Start wird sich deutlich von einem Shuttle-Start unterscheiden. Zum Einen ist die Anfangsbeschleunigung höher. Dann wird es nicht den über sechs Sekunden dauernden Schubaufbau und die Überprüfung der Triebwerke geben, welche die Anfangsphase eines Shuttle-Starts kennzeichnen. Demzufolge wird es auch nicht die gigantische Dampfwolke geben, die so charakteristisch für das Abheben des Shuttle ist. Der Treibsatz wird einfach zünden, und die Rakete verlässt unspektakulär und ziemlich flott die Rampe. Anders als bei den Shuttle-Flügen, die in der letzten Zeit immer in Nordöstlicher Richtung entlang der Küstenlinie gestartet sind, wird die Ares I-X genau nach Osten auf das Meer hinaus fliegen. Das Rollprogramm der sehr langen und schlanken Rakete, deren Oberteil dicker ist als die unteren Segmente – es trägt nicht zu Unrecht den Spitznamen „The Stick" – wird einen recht ungewohnten Anblick bieten. 700 Sensoren sind an der Ares I-X angebracht worden um die Leistungsdaten des Trägers in der Anfangsphase des Starts zu messen. Die Ingenieure sind vor allem am Vibrationsniveau kurz vor der Stufentrennung interessiert. Um gute Messdaten zu generieren wurden in die Aufstiegsbahn absichtlich einige „Ecken" hinein programmiert, um zu sehen, wie die Rakete auf unerwartete Steuerungsinputs reagiert. Die Stufentrennung markiert das Ende des Tests. Danach wird die Attrappe der Ares I-X Zweitstufe knapp 240 Kilometer vom Startort entfernt in den Atlantik fallen. Die erste Stufe wird geborgen werden. Sie ist mit Fallschirmen ausgerüstet wie die Shuttle-Booster und soll von einem Spezialschiff aus dem Wasser gefischt werden.

28.10.2009 – Historischer Erstflug der Ares I erfolgreich

Fast auf den Tag genau 48 Jahre nach dem Flug der ersten Saturn-Rakete – der Saturn 1 Block 1 – machte sich mit der Ares 1-X wieder der Prototyp eines zukünftigen Raumtransportsystems auf den Weg. Die Saturn 1 startete seinerzeit von dem heute nur noch als historisches Monument existierenden Startkomplex 34 der Cap Canaveral Luftwaffenbasis. Die Ares 1-X begann ihre kurze Reise vom Shuttle-Startkomplex 39B. Wie damals bei der Saturn 1 war auch beim diesem Flug nur die erste Stufe aktiv. Oberstufe und die Nutzlast bestanden aus Dummies, welche diese Komponenten in Form und Gewicht

Start der Arex 1-X

simulierten. Die Ares 1 ist mehr als 40 Meter höher als der Shuttle und wiegt beim Abheben so viel wie zwei beladenen Jumbo-Jets. Die Einzelteile des beim Start eingesetzten Boosters, einer nur wenig modifizierten Starthilfsrakete aus dem Shuttle-Programm, waren in den Jahren 1985-2000 an 30 Shuttle-Missionen beteiligt. Eigentlich sollte die Rakete bereits am gestrigen Dienstag starten. Da herrschten aber nicht die idealen Wetterbedingungen, die sich die Verantwortlichen gewünscht hatten. Die Luft war diesig, es gab viele hohe Wolken und die Windgeschwindigkeit auf der Rampe und in der Stratosphäre war am Ende des erlaubten Limits, das durch die strukturellen Grenzen der Rakete vorgegeben ist. Daneben gab es noch eine Reihe kleinerer technischer Probleme. Als schließlich – bereits mehr als zwei Stunden nach der Öffnung des Startfensters – alles passte, fuhr zu allem Überfluss ein Frachtschiff in die 240 Kilometer vor Cap Canaveral gelegene Bergungszone ein und musste erst von der Küstenwache heraus geleitet werden. Kaum war das erfolgt, waren die Wetterbedingungen wieder auf „rot". Schließlich war das vier Stunden lange Startfenster abgelaufen und der Start musste abgesagt werden. Am heutigen Mittwoch schien sich das Wetterdrama fortzusetzen, obwohl die Bedingungen rein optisch gut aussahen. Dem war aber nicht ganz so, und physikalisch eher ungeschulte Beobachter bekamen die Chance, ein neues Wort der englischen

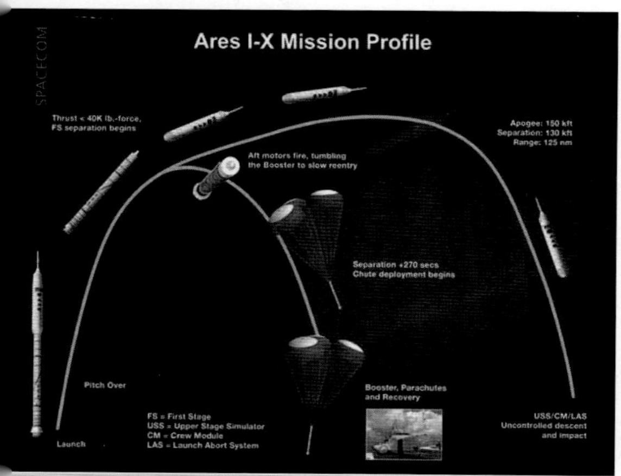

Ares 1-X Flugprofil

Sprache zu lernen. Ein Wort, das selbst den meisten Muttersprachlern nicht geläufig sein dürfte, sofern sie nicht eine naturwissenschaftliche Ausbildung absolviert haben: „Tribo-electrification". Ein Begriff, der mit der statischen Elektrizität (eigentlich eher mit der Bewegungselektrizität) zu tun hat, welche die Rakete beim Durchfliegen bestimmter Wolkentypen und unter bestimmten Temperaturbedingungen erzeugen kann. Normalerweise ist dieses Phänomen kein wesentliches Problem. Die Oberflächen von Einsatz-Trägern sind weitgehend antistatisch ausgelegt und alle elektrischen Systeme vertragen die möglichen Spannungsdifferenzen. In diesem Fall eines „one of a kind"-Prototypen aber wollte man auf Nummer sicher gehen, denn statische Elektrizität kann die Übermittlung von Daten von und zur Rakete behindern. Es könnte auch das Zerstörungskommando des „Range Safety Officiers" blockieren, für den Fall dass die Rakete vom Kurs abkommt (bei Einsatzgeräten ist stets ein autonomes Back-up System an Bord des Trägers). Statische Elektrizität kann auch Einfluss auf die mehr als 700 Sensoren haben, die sich zu einem erheblichen Teil an der Außenhülle der Testrakete befinden und ihre Daten direkt zur Bodenstation senden. Bei einem derart wichtigen Testflug dürfen keine Lücken in der Datenübermittlung auftreten, und so gingen praktisch alle Verschiebungen des heutigen Tages auf die Kappe dieses eher abgelegenen Problems. Auch heute war das Startfenster wieder vier Stunden lang und musste fast in voller Länge in Anspruch genommen werden. Gleich am Anfang kam es zu Verzögerungen, weil die gesamte elektrische Ausrüstung der Rakete eingehend geprüft werden musste. In der Nacht waren über Cap Canaveral ein schweres Gewitter niedergegangen und in unmittelbarer Nähe der Ares 1-X Blitzeinschläge erfolgt. Die nur wenige Minuten lange Mission sollte an sich um 13:00 Uhr beginnen. Am Ende wurde es dann 16:30 Uhr mitteleuropäischer Zeit, als der Feststofftreibsatz zum Leben erwachte und die fast 100 Meter hohe Rakete mit dem charakteristischen hellen Knattern eines Shuttle-Boosters die Startrampe verließ und in einem eleganten Bogen auf den Atlantik hinaus flog. Sechs Sekunden nach der Zündung hatte die Rakete den Startturm passiert. Nach 38 Sekunden war die Schallmauer durchbrochen. Zwei Minuten und vier Sekunden nach dem Abheben erfolgten der Brennschluss und die Trennung von der Attrappe der Oberstufe. Nach der Trennung der beiden Elemente kam es durch den Restschub des Boosters zu einem erneuten Kontakt der beiden Elemente, was in der überaus befremdlichen Ansicht endete, dass die erste Stufe in einem flachen Winkel über der zweiten Stufe trudelte. Diese Phase war zwar nicht mehr Bestandteil der Testmission zeigte aber deutlich, dass dem Stufentrennverhalten der Ares 1, sollte sie tatsächlich fertig entwickelt werden, besonderes Augenmerk geschenkt werden muss. Trotz des Kontakts der beiden Stufen landete die erste Stufe wie vorgesehen etwa 240 Kilometer vor Cap Canaveral am neuen Ares 1-Fallschirmsystem, das bei dieser Mission ebenfalls getestet wurde. Der Oberstufendummy dagegen versank – ebenfalls wie vorgesehen – im Meer.

Arex 1-X Patch

29.10.2009 – Ariane 5 erneut erfolgreich

Am 29. Oktober, exakt um 21:00 Uhr mitteleuropäischer Zeit brachte eine Trägerrakete des Typs Ariane 5 zwei Kommunikationssatelliten auf geostationäre Transferorbits: NSS-12 für die SES-Tochter SES WORLD SKIES, und THOR 6 für Telenor Satellite Broadcasting AS, ein Unternehmen des norwegischen Mobilfunkdienstleisters Telenor. Der Start erfolgte nur 28 Tage nach der letzten Ariane 5-Mission, bei der am 1. Oktober die Satelliten Amazonas 2 und COMSATBw-1 in eine Erdumlaufbahn gebracht worden waren. Seit dem ersten Flug in diesem Jahr, der im Februar erfolgte hat dieser Träger fast 43 Tonnen Nutzlast in den Orbit gebracht. Diese Mission war der 48. Flug einer Ariane 5 und der 34. erfolgreiche Start in ununterbrochener Reihenfolge. NSS-12 ist der 32. Satellit der SES-Gruppe, dessen Start eine Ariane durchführt. THOR 6 ist dagegen das erste Raumfahrzeug

Ariane 5 ECA mit THOR 6 und NSS-12

das Arianespace für Telenor Satellite Broadcasting AS, die Tochter des norwegischen Mobilkommunikationsbetreibers Telenor, startet. NSS-12 wurde von von Space Systems/Loral (SSL) auf Basis der SS/L 1300-Plattform gebaut. Er ist ein sehr großer Satellit mit einem Startgewicht von 5.700 kg und trägt 48 aktive Ku-Band Transponder und 40 C-Band Transponder für Telekommunikationsdienste, hauptsächlich „direct-to-home" Fernsehen für Europa, den Mittleren Osten, Afrika, Asien und Australien. NSS soll seinen Dienst mindestens 15 Jahre lang auf 57 Grad Ost versehen. THOR 6 wurde von Thales Alenia Space auf der Spacebus 4000B2-Plattform konzipiert. Sein Startgewicht betrug 3.050 kg. Er ist mit 36 Ku-Band Transpondern ausgerüstet und wird ebenfalls 15 Jahre lang DTH-Dienste für die nordische Region sowie ganz Zentral- und Osteuropa bereitstellen. Seine kombinierte Sendeleistung wird zu Beginn der Mission 7 kW betragen. Thor 6 ersetzt Thor 3, der im nächsten Jahr aus dem aktiven Dienst genommen werden soll. Die Gesamtnutzlast, welche die Ariane transportierte betrug 9.515 Kilogramm. Dies beinhaltete neben dem kombinierten Gewicht der beiden Satelliten auch noch das Dispenser-System und die Satelliten-Integrationseinrichtungen an der Rakete. Der Start von NSS-12 führt die seit 25 Jahren andauernde Beziehung von Arianespace mit der SES Gruppe fort. Der allererste Ariane-Start der unter der Leitung von Arianespace erfolgte, fand am 22. Mai 1984 statt. Damals wurde der SES-Satellit Spacenet 1 mit einer Ariane 1 in den Orbit gebracht (Insgesamt war es damals der 9. Start einer Ariane-Rakete). Diese Ariane 5 trug den Namen „Lampoldshausen" im Rahmen einer Aktion des Ariane-Städtebundes, dem Lampoldshausen im Jahre 2010 vorstehen wird.

November

02.11.2009 – ESA's Proba 2 und SMOS im Orbit

In der Nacht vom 1. auf den 2. November wurden vom nordrussischen Weltraumbahnhof Plesetzk zwei Forschungssatelliten der ESA mit einer einzelnen Trägerrakete in getrennte polare Erdumlaufbahnen befördert. Eines der beiden Raumfahrzeuge – SMOS – wird für Untersuchungen der Bodenfeuchtigkeit und des Salzgehalts der Ozeane eingesetzt, bei dem anderen handelt es sich um den zweite Demonstrationssatelliten des ESA-Projektes für Bordautonomie (PROBA-2). Als Träger wurde eine modifizierte Interkontinentalrakete des Typs

Breeze M Oberstufe gibt Proba 2 frei

SS-19 eingesetzt, besser bekannt unter ihrem zivilen Namen „Rokot". An der Spitze des Trägers befand sich eine hoch bewegliche Oberstufe des Typs „Breeze KM", die ihrerseits wiederum die beiden Raumfahrzeuge trug. Diese Oberstufe ist in der Lage mehrere Satelliten auf unterschiedlichen Bahnen abzusetzen. Der Start erfolgte um 2:50 Uhr mitteleuropäischer Zeit bei dichtem Nebel. Innerhalb von nur gut fünf Minuten hatte die beschleunigungsstarke Rakete unter Einsatz der ersten beiden Stufen einen Übergangsorbit erreicht. Die weitere Mission übernahm die Breeze M-Oberstufe. Über der Barents-See riss der Funkkontakt ab, da dort keine Bahnverfolgungs-Stationen existieren. Dieses „Time-out" war aber eingeplant und der Träger wickelte alle weiteren Aktionen autonom ab. Für 45 Minuten bestand danach kein Kontakt mehr mit der Breeze M und ihrer insgesamt 370 Millionen Euro teuren Fracht. Erst als sich die Kombination der Empfangsanlage von Hartebeesthoek in Südafrika näherte, konnte die Funkverbindung wieder hergestellt werden.

An diesem Punkt wurde um 3:00 Uhr mitteleuropäischer Zeit der 655 Kilogramm schwere SMOS in einem nahezu kreisförmigen Orbit in 755 Kilometern Höhe und einer Bahnneigung von 98,4 Grad zum Äquator freigegeben. Der 130 Kilogramm schwere Proba 2 verblieb noch für einen weiteren Erdumlauf auf der Breeze KM, die eine Bahnänderung durchführte und dann auch ihn in einer Flughöhe von 725 Kilometern „entließ". Das Kosmodrom Plesetsk befindet sich etwa 800 Kilometer nördlich von Moskau in der Region Archangelsk. Die Rokot mit ihrer Breeze KM Oberstufe eignet sich insbesondere für den Start von zivilen Erdbeobachtungs-, Wissenschafts- und Kommunikationssatelliten in polare Umlaufbahnen bis zu ca. 1.200 Kilometern Höhe. SMOS wird bei der weltweiten Überwachung des Klimawandels eine entscheidende Rolle übernehmen. Es ist der erste Satellit, der sowohl die Kartierung

Rokot im Startgerüst

Nutzlastverkleidung wird über Proba abgesenkt

des Salzgehalts an der Oberfläche der Ozeane als auch die weltweite Überwachung der Bodenfeuchtigkeit durchführen kann. Er verfügt über ein einzigartiges interferometrisches Radiometer, das die passive Überwachung des Wasserkreislaufs zwischen Ozeanen, Atmosphäre und Festland ermöglicht. SMOS ist Bestandteil des ESA Earth Explorer Programms, zu dem auch der im März 2009 ebenfalls von einer Rokot gestartete Satellit GOCE gehört. SMOS (Soil Moisture and Ocean Salinity) wird durch die Ermittlung von Bodenfeuchte und Meeressalzgehalt Rückschlüsse auf den globalen Wasserkreislauf und damit eine bessere Vorhersage von Extremwetterlagen ermöglichen. Das dafür verwendete Instrument „MIRAS" wurde von EADS CASA Espacio in Madrid entwickelt und nutzt Mikrowellentechnologie. „MIRAS" ist ein Interferometer, das 69 auf drei Schwenkarmen montierte Empfänger zur Messung der Temperatur der Reflexionen der Erdoberfläche im Mikrowellenbereich miteinander verbindet. Diese Temperatur hängt mit der Temperatur der Erdoberfläche und ihren leitenden Eigenschaften zusammen und diese wiederum mit der Bodenfeuchtigkeit der Landoberfläche. Am Bau des Satelliten war die französische Raumfahrtagentur CNES mit einer Proteus-Satellitenplattform sowie Thales Alenia Space in Cannes als Hauptauftragnehmer beteiligt. Nach GOCE und SMOS befinden sich noch weitere Erdforschungssatelliten in Vorbereitung. Cryosat-2, der die Dicke des schwimmenden Meereises erfassen wird, soll im Februar 2010 gestartet werden. 2011 werden die Missionen ADM-Aeolus zur

Untersuchung der Atmosphärendynamik und SWARM zur Überwachung der Schwächung des Magnetfelds der Erde folgen. Für 2013 ist die Mission EarthCARE zur Erforschung von Wolken und Aerosolen geplant. Der beim Start von SMOS als Huckepacknutzlast auf den Weg gebrachte Satellit PROBA-2 ist der Nachfolger des 2001 gestarteten äußerst erfolgreichen Satelliten PROBA-1. Er wird die orbitale Demonstration fortschrittlicher Satellitentechnologien wie Miniatursensoren für künftige ESA-Raumsonden und eine hochmoderne CCD-Kamera mit einem Betrachtungswinkel von ca. 120° durchführen. Zusätzlich verfügt er über vier Forschungsinstrumente zur Beobachtung der Sonne und zur Untersuchung solarer Plasma-Phänomene. PROBA-2 wurde im Auftrag der ESA durch das belgische Unternehmen Verhaert hergestellt. Das vom Centre National d'Etudes Spatiales (CNES) im französischen Toulouse betriebene PROTEUS-Missionskontrollzentrum übernimmt im Auftrag der ESA die Flugkontrolle von SMOS, während das PROBA-Kontrollzentrum in der Bahnverfolgungsstation der ESA im belgischen Redu für die Flugkontrolle von PROBA-2 zuständig ist. Der Anfangsbetrieb in der Umlaufbahn wurde bereits eingeleitet, um die Satelliten zu überprüfen, bevor sie für den eigentlichen Betrieb freigegeben werden. PROBA-2 soll in zwei Monaten betriebsbereit sein, während die äußerst innovative Nutzlast an Bord von SMOS länger geprüft und kalibriert werden muss, weshalb der Satellit erst in etwa sechs Monaten voll betriebsbereit sein wird.

10.11.2009 – Von Nummer 1 zur ISS

Die historische Startanlage Nummer 1 in Baikonur, von der aus im April 1961 Juri Gagarin den ersten Orbitalflug eines Menschen unternahm, ist bekanntlich bis auf den heutigen Tag in Betrieb. Was weniger bekannt ist: Diese Startanlage wird nicht nur für die bemannten Sojus-Flüge eingesetzt, sondern auch für unbemannte Missionen. Bereits Sputnik 1 startete von dort. Heute ging von diesem historischen Startplatz aus das nächste Bauteil für die internationale Raumstation auf die Reise, eine Kombination aus Kopplungsadapter und Mini-Forschungsmodul mit der Bezeichnung „Poisk" (Forscher). In der Terminologie der Internationalen Raumstation trägt es eine etwas unpathetischere Bezeichnung, nämlich MIM 2 (Mini-Research Module 2). Der Start von „Poisk" erfolgte um 15:22 Uhr mitteleuropäischer Zeit. Das Modul macht es zukünftig möglich, dass vier Raumfahrzeuge gleichzeitig an der ISS anlegen können. „Poisk" ist für den Transfer zur ISS mit einer Antriebseinheit ausgestattet, wie sie auch

Miniresearch-Module 2 (MIM 2). Grafische Darstellung

MIM2 Startvorbereitungen

MIM2 Startvorbereitungen

die Progress-Raumfahrzeuge verwenden. Dieses neue Element der ISS hat einen Durchmesser von 2,4 Metern und ist etwa vier Meter lang. Es ist das erste größere neue Bauteil, das Russland seit dem Jahre 2001 zur ISS bringt. Damals wurde der nahezu identische Pirs-Dockingadapter zur Raumstation befördert. Das Anlegemanöver am Orbitalkomplex ist für den Donnerstag um 16:44 Uhr mitteleuropäischer Zeit vorgesehen, exakt 48 Stunden nach dem Start. Poisk/MIMS wiegt alleine ohne das Progress-Antriebsmodul knapp unter vier Tonnen. Das neue Element wird am „Zenith"-Port des russischen Svesda-Moduls anlegen. Dies ist der Anlegepunkt auf der erdabgewandten Seite von Svesda. Nachdem die Station jetzt die meiste Zeit mit sechs Personen besetzt ist, werden jeweils zwei Sojus-Raumfahrzeuge fix an der Station stationiert sein. Die beiden anderen Docking-Ports werden für besuchende Sojus, für Progress-Raumfahrzeuge und für das europäische ATV benötigt. Derzeit gibt es nur drei Anlegestellen im russischen Segment der Station. Poisk wird außerdem als Luftschleuse für russische Außenbordaktivitäten benutzt werden und als Befestigungsplattform für externe Experimente. Das Modul hat zwei Ausstiegsluken. Gebaut wurde Poisk von der russischen Raumfahrtfirma Energia. An Bord des Raumfahrzeugs befinden sich etwa 850 Kilogramm Fracht für die Internationale Raumstation. Nachdem das neue Modul angekoppelt hat, wird die Progress-M Serviceeinheit abgetrennt und über dem Südpazifik gezielt zum Absturz gebracht. Der neue Andockstutzen soll im Januar zum ersten Mal eingesetzt werden, wenn ein Sojus-Raumfahrzeug an der Raumstation „umgeparkt" wird. Russland hat inzwischen auch ein ähnliches Modul als verlängerten Dockingstutzen für das Zarya-Element der Raumstation fertig gestellt. Diese Struktur mit der Bezeichnung „Mini-Research Module 1" soll im kommenden Mai an Bord eines Shuttle zur ISS gebracht werden.

12.11.2009 – Praxis im Orbit

Start

Weniger als 24 Stunden nach der ersten Ankündigung sandte China am 12. November einen Forschungssatelliten der Shijian-Reihe in den Orbit. Shijian 11-10, so die Bezeichnung des Raumfahrzeugs ist, wurde mit einer Trägerrakete des Typs Langer Marsch 2C in den Weltraum befördert. Der Liftoff erfolgte um 10:45 Uhr chinesischer Ortszeit (3:45 Uhr mitteleuropäischer Zeit). Startort war das Raumfahrtzentrum Jiuquan in Nordchina. In dieser Gegend ist schon der Winter eingekehrt, und so hob der zweitstufige Träger auf dem Flammenstrahl seiner vier mit Hydrazin und Stickstofftetroxid betriebenen Haupttriebwerke vom einem schneebedeckten Raumfahrtzentrum ab. Exakt 766 Sekunden nach dem Verlassen der Startrampe gab die zweite Stufe des Trägers den Satelliten in einem polaren Orbit mit einer Bahnhöhe von 690 Kilometern und einer Bahnneigung von 98,3 Grad zum Äquator frei. Über die Aufgaben des Raumfahrzeugs verlautete lediglich, dass es für „weltraumwissenschaftliche Experimente und Ingenieurstechnische Aufgaben" vorgesehen sei. Der Name des Satelliten passt dazu jedenfalls, denn Shijian bedeutet „Praxis". Der Start von Shijan 11-10 war erst der vierte chinesische Raumflug in diesem Jahr – eine recht niedrige Zahl angesichts der bislang stark steigenden Startfrequenz der letzten Jahre in China. Allerdings war es im August mit einer Trägerrakete des Typs Langer Marsch 3B zu einer ernsten Fehlfunktion gekommen, nach der ein indonesischer Nachrichtensatellit nicht die vorgesehene Umlaufbahn erreichen konnte. Die Untersuchungen der Fehlerursache laufen noch, und Starts mit Trägerraketen der Typs Long March 3 und 4 (welche dieselbe mit Wasserstoff und Sauerstoff betriebene Oberstufe einsetzen) sind derzeit ausgesetzt. Die Langer Marsch 2C verwendet dieses Stufe nicht und ist damit von der Startsperre nicht betroffen.

16.11.2009 –

Da waren es nur noch fünf…

Am Morgen vor dem Start

Es ist ein wenig gespenstisch, wenn man sich dieser Tage auf die Shuttle-Homepage des Johnson Spaceflight Centers der NASA begibt, denn dort www.nasa.gov/mission_pages/shuttle/main/index.html (links unten) findet ein seltsamer Countdown statt. Was hier heruntergezählt wird, sind nicht Stunden, Minuten und Sekunden bis zum Start eines Shuttles, sondern die verbleibende Anzahl der Missionen bis das Raumfährenprogramm ausläuft. Die Liste wird immer kürzer, und ist jetzt, zusammen mit der Mission STS 129, die ja schon unterwegs ist, nur noch sechs Positionen lang. Nur noch fünfmal wird also ein amerikanischer Shuttle in den Orbit starten, sollte sich nicht Präsident Obama für eine – in jedem Fall nur begrenzte – Programmverlängerung entscheiden. Im Shuttle-Programm gab es oft Probleme. Verzögerungen in den Vorbereitungen und beim Start waren an der Tagesordnung. Nichts war von alledem beim Beginn der Mission STS 129 zu erleben. Die Fähre Atlantis und ihre Crew machte sich auf die Sekunde pünktlich am schon vor Wochen geplanten Starttermin auf die Reise zu einem Versorgungsflug zur Internationalen Raumstation. Und dies bei strahlendem Wetter, so als schiene dieser traumhafte Missionsbeginn die Bemühungen der NASA ad absurdum führen zu wollen, die Shuttle-Flotte in Kürze stillzulegen.

Der Liftoff unter dem Kommando von Charlie Hobaugh war am 16. November um 20:28 Uhr mitteleuropäischer Zeit erfolgt. In Florida war es da noch sechs Stunden früher, nämlich 14:28 Uhr. Der Aufstieg in den Orbit verlief komplett problemlos. Auch Schaumstoffteile fielen dieses Mal offensichtlich noch nicht einmal in kleinen Mengen vom Außentank ab. Normalerweise sind abplatzende Stücke der Isolation eine permanente potentielle Gefahrenquelle für den Shuttle. Commander Hobaugh kennt alle Höhen und Tiefen des Programms. Während der fatalen Mission STS 107, dem letzten Flug der Columbia, war er als Verbindungsmann in Houston zur Crew eingesetzt gewesen, als „CapCom" wie es im Jargon der NASA heißt. Er erlebte ihren Tod unmittelbar mit. Inzwischen ist er dreimal mit dem Shuttle in den Orbit gestartet und zweimal wieder mit ihm gelandet. Auch eine Möglichkeit, ein Trauma zu verarbeiten. Der Charakter der Mission ist ein deutlicher Hinweis darauf, dass das Shuttle-Programm langsam aber sicher dem Ende entgegen geht. Die Raumfähre transportiert nämlich 15 Tonnen Ersatzteile für die ISS. Alles Teile, welche die Station derzeit überhaupt nicht benötigt. Sie sind aber so groß, massiv und sperrig, dass sie mit keinem anderen Transportsystem als dem Shuttle zur Raumstation gebracht werden können. Dies bedeutet in der Praxis, dass die Teile bis zu ihrem Einsatz – irgendwann in der Zukunft – an Bord der Station gelagert werden. Und eigentlich auch nicht direkt „an Bord", da würden sie zu viel Platz wegnehmen, sondern eher im „Freien", an der „Bordwand" der Station. Auf speziellen Paletten, die an der Zentralstruktur der ISS montiert sind.

Mit an Bord der Atlantis bei dieser 129. und sechstletzten Mission des Shuttle-Programms sind neben Commander Hobaugh der Pilot Barry „Butch" Wilmore, der seinen ersten Flug unternimmt und die Missionsspezialisten Leland Melvin, Michael Foreman, Randolph Bresnik und Robert Satcher. Forman und Melvin waren jeweils bereits einmal im Orbit. Die drei anderen Nutzlastspezialisten sind „Rookies", Weltraum-Neulinge also.

Neben der Anlieferung der Ersatzteile besteht eine weitere Hauptaufgabe des Einsatzes darin, die ISS-Bordingenieurin Nicole Stott wieder zur Erde zurück zu bringen. Sie hat die letzten knapp drei Monate an Bord des Außenpostens verbracht. Das Anlegemanöver an der Station erfolgte am 18. November um 17:51 Uhr mitteleuropäischer Zeit. Knapp zwei Stunden später wurden die Luken geöffnet und das knapp neuntägige gemeinsame Arbeitsprogramm konnte beginnen.

20.11.2009 – Kosmos 2455 späht für Russland

Russland startete am Freitag Mittag um 11.44 Uhr mitteuropäischer Zeit einen neuartigen militärischen Beobachtungssatelliten mit der Bezeichnung Kosmos 2455. Der Start des Raumfahrzeugs, der mit einer Trägerrakete des Typs Sojus U in seine Umlaufbahn befördert wurde, erfolgte von der russischen Weltraumbasis Plesetzk. Die Sojus lieferte den Satelliten auf einer recht eigenwilligen Bahn ab, mit einem niedrigsten Bahnpunkt (Perigäum) von nur 195 Kilometern, einem höchsten Bahnpunkt (Apogäum) von 900 Kilometern und einer Bahnneigung von 67,2 Grad zum Äquator. Das russische Militär gab keinerlei weitere Auskünfte über den Satelliten ab. Wir können aber wie häufig bei russischen und chinesischen Militärsatelliten auch in diesem Fall aus der Art der Umlauf-

Kosmos 2455 alias Lotos S

bahn, der verwendeten Trägerrakete, der Wahl des Startortes sowie früheren, bruchstückhaften Verlautbarungen zumindest eine qualifizierte Spekulation abgeben, die mit angemessener Wahrscheinlichkeit zutreffen dürfte. Danach handelt es sich bei dem Raumfahrzeug um einen neuartigen elektronischen Aufklärungssatelliten mit der Bezeichnung „Lotos S", der gemeinsam von TsSKB-Progress in Samara (Satellitenbus) und PLC Arsenal in St. Petersburg (Nutzlast) hergestellt wird. Satelliten des Typs Lotos-S werden die optischen Bildaufklärer der Tselina 2-Klasse und die Aufklärer des Typs Pion-NKS ablösen. Sie basieren auf der Konstruktion des Yantar-Erbeobachtungssatelliten und sollen ein neues Aufklärungsnetz mit der Bezeichnung „Liana" bilden. Als Sekundärnutzlast dürfte Lotos-S noch eine wissenschaftliche Nutzlast mit an Bord haben, nämlich einen Detektor für kosmische Strahlung mit der Bezeichung „Nuklon".

23.11.2009 – Atlas 5 bringt Intelsat 14 in den Orbit

Die Atlas 5 ist eine extrem teure Trägerrakete und wird demzufolge fast ausschließlich für US-Regierungsmissionen verwendet. Nur gelegentlich werden auch für kommerzielle Anbieter Starts durchgeführt. Einer dieser wenigen und für die absehbare Zukunft auch die letzte kommerzielle Mission fand am 23. November von Cap Canaveral aus statt. Eingesetzt wurde die Atlas in der selten geflogenen Konfiguration 431, mit einer Nutzlastverkleidung von vier Metern Durchmesser, drei Feststoffmotoren und einem einzelnen Centaur-Triebwerk in der zweiten Stufe. In dieser Version ist die Atlas erst einmal eingesetzt worden, im März 2005 beim Start des Mobilfunksatelliten Inmarsat 4-F1. An der Spitze des Trägers befand sich der 5.600 Kilogramm schwere Kommunikationssatellit Intelsat 14, der Nachrichtendienste zwischen Nord- und Südamerika und Afrika und Europa durchführen soll. Intelsat 14 ist mit 40 C-Band und 22 Ku-Band Transpondern ausgerüstet und für eine Lebensdauer von 15 Jahren ausgelegt. Er wurde von Space Systems/Loral gebaut. Der Start verlief völlig problemlos. Knapp drei Sekunden vor dem Abheben zündete das einzelne RD-180 Triebwerk. Danach erfolgte der Funktionscheck des Motors, den die Computer in den wenigen verbleibenden Sekunden bis zum Start absolvierten. Zum Zeitpunkt T+ 0,8 Sekunden zündeten auch die Booster. Weitere drei Zehntelsekunden später wurden die Halteklammern gelöst und die 19 Stockwerke hohe Rakete begann ihren Aufstieg in den Nachthimmel über Florida. Die von Aerojet hergestellten Feststoffbooster brannten für 90 Sekunden und unterstützten das RD-180 Triebwerk in der ersten Startphase. Die leeren Gehäuse blieben nach dem Ausbrennen noch für weitere 40 Sekunden an der Rakete befestigt, bis eine geeignete Abwurfzone erreicht war. Erst dann wurden sie vom Träger abgetrennt. Die Anzahl der Zusatzbooster richtet sich nach dem Gewicht der Nutzlast. Die Atlas 5 der 400er-Serie kann zwischen Null und drei Booster aufnehmen. Die 500er-Serie fliegt mit bis zu 5 Boostern. Diese Feststoffraketen haben fix montierte Düsen. Somit fehlt ihnen die Fähigkeit, zur Steuerung der Kombination beizutragen. Die Flugsteuerung wird deshalb in jeder Variante ausschließlich vom RD-180 Hauptmotor übernommen. Jeder Booster ist 20 Meter hoch, hat einen Durchmesser von 1,5 Metern und wiegt beim Start 45 Tonnen. Sie haben ein Gehäuse aus Grafit-Epoxy und werden mit einem Treibstoff mit der Bezeichnung „1.3 HTBP (Hydroxyl-Terminiertes Polybutadien)" betrieben. Jeder Feststoffmotor hat einen Maximalschub von etwa 180 Tonnen und eine

Altas 5 vor dem Start...

... und im Moment des Abhebens.

durchschnittliche Schubleistung von etwa 120 Tonnen. Die bronzefarbene Hauptstufe feuerte für insgesamt 4 Minuten und 27 Sekunden. Sechs Sekunden nach Brennschluss wurde auch sie abgeworfen und das einzelne Centaur-Triebwerk der zweiten Stufe übernahm den weiteren Antrieb. Die erste Brennphase der zweiten Stufe dauerte bis 14 Minuten nach dem Liftoff. Danach befand sich die Stufe mit dem Satelliten in einem Übergangsorbit mit einem niedrigsten Bahnpunkt von 175 Kilometern, einem höchsten Bahnpunkt von 26.000 Kilometern und einer Bahnneigung zum Äquator von 25 Grad. Die Centaur beendete die erste Brennphase über dem Zentral-Atlantik und ging dann in eine 95 Minuten dauernde Phase freier Drift über. Über dem südlichen indischen Ozean erwachte dann das von Pratt & Whitney Rocketdyne gebaute RL10 Triebwerk für eine 93sekündige zweite Brennphase, nach deren Abschluss der vorausberechnete Transferorbit erreicht war. Der niedrigste Bahnpunkt betrug nun 6.020 Kilometer, der höchste Bahnpunkt 38.340 Kilometer und die Bahnneigung zum Äquator betrug 22,48 Grad. 118 Minuten nach dem Verlassen der Startrampe gab die Centaur den Satelliten frei. Der Satellit wird sich nun in den nächsten Tagen selbst in seine endgültige geosynchrone Position auf 45 Grad westlicher Länge bringen und dort Intelsat 1R ersetzen der vor genau neun Jahren an Bord einer Ariane 5 gestartet worden war. Und hier noch ein wenig Statistik zu diesem Start:

- Es war der 601. Start einer Rakete mit der Bezeichnung „Atlas" seit 1957
- Es war der 315. Atlas-Start von Cape Canaveral
- Es war der 19. Start einer Atlas 5 seit Einführung des Typs im Jahre 2002
- Es war 17. Atlas 5 Start von Cape Canaveral
- Es war der 11. Atlas 5 Start unter der Ägide der United Launch Alliance
- Es war der 9. kommerzielle Start einer Atlas 5
- Es war der 5. Start einer Atlas 5 in diesem Jahr
- Es war der 2. Start einer Atlas 5 in der 431 Konfiguration
- Es war der 31. Satellit, der mit einer Atlas für Intelsat gestartet wurde
- Es war der 44. Satellit, den Space Systems/Loral für Intelsat gebaut hat.

24.11.2009 – Und noch ein Nachrichtensatellit...

Die hohe Startfrequenz dieses Jahres hält unvermindert an. Am 24. November fand im kasachischen Baikonur bereits die 68. Raumfahrtmission des Jahres 2009 statt. Diese Zahl war der Endstand des vergangenen Jahres gewesen und schon da die höchste Missionszahl seit acht Jahren. Um 14:19 Uhr mitteleuropäischer Zeit (18:29 Uhr zentralasiatischer Zeit) startete eine Proton M Breeze M von der Startanlage 39 des Weltraumbahnhofs mit dem europäischen Nachrichtensatelliten Eutelsat W7 in den Orbit. Der Flug hatte sich um einen Tag verzögert, weil die Genehmigung der kasachischen Behörden noch nicht eingetroffen war. Seit Russlands zentraler Weltraumbahnhof in Kasachstan liegt, kommt es immer wieder zu politischen Sticheleien dieser Art. Der Liftoff erfolgte in der Dunkelheit der frühen Abendstunden und einer für die kasachischen Steppe um diese Jahreszeit typischen Hochnebellage. Schon wenige Sekunden nach dem Abheben war der Träger in den dichten Wolken verschwunden. Das Flugprofil war, eine Besonderheit für Starts von hohen geografischen Breiten die auf geostationäre Bahnen gehen, extrem komplex. Es dauerte insgesamt 9 Stunden und 12 Minuten bis die Breeze M-Oberstufe nach fünf Brennmanövern den Satelliten freigeben konnte. Zum Vergleich: Eine Ariane 5 trennt sich etwa 30 Minuten nach dem Abheben von der Nutzlast und die Oberstufe benötigt dazu nur eine einzelne Brennphase. Am 23. November dauerte der Start von Intelsat 14, der seine Reise auf einer geografischen Breite von 28 Grad in Cap Canaveral begann, immerhin schon zwei Stunden und die Oberstufe war über zwei Antriebsperioden aktiv.

Rollout der Proton M

Der am Schluss erzielte Transferorbit wies einen niedrigsten Bahnpunkt von 4.920 Kilometern, einen höchsten Bahnpunkt von 35.600 Kilometern und eine Bahnneigung zum Äquator von 20,9 Grad auf. Den restlichen Weg bis zum geostationären Orbit legt der Satellit mit seinen Bordtriebwerken zurück. Die Mission erfolgte weniger als drei Monate nachdem International Launch Services (ILS), der kommerzielle Vermarkter der Proton M, den Start von W7 dem im Insolvenzverfahren nach Chapter 7 befindlichen Unternehmen Sea Launch weggeschnappt hatte. Seitdem das Verfahren läuft hat Sea Launch schon sieben Startaufträge an die Konkurrenz verloren. ILS hat jetzt einen Bestand von 24 Startaufträgen für die Proton M angesammelt. Einer davon wird noch in diesem Jahr stattfinden, sieben oder acht weitere im kommenden Jahr. Der 5.630 Kilogramm schwere W7 wird der leistungsstärkste Satellit in der Eutelsat-Flotte sein. Er wurde von Thales Alenia Space in Frankreich auf der Basis der Spacebus 4000C4-Plattform gebaut. Das Raumfahrzeug trägt 70 Ku-Band Transponder. Die Lebensdauer ist auf 15 Jahre veranschlagt. Er wird auf 36 Grad östlicher Länge stationiert werden und Kommunikationsdienste für Afrika, Europa, Russland, den mittleren Osten und Zentralasien bereitstellen. Auf seiner Arbeitsposition wird er den seit 10 Jahren im Einsatz befindlichen SESAT 1 ersetzen. Dieser Satellit wird danach auf einer weniger stark frequentierten Position stationiert.

Landung Atlantis

27.11.2009 –
Perfekte Mission beendet

Mit einer perfekten Landung beendete Commander Charlie Hobaugh am Freitag um 9:44 Uhr ostamerikanischer Ortszeit die Shuttle Mission STS 129 auf der Landebahn 33 des Kennedy Space Centers. Selbst altgediente Veteranen des Raumfähren-Programms können sich nicht erinnern, jemals eine so reibungslose Mission erlebt zu haben. Bereits der Start am 16. November von der Startrampe 39A gelang pünktlich auf die Sekunde zum Monate zuvor geplanten Zeitpunkt. Beim Aufstieg in den Orbit wurde kein einziges wesentliches „Schadensereignis" registriert: keine einzige der sonst üblichen Abplatzungen der Schaumstoffisolierung, die potentiell sehr gefährlich werden können, wie die Columbia-Katastrophe zeigte. Während der knapp elftägigen Mission selbst verlief alles vollständig nach Plan. Drei Außenbordmanöver und der Transfer von 13 Tonnen Ersatzteilen für die Raumstation gingen zu 100 % erfolgreich über die Bühne. Die Atlantis war dieses Mal mit nur sechs Besatzungsmitgliedern gestartet, anstelle der sonst üblichen sieben. Den freien Platz beanspruchte – nur für den Rückflug – Nicole Stott, die nach 90 Tagen Aufenthalt auf der ISS von der Atlantis abgeholt wurde. Stott ist die letzte Astronautin, die vom Shuttle sowohl zur Station hingebracht als auch wieder zurückgeholt wurde.

Bill Gerstenmeier, Chef des bemannten Raumfahrtprogramms der NASA bezeichnete denn auch den Flug als „Just an amazing mission". Atlantis brachte nicht nur die erwähnten Ersatzteile zur ISS sondern transportierte auch mehr als eine Tonne Material wieder zurück zur Erde. Unter anderem eine defekte Wasseraufbereitungsanlage. Die nächste Raumfähre – Endeavour – soll im Februar eine Ersatzeinheit zur Station bringen. Glücklicherweise ist der Wasserverbrauch an Bord der Station derzeit ohnehin geringer als sonst, da nach dem Abschied von Nicole Stott für einige Tage nur noch fünf Besatzungsmitglieder an Bord waren. Diese Zahl reduziert sich in den nächsten Tagen weiter, wenn am 1. Dezember Roman Romanenko, Robert Thirsk und Frank de Winne mit Sojus TMA-15 zur Erde zurückkehren. Danach werden Jeffrey Williams und Maxim Surajev für drei Wochen alleine an Bord der Station verbleiben bis schließlich am 20. Dezember Oleg Kotov, Timothy Creamer und Soichi Noguchi zur Station starten werden. Die normale Besatzungsstärke wird erst im kommenden Mai wieder erreicht. Dann werden Alexander Skortzov, Michael Kornjenko und Tracy Caldwell mit Sojus TMA-18 starten.

29.11.2009 – Geheimer japanischer Späher unterwegs

H-2A vor dem Start

Das kennen wir sonst nur von Russland oder China: Eine militärische Weltraummission, die so topgeheim ist, dass die japanischen Offiziellen sogar die sonst ständig aktive Webcam am Tanegashima-Weltraumzentrum vom Startturm wegdrehten und der Start selbst im Vorfeld nicht angekündigt wurde. Der 52 Meter Hohe Träger vom Typ H-2A – die 16. Produktionseinheit dieses Typs – verließ die Startrampe 1 am Yoshinobu-Komplex um 2:52 Uhr mitteleuropäischer Zeit und lieferte seine Nutzlast, einen optischen Bildaufklärer aus der IGS-Serie (Information Gathering Satellite) 15 Minuten später auf einer polaren Erdumlaufbahn ab. Der Raumfahrzeug ist die fünfte Einheit in Japans Spionagesatellitennetz, das aus Bildaufklärern und aus Radarsatelliten besteht. IGS 5A gehört in erstere Kategorie. Sein Gewicht dürfte bei 850 Kilogramm liegen, sein optisches Auflösungsvermögen bei 40 Zentimetern pro Bildpunkt. Japan etablierte das weltraumgestützte Aufklärungsnetz als Antwort auf die nordkoreanischen Lenkwaffenaktivitäten des Jahre 1998, nachdem Nordkorea erstmals eine Mittelstreckenrakete über japanisches Territorium feuerte.

Intelsat 15

30.11.2009 – Zenit bringt Intelsat 15 in den Orbit

Am 30. November startete vom zentralasiatischen Startplatz Baikonur ein neues Raumfahrzeug zur Bereitstellung von Kommunikationsdienstleistungen für Russland und den Mittleren Osten. Als Träger wurde eine Zenit 3 SLB eingesetzt. Das ist die Version des Startdienstleister Sea Launch, die nicht von der Meeresplattform Odyssey aus gestartet wird, sondern von einer normalen, landgestützten Startbasis. Sechs Stunden nach dem Liftoff wurde das Raumfahrzeug von der Block DM-Oberstufe auf der vorgesehenen Transferbahn abgesetzt. Exakt zum vorgesehenen Zeitpunkt, um 23:00 Uhr mitteleuropäischer Zeit, erwachte das einzelne RD-171 Triebwerk des knapp 58 Meter hohen Trägers zum Leben. Unmittelbar darauf verließ die Rakete die Startrampe 45 des Raumfahrtzentrums. Nach zweieinhalb Minuten war die mit Kerosin und flüssigem Sauerstoff betriebene Erststufe ausgebrannt und die zweite Stufe übernahm die weitere Beschleunigung. Fünf Minuten nach dem Verlassen der Rampe wurde die Nutzlastverkleidung abgeworfen. Nach achteinhalb Minuten war auch die zweite Stufe ausgebrannt und die Block DM-SLB Oberstufe übernahm zunächst für eine dreieinhalb Minuten dauernde Brennphase. Danach hatte sie, zusammen mit dem Satelliten, einen niedrigen Übergangsorbit erreicht. In den folgenden sechs Stunden feuerte die Oberstufe noch zwei weitere Male für jeweils mehrere Minuten. Um 5:30 Uhr mitteleuropäischer Zeit hatte der 2,5 Tonnen schwere Intelsat 15 seinen vorgesehenen Transferorbit erreicht, und die Block DM gab das Raumfahrzeug frei.

Der niedrigste Bahnpunkt der Übergangsellipse lag danach bei 10.300 Kilometern, der erdfernste Punkt bei 35.600 Kilometern und die Bahnneigung zum Äquator betrug 12 Grad. Das Raumfahrzeug wird in den nächsten Tagen seine Bordtriebwerke einsetzen, um den endgültigen geostationären Orbit zu erreichen. Intelsat 15 wurde von Orbital Sciences auf Basis des „Star"-Satellitenbus gebaut und trägt 22 Ku-Band Transponder. Er ist bereits der 10. Intelsat-Satellit, der von Sea Launch gestartet wurde. Seine endgültige Orbitposition wird sich auf 85 Grad östlicher Länge befinden. Dort wird er Intelsat 709 ablösen, der dort seit 1996 Dienst tut. Intelsat 15 ist der dritte Intelsat-Satellit, der in den letzten Wochen gestartet worden ist. Die beiden anderen waren Thor 6 am 29. Oktober und Intelsat 14 am 23. November.

Dezember

01.12.2009 – Frank De Winne zurück auf der Erde

Kasachische Begrüßung

Der ESA-Astronaut Frank De Winne, der russische Kosmonaut Roman Romanenko und der Astronaut der kanadischen Raumfahrtagentur Robert Thirsk sind am 1. Dezember um 13:16 Uhr Ortszeit (08:16 Uhr mitteleuropäischer Zeit) wohlbehalten an Bord des Wiedereintrittsmoduls von Sojus TMA-15 zur Erde zurückgekehrt. Die Landung in Kasachstan beendete die zweite Langzeitmission der ESA zur Internationalen Raumstation, bei welcher der Belgier Frank De Winne als erster Europäer das Kommando über den orbitalen Außenposten übernahm. De Winne, Romanenko und Thirsk stießen bei ihrer Ankunft an Bord der ISS im Mai 2009 zu den drei ständigen ISS-Mannschaftsmitgliedern und vervollständigten die erste ständige sechsköpfige Mannschaft. Der Italiener Roberto Vittori ist der nächste Astronaut, der im Rahmen der Mission STS-134 im Juli 2010 zur ISS fliegen und zusammen mit seinen amerikanischen Kollegen das Alpha-Magnet-Spektrometer (AMS) zur Raumstation bringen soll. Die Astronauten Paolo Nespoli aus Italien und André Kuipers aus den Niederlanden werden im Anschluss als europäische Mannschaftsmitglieder der Expedition 26/27 im Jahr 2010/2011 und der Expedition 30/31 im Jahr 2011/2012 jeweils für sechs Monate folgen.

Start des Wideband Global SATCOM 3

05.12.2009 –

Breitband für die US-Streitkräfte

Dreimal musste der Start des Wideband Global SATCOM 3 (WGS 3) verschoben werden, bis es endlich beim vierten Anlauf klappte. Zweimal waren ungünstige Wetterbedingungen schuld an der Verzögerung, weil ein Sturmtief über Florida zog, einmal gab es ein technisches Problem an einer Bodenanlage. Beim vierten Anlauf, in den frühen Morgenstunden des 6. Dezember klappte es schließlich und der Satellit konnte auf seiner Delta 4-Trägerrakete den Orbit ansteuern. Der Liftoff erfolgte wegen des nach wie vor nicht sonderlich günstigen Wetters erst 10 Minuten vor dem Ablauf des 85 Minuten langen Startfensters um 2:37 Uhr mitteleuropäischer Zeit (20:37 Uhr US-Ostküstenzeit) von der Startanlage 37B der Cap Canaveral Luftwaffenbasis. Die ersten Sekunden nach der Zündung des Rocketdyne RS-68 Erststufentriebwerks boten das für einen Delta 4 Start typische faszinierende, aber für einen Laien stets etwas erschreckende Spektakel, bei dem die Rakete für einige Momente praktisch vollständig in Flammen gehüllt ist. Ein Effekt der durch die Wasserstoff-Verpuffung entsteht. Die Delta 4 flog erstmals in der Version Medium + (5,4). Mit vier GM-60 Feststoff-Zusatzboostern und einer Oberstufe mit einer Nutzlastverkleidung von fünf Metern Durchmesser. Zwei der Feststoffmotoren haben fixierte Triebwerke, die beiden anderen sind mit schwenkbaren Düsen ausgestattet, um das RS-68 Haupttriebwerk bei der Fluglageregelung zu unterstützen.

20 Minuten und 31 Sekunden nach dem Verlassen der Startrampe erfolgte der erste Brennschluss. Danach hatte die zweite Stufe der Delta mit dem Satelliten einen Parkorbit erreicht, der einen niedrigsten Bahnpunkt von 160 Kilometern und einen höchsten von 5.975 Kilometern aufwies. Die Bahnneigung zum Äquator betrug zu diesem Zeitpunkt 25,6 Grad. Danach begann eine Phase freier Drift in der sich das Raumfahrzeug auf das Apogäum der Übergangsbahn zu bewegte. 28 Minuten und 33 Sekunden nach dem Abhe-

ben zündete das RL-10 Triebwerk der zweiten Stufe erneut, diesmal für knapp drei Minuten. 31 Minuten und 29 Sekunden nach dem Verlassen der Rampe hatte das Gespann einen sogenannten supersynchronen Orbit mit einem höchsten Bahnpunkt von 57.930 Kilometern erreicht. Das Perigäum betrug 440 Kilometer und die Inklination wurde mit 24 Grad angegeben. 40 Minuten und 40 Sekunden nach dem Liftoff gab die zweite Stufe den Satelliten frei. Hier ein wenig Statistik zum aktuellen Start:

- Es ist die 11. Delta 4-Mission seit dieser Typ im Jahre 2002 in Dienst gestellt wurde.
- Es ist die 9. Delta 4, die von Cape Canaveral aus startet
- Es ist die 8. Delta 4 Mission für die US-Luftwaffe
- Es ist der Erstflug in der Version „Medium+ 5,4"
- Es ist der 10. Start einer Delta-Rakete in diesem Jahr.
- Es ist die dritte Delta 4 in diesem Jahr

WGS 1 wurde im vergangenen Jahr gestartet und deckt den Bereich der US-Westküste und des pazifischen Raumes ab. WGS 2 war in diesem Frühjahr gestartet worden und wurde in der Folge über dem Indischen Ozean stationiert, wo er jetzt Datenübertragungen für die Truppen in Afghanistan, den Irak und den südwestasiatischen Raum durchführt. WGS 3 schließlich wird über dem Ostatlantik auf 12 Grad westlicher Länge stationiert werden, um den Europäischen, den Afrikanischen Raum und den nahen und mittleren Osten abzudecken. WGS 3 wog beim Start 5.990 Kilogramm. Der Satellit ist in der Lage, Breitband-Kommunikationsdienstleistungen mit einer Rate von 3,6 Gigabit pro Sekunde durchzuführen. Das Antriebssystem des Satelliten besteht aus einem RD-6 Apogäumsmotor und vier XIPS-25 Ionentriebwerken für die Lageregelung. Das Raumfahrzeug wurde von Boeing auf Basis des BSS 702-Satellitenbus gebaut.

08.12.2009 – Ein großer Schritt für den Weltraumtourismus

Mit großem Zeremoniell wurde gestern Abend in Kalifornien der offizielle Rollout von SpaceShipTwo (SS2) durchgeführt. Der Gründer von Virgin Galactic, Sir Richard Branson und der Chef von Scaled Composites, Burt Rutan waren die Gastgeber des Events, der von einer großen Anzahl von Prominenten und

WhiteKnightTwo und SpaceShipTwo

vielen zukünftigen „Astronauten" besucht wurde. Die Festansprachen hielten neben Sir Richard der Gouverneur von Kalifornien, Arnold Schwarzenegger, und der Gouverneur von New Mexico, Bill Richardson. SS2 war beim Rollout, wie später bei den aktuellen Starts, unter dem Rumpf seines Trägerflugzeugs WhiteKnightTwo (WK2) befestigt. Über 300 Personen haben bereits Tickets im Wert von jeweils 200.000$ gekauft, um unter den ersten Passagieren für die suborbitalen Raumflüge sein zu können. SS2 wird neben zwei Piloten auch mit sechs Passagieren besetzt und wird mit diesen bis an die Grenze zum Weltraum fliegen. Die Einsatzhöhe für die Passagierflüge wird bei etwa 130 Kilometern liegen. Mit weniger Zuladung ist SS2 in der Lage Höhen bis etwa 150 Kilometern zu erreichen. Branson erläuterte der enthusiastischen Zuschauermenge, dass SS2 seine Passagierflüge erst dann aufnehmen wird, wenn es „viele, viele Testflüge absolviert hat". Diese Testflüge wird das Vehikel, das auf den Namen „Enterprise" getauft wurde, in wenigen Wochen beginnen. Sie werden in inkrementellen Schritten durchgeführt. Angefangen mit so genannten „Captive-Carry"-Einsätzen, bei denen SS2 unter dem Flügel des Trägerflugzeugs befestigt bleibt, über Gleitflüge aus immer größeren Höhen, bis zu den eigentlichen Raketenflügen mit immer längeren Brennzeiten.

Start YaoGan 7

09.12.2009 – YaoGan 7 startet erfolgreich von Xinhua

China startete am Mittwochnachmittag um 16:42 Uhr Ortszeit einen Satelliten mit der Bezeichnung „Yaogan 7" vom Weltraumbahnhof Jiuquan in der nordwestchinesischen Provinz Gansu. Als Trägerfahrzeug wurde eine „Langer Marsch 2D" (CZ-2D) eingesetzt. Bei dem Satelliten handelt es sich um ein militärisches Raumfahrzeug, mit ziemlicher Sicherheit um einen optischen Aufklärer. Die chinesischen Offiziellen sprachen dagegen von einem wissenschaftlichen Satelliten mit der Aufgabe Erntevorhersagen, Katastrophenbeobachtung und Landvermessung durchzuführen. Die YaoGan-Satelliten werden von der chinesischen Volksarmee betrieben und sind ausgesprochen fortschrittliche Raumfahrzeuge. Sie bewegen sich auf sonnensynchronen Polarbahnen in einer Kreisbahnhöhe von etwa 600 Kilometern. Satelliten aus dieser Serie sind entweder Bildaufklärer, die mit elektro-optischer digitaler Bilderfassung arbeiten, oder es handelt sich um Radarsatelliten, ausgerüstet mit einem Synthetic-Aperture-Radar (SAR). Bislang wurden zwei der optischen Aufklärer und vier Radarsatelliten gestartet. Die optischen Aufklärer jeweils von Jiuquan aus, die SAR-Satelliten von Taiyuan. Das Raumfahrzeug wurde von der China Academy of Space Technology entwickelt, die Trägerrakete baute die Shanghai Academy of Spaceflight Technology. Satelliten der YaoGan-Serie werden meist in Paaren gestartet mit nur wenigen Tagen Abstand in der Startfolge. Demzufolge wird auch diesmal der Start der zweiten Einheit binnen Tagen erwartet. Der Einsatz der „Langer Masch 2D" war die 120. Mission einer Trägerrakete der Long March-Serie.

14.12.2009 – Drei neue russische Navigationssatelliten im Orbit

Beim 350. Einsatz einer Proton-Trägerrakete wurden drei Satelliten des russischen Glonass-Navigationssatellitennetzes in den Orbit transportiert. Die Historie der Proton geht zurück bis in die Mitte der 60iger Jahre als diese Rakete als superschwerer Nuklearträger konzipiert war. In dieser Rolle wurde sie aber nie eingesetzt, stattdessen steht sie seit Jahrzehnten in vielen Varianten für Trägereinsätze zur Verfügung. Die Glonass-Raumfahrzeuge traten um 12:38 Uhr mitteleuropäischer Zeit vom Raumfahrtzentrum Baikonur in Kasachstan ihre Reise in die Erdumlaufbahn an. Die drei ersten Stufen brachten die DM-2 Oberstufe mit den drei Satelliten innerhalb von zehn Minuten zunächst auf einen Übergangsorbit. Zwei Brennmanöver führten schließlich dazu, dass die Satelliten ihren vorgesehenen kreisförmigen Orbit in einer Höhe von 19.300 Kilo-

Vorbereitung auf den Start

metern bei einer Bahnneigung von 64,8 Grad erreichten. Kurz nach 16:00 Uhr wurden sie vom Träger freigegeben. Jeder der gut 1.300 Kilogramm schweren Raumfahrzeuge ist für eine Lebensdauer von sieben Jahren ausgelegt. Glonass ist das russische Gegenstück zum amerikanischen GPS-System. Die ersten Satelliten wurden schon vor 27 Jahren gestartet. Es war 1995 schon einmal nahezu voll ausgebaut, als 27 aktive Satelliten stationiert waren. In der Folge des Zusammenbruchs der Sowjetunion wurde es aber wegen Finanzierungsproblemen vernachlässigt und verfiel, bis es schließlich 2001 nur noch aus sieben aktiven Satelliten bestand. In den letzten Jahren steckte Russland aber wieder viel Geld in die Erneuerung und Modernisierung des Systems. Im Endausbau ist vorgesehen, auf jeder Bahnebene auch mindestens einen voll funktionsfähigen Reservesatelliten stationiert zu haben, was dann die Stationierung von 27 aktiven Raumfahrzeugen bedeutet.

Mit den Satelliten des heutigen Starts umfasst das Glonass-System derzeit 19 aktive Satelliten, von denen allerdings drei in nicht mehr optimalem Zustand sind. Das System braucht 18 Satelliten, um für die russischen Inlandsdienste voll funktionsfähig zu sein und 24 Satelliten, um auch global voll verwendet werden zu können. Die Glonass Raumfahrzeuge sind in drei orbitalen Ebenen stationiert, auf der sich jeweils acht Satelliten befinden sollten, um eine weltweite Abdeckung zu ermöglichen. Momentan ist diese geplante Sollstärke allerdings nur auf einer einzigen Bahnebene erreicht. Russland plante in diesem Jahr den Start von insgesamt sechs Glonass-Einheiten. Eine Mission im September musste aber wegen technischer Probleme verschoben werden. Der nächste Glonass-Start – erneut mit drei Satelliten an Bord einer Proton – ist für Februar vorgesehen.

14.12.2009 – Infrarote Bestandsaufnahme

Im Jahr der Astronomie 2009 war die schon unter normalen Umständen erhebliche Schnittmenge zwischen Raumfahrt und Astronomie ganz besonders groß. Fünf bedeutende weltraumgestützte Teleskope wurden in diesem Jahr in Umlaufbahnen um die Erde oder um die Sonne gebracht: Im Januar der russische Sonnenforschungssatellit Coronas-Foton, im März die US-Sonde Kepler und im Mai die Europäischen Raumsonden Herschel und Planck. Ebenfalls im Mai fand eine Wartungsmission für das Hubble-Space Telescope durch die Astronauten der Raumfähre Atlantis statt. Und jetzt, zum Jahresende, stand eine weitere wichtige Astronomie-Mission auf der Rampe: WISE, der „Wide Field

Infrared Survey Explorer" der NASA. Er beschloss am 11. Dezember den Reigen mit einem makellosen Start auf einer Delta 2 7320-10 von der Startrampe SLC 2 der Luftwaffenbasis Vandenberg. Der Liftoff erfolgte um 16:09 Uhr mitteleuropäischer Zeit. Zunächst zündete das Delta 2 Haupttriebwerk, drei Sekunden später auch die drei GEM-40 Feststoffmotoren. Zusammen erzeugten sie einen Schub von 1.812 Kilonewton.

Grafische Darstellung WISE

Unmittelbar nach dem Abheben schwenkte die Rakete auf einen fast genau südlichen Kurs mit einem Azimuth von 196 Grad und überquerte die kalifornische Küstenlinie. 36 Sekunden nach dem Abheben durchbrach die Delta 2 die Schallmauer. 72 Sekunden nach dem Verlassen der Startrampe waren die drei Feststoffmotoren ausgebrannt, verblieben aber zunächst an der Rakete, bis eine Reihe von Ölbohrplattformen vor der kalifornischen Südküste überflogen waren. Eine Minute und 39 Sekunden nach dem Verlassen der Startrampe befand sich die Rakete über der Abwurfzone und die nun leeren Booster-Gehäuse wurden abgeworfen.

Weitere zwei Minuten und 45 Sekunden später schaltete das Triebwerk der ersten Stufe ab. 14 Sekunden danach zündete der Motor der zweiten Stufe. Vier Minuten und 56 Sekunden nach dem Verlassen der Startrampe wurde die schützende Nutzlastverkleidung abgetrennt. In dieser Phase des Fluges befanden sich Träger und Nutzlast bereits außerhalb der Erdatmosphäre. 10 Minuten und 26 Sekunden nach dem Abheben war der Übergangsorbit erreicht und das Triebwerk der zweiten Stufe schaltete sich ab. 51 Minuten und 40 Sekunden nach dem Abheben zündete es erneut für weniger als neun Sekunden. Danach war die geplante polare Umlaufbahn mit einem Apogäum von 536 Kilometern, einem Perigäum von 522 Kilometern und einer Bahnneigung zum Äquator von 97,5 Grad erreicht. 55 Minuten und 57 Sekunden nach dem Verlassen der Startrampe trennte sich WISE von seinem Transportmedium. 10 Minuten später nahm der Satellit Verbindung mit der NASA-Station Greenbelt in Maryland auf. 20 Minuten nach der Trennung aktivierte WISE den Kryostaten, in dem er die Ventile für den Kühlkreislauf öffnete. Der Start war der 92. erfolgreiche Einsatz einer Delta 2 in ununterbrochener Reihenfolge. Es war der 147. Delta 2 Start überhaupt, von denen insgesamt 145 erfolgreich verliefen. Der 660 Kilogramm schwere WISE ist ein Satellit der Explorer-Klasse und gehört damit zum ältesten weltraumgestützten Forschungsprogramm der Welt, das im Dezember 1958 mit dem Start von Explorer 1 seinen Anfang nahm. Er wird in den nächsten 10 Monaten den kompletten Himmel im mittleren infraroten Wellenbereich unter die Lupe nehmen. Diese Himmelsdurchmusterung soll zahlreiche bislang unbekannte Objekte sichtbar machen: Kühle Sterne wie Braune Zwerge, dunkle Asteroiden und lichtschwache Galaxien. Mit WISE erwarten die Wissenschaftler alleine etwa 100.000 bislang unbekannte Asteroiden zu entdecken, davon mehrere hundert, die dem Erd-Orbit nahe kommen. Das 320 Millionen Dollar-Vorhaben wird von den Jet-Propulsion Laboratories der NASA in Pasadena geleitet. Der Satellit wurde von Ball Aerospace gebaut, der Kryostat, das technisch anspruchsvollste Bauteil und Herzstück des Raumfahrzeugs, stammt von Lockheed Martin. Er wird mit 18 Kilogramm festem Wasserstoff betrieben und sorgt für eine aktive Kühlung der Detektoren bis auf 8 Grad Kelvin. Das Licht für die Detektoren wird mit einem Teleskop von 40 Zentimetern Öffnungsweite gesammelt.

Bildlich gesprochen wird WISE die Übersichtskarte des kompletten Himmels herstellen mit deren Hilfe andere astronomische Raumfahrzeuge wie Hubble, Spitzer, Herschel oder das James Webb Space Telescope ihre Ziele aussuchen können. Das Infrarotteleskop Spitzer war beispielsweise nur in der Lage, etwa ein Prozent des Himmels zu beobachten. WISE macht also die Weitwinkel-Aufnahmen, mit deren Hilfe dann die großen Teleskope ihre Tele-Linsen ausrichten können. Dabei entsteht alle 11 Sekunden eine vierfarbige 4-Megapixel-Aufnahme eines Himmelssegmentes. Wenn nach etwa 10 bis 11 Monaten der Kühlvorrat aufgebraucht ist, dürften etwa zwei Millionen Aufnahmen entstanden sein, die den gesamten Himmel im Infrarotbereich abbilden. Jedes Bild deckt dabei die dreifache Fläche des Vollmondes ab. Der gescannte Wellenbereich liegt zwischen dem fünf- und 35fachen der Wellenlänge, die das menschliche Auge noch wahrnehmen kann (zwischen 3 und 25 Mikrometer). Die Daten, die WISE gesammelt hat, werden viermal täglich zur Erde gesendet. Die einzige bislang erfolgte Durchmusterung des Himmels im Infrarotspektrum wurde durch den Satelliten IRAS im Jahre 1983 durchgeführt.

Eine Teilkartografierung erfolgte mit COBE/DIRBE. WISE ist aber 500.000mal sensitiver als COBE und mehrere hundert Mal empfindlicher als die Detektoren von IRAS. Die Infrarot-Sensortechnik hat sich in den letzten Jahrzehnten dramatisch verbessert. Die Bilder von IRAS glichen noch eher den Gemälden expressionistischer Künstler. Die Bilder von WISE werden dagegen wie gestochen scharfe Fotografien wirken.

15.12.2009 – YaoGan Weixing-8 und XiWang-1 im Orbit

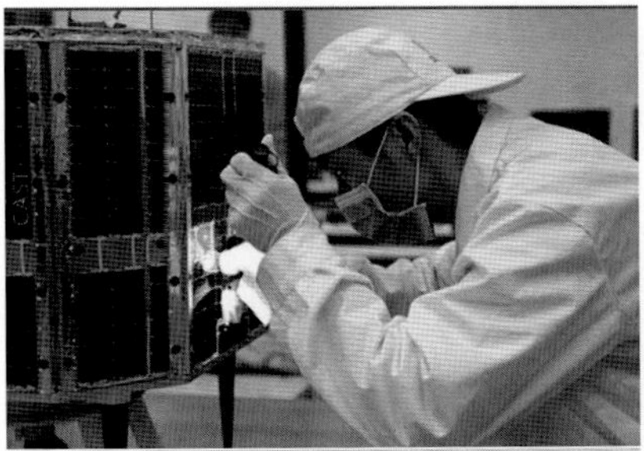

Kleinsatell t XiWang-1

Der von Experten – nach dem vorausgegangenen Start von YaoGan 7 – erwartete zweite Start einer YaoGan-Einheit fand am 15. Dezember um 10:31 Uhr Ortszeit statt. Es dürfte sich bei diesem Satelliten um einen SAR-Aufklärer handeln. Als Träger wurde eine Rakete des Typs Langer Marsch 4C eingesetzt. Der Start erfolgte vom Raumfahrtzentrum Taiyuan. Neben "YaoGan Weixing-8", wie die vollständige Bezeichnung des Raumfahrzeugs ist wurde auch der nur 50 Kilogramm schwere Amateurfunksatellit XiWang-1 (XW-1) gestartet. Der Name des Satelliten bedeutet auf Deutsch „Hoffnung". YaoGan 8 wurde vom Aerospace Shanghai Technical Institute der China Aerospace Science and Technology Corporation (CAST) gebaut. Die Nutzlast stammte vom Changchun Light Technology Institute. Die Masse des Satelliten wird mit 1.040 Kilogramm angegeben. Beide Satelliten wurden auf einer relativ ungewöhnlichen Bahn mit einem höchsten Punkt in 1.204 Kilometern, einem niedrigsten Bahnpunkt in 1.190 Kilometern und einer Inklination von 100,42 Grad abgesetzt. Dies unterscheidet das Raumfahrzeug von den bisher gestarteten sieben anderen YaoGan's.

18.12.2009 – Letzter Einsatz im Dienst von Helios 2B

Der letzte Träger des Typs Ariane 5 GS brachte am 18. Dezember den französischen Militärsatelliten Helios 2B in den Orbit Die „GS" war die Nachfolgeversion der Ariane 5 G+, die ihrerseits die ursprüngliche Basisversion dieses europäischen Großträgers, die Ariane 5G ersetzt hatte. Sie ist mit den gleichen Feststoff-Boostern ausgerüstet wie die ECA-Variante der Ariane 5, aber mit

Missionsposter

einem Aestus-Oberstufenmotor ausgerüstet und wird in der Zentralstufe von einem Vulcain 1B Triebwerk angetrieben. Sie wird zukünftig von der Ariane 5 ES abgelöst, die mit einem Vulcain 2-Triebwerk angetrieben wird. Der Vulcain 1-Motor wird nicht länger produziert. Der Start erfolgte um 17:26 Uhr mitteleuropäischer Ortszeit, entsprechend 13:26 Uhr Kourou-Ortszeit. 59 Minuten nach dem Verlassen der Startrampe wurde der Satellit auf seiner vorgesehen Kreisbahn in einer Flughöhe von 680 Kilometern freigegeben. Es ist der siebte Start einer Ariane 5 in diesem Jahr, eine neue Rekordmarke für diesen Träger. Helios 2B wurde von Astrium SAS in Toulouse für die französischen Streitkräfte gebaut. Die Kamera-Ausrüstung stammt von Thales Alenia Space. Bei den Helios-Satelliten handelt es sich um optische Bildaufklärer, die auf sonnensynchronen polaren Umlaufbahnen stationiert werden.

Helios 2B wiegt 4.200 Kilogramm. Das Raumfahrzeug ist ein optischer Bildaufklärer, dessen Beobachtungsspektrum auch den Infrarotbereich abdeckt. Der Orbiter ist der vierte Satellit in der Helios-Serie. Alle bisherigen Satelliten dieses Typs wurden von Ariane-Trägerraketen in den Weltraum gebracht: Helios 1A im Jahre 1995 und Helios 1B im Dezember 1999 jeweils mit einer Ariane 40 und Helios 2A am 18. Dezember 2004 mit einer Ariane 5 G+. Die Ariane 5 GS, die beim Start am 18. Dezember eingesetzt wurde, ist für das Gewicht des Satelliten geradezu dramatisch übermotorisiert. Der Träger hätte ohne weiteres auch die doppelte Nutzlast in die Zielbahn von Helios bringen können. Arianespace bot daher die überschüssige Startkapazität auf dem Markt an, war mit den Aquisitionsbemühungen aber nicht erfolgreich. Es hätten noch zusätzlich bis zu sechs Kleinsatelliten in den Orbit gebracht werden können.

20.12.2009 – Dann waren es wieder fünf

Offizielles Missionspatch

Seit dem 1. Dezember ist viel Patz an Bord der Internationalen Raumstation, denn seit diesem Tag ist sie nur mit zwei Personen besetzt: dem amerikanischen Astronauten Jeffrey Williams und seinem russischen Kollegen Maxim Surajew. An diesem Tag hatten Roman Romanenko und Frank de Winne den Außenposten mit Sojus TMA-15 verlassen. Einige Tage zuvor war bereits Nicole Stott ausgezogen, die mit der Crew der Raumfähre Atlantis zur Erde zurückgekehrt war. Ab dem 22. Dezember werden es jetzt wieder fünf Besatzungsmitglieder sein, nachdem der russische Kosmonaut Oleg Kotov, Timothy Creamer von der NASA und Soichi Noguchi von der japanischen Raumfahrtagentur JAXA mit Sojus TMA-17 zur ISS aufgebrochen sind. Der Start am 21. Dezember, um 0:52 Uhr Moskauer Zeit (22:52 Uhr mitteleuropäischer Zeit am 20. Dezember) in Kasachstan – in einer beinharten Frostnacht – klappte einwandfrei. Zehn Minuten nach dem Verlassen der Startrampe – derselben von der schon Juri Gagarin im Jahre 1961 seinen Flug in den Erdorbit angetreten hatte – war die Sojus sicher auf einer vorläufigen Umlaufbahn angelangt. Die Parameter waren: Bahnneigung zum Äquator: 51,65 Grad, Perigäum: 199,8 km, Apogäum 260,12 km, Orbitperiode: 88,8 min. Solargeneratoren und Antennen entfalteten sich wie vorgesehen und damit konnte die zweitägige Verfolgungsjagd zur Station beginnen. Das Anlegemanöver ist für den 22. Dezember, um 23:54 Uhr mitteleuropäischer Zeit geplant. Die Anlegestelle wird das russische Zarya-Modul der ISS sein. Kotov, Creamer and Noguchi bilden die Crew für das Inkrement 22/23 der ISS. In den ersten drei Monaten ihres Aufenthaltes an Bord der Station stehen sie unter dem Kommando von Jeffrey Williams, der gegen Ende seiner Dienstzeit die Befehlsgewalt über die Station dann an Oleg Kotov übergeben wird. Nach der gegenwärtigen Planung sollen im kommenden Jahr vier bemannte Sojus-Flüge zur ISS starten, fünf Shuttles dort anlegen und sechs unbemannte Progress-Fahrzeuge zur Versorgung der Raumstation starten. Die Station wird 2010 erneut vergrößert, zunächst durch die Anlieferung des Tranquillity-Moduls und der europäischen Cupola. Ein neues russisches Segment wird mit dem Shuttle zum Außenposten gebracht werden und die letzte Shuttle-Besatzung wird das Versorgungsmodul Raffaelo permanent an der ISS belassen. Auch der Start des zweiten ATV mit der Bezeichnung "Johannes Kepler" ist für Ende 2010 geplant, doch ist es eher wahrscheinlich, dass dieser Start in das Jahr 2011 hinüber rutschen wird.

Der Start der DIRECTV 12

29.12.2009 – DirecTV 12 im Orbit

Heute in den frühen Morgenstunden brachte eine Trägerrakete vom Typ Proton M Breeze M den US-Nachrichtensatelliten DirecTV 12 in einen geostationären Transferorbit. Die Rakete hob pünktlich um 1:27 Uhr mitteleuropäischer Zeit von der Startrampe 39 des russischen Raumfahrtzentrums Baikonur ab. Neun Stunden später lieferte die Breeze M-Oberstufe das kommerzielle Raumfahrzeug in der vorgesehenen Umlaufbahn ab. DirecTV 12 wurde von Boeing Space Systems in El Segundo, Kalifornien, gebaut. Der Satellit wird auf 102,8 Grad westlicher Länge über dem Pazifik stationiert und von dort die Haushalte in den USA, auf Hawaii und in Alaska mit hochauflösenden, direkt an die Haushalte abgestrahlten Fernsehsendungen versorgen. DirecTV 12 ist einer der massivsten Kommunikationssatelliten, die in diesem Jahr gestartet wurden. Er trägt nicht weniger als 131 Transponder und sein Gewicht von knapp 6.000 Kilogramm nutzt die Kapazität der Proton M praktisch bis auf das letzte Gramm. Mehr noch, es mussten eine Reihe von Modifikationen am Träger vorgenommen werden, um diese schwere Nutzlast transportieren zu können. Die Bahnellipse, auf welcher der Satellit freigegeben wurde, weist ein Perigäum von 5.120 Kilometern auf, ein Apogäum von 35.780 Kilometern und eine Bahnneigung zum Äquator von 20,7 Grad. Den Abbau der restlichen Inklination und die Anhebung des Perigäums auf 35.600 Kilometern wird mit dem Bordtriebwerk des Satelliten durchgeführt.

17.01.2010 – Raumfahrtjahr 2010 beginnt in China

Long March 3C mit Compass-G1

China eröffnete gestern Abend um 18:12 Uhr mitteleuropäischer Zeit das Raumfahrtjahr 2010 mit dem Start von Compass-G1 (chinesische Bezeichnung: BeiDou 2 G1), der dritten Einheit aus der zweiten Generation der nationalen Navigationssatelliten-Konstellation. Der Start war bereits für die erste Hälfte des vergangenen Jahres geplant gewesen, hatte sich aber wegen Problemen mit der Oberstufe des Trägers um einige Monate verzögert. Compass-G1 ist bereits der siebte chinesische Navigationssatellit. Anders als beim US-amerikanischen GPS-System und der russischen Konstellation Glonass besteht das Compass-System aus einem Mix geostationärer Satelliten und Raumfahrzeugen, die sich auf mittelhohen Umlaufbahnen befinden. In seiner endgültigen Ausbaustufe, die in knapp drei Jahren erreicht sein soll, wird das System 35 Satelliten umfassen. 30 davon befinden sich auf drei verschiedenen Bahnebenen mittelhoher Umlaufbahnen und umfassen pro Bahn 9 Einsatzsatelliten sowie eine Reserve-Einheit. Fünf Satelliten werden auf geostationären Bahnen platziert. Hier gibt es jeweils drei Einsatzsatelliten und zwei Reserveeinheiten. Das chinesische Compass-System ist das dritte Navigationssatellitensystem weltweit nach dem Global Positioning System der Amerikaner und der russischen Glonass-Konstellation. China hatte ab dem Jahr 2000 mit BeiDou 1A, 1B, 1C und 1D bereits ein kleines experimentelles Netz für Inlandsdienste im Weltraum. Das erste Raumfahrzeug der neuen Compass-Generation startete am 13. April 2007. Das Netz wird in seiner endgültigen Ausbaustufe weltweit einen kostenlosen Service bereitstellen, bei dem die Nutzerposition auf weniger als 10 Meter genau angezeigt wird, die Geschwindigkeit auf weniger als 0,2 m/sek, und die Zeit mit weniger als 50 Nanosekunden Abweichung. Die bei diesem Start eingesetzte Trägerrakete vom Typ Langer Marsch 3C ist speziell für den Aufbau des chinesischen Navigationssatellitennetzes maßgeschneidert. Sie ist mit der

Langer Marsch 3B identisch, setzt aber nur zwei Starthilfs-Booster ein, anstelle von vier bei der Langer Marsch 3B. Sie wiegt beim Start 345 Tonnen und hat eine Nutzlastkapazität für den geostationären Transferorbit von 3,8 Tonnen. Die beiden ersten Stufen werden – traditionell bei den bisherigen chinesischen Startgeräten – mit Hydrazin und Stickstofftetroxid betrieben. Die dritte Stufe der 55 Meter langen Rakete verwendet flüssigen Wasserstoff als Treibstoff und flüssigen Sauerstoff als Oxidator. Der Start war vom Raumflughafen Xichang erfolgt, der in Südwestchina liegt. Von dort aus finden alle chinesischen Starts in den geostationären Orbit statt.

Proton M Raduga Start

28.01.2010 – Proton bringt Militär-Nutzlast in den Orbit

Russland eröffnete sein Raumfahrtjahr heute Morgen um 1:18 Uhr mitteleuropäischer Zeit mit dem Start einer Proton M Breeze M vom Weltraumzentrum Baikonur in Kasachstan. An Bord der Rakete befand sich ein militärischer Kommunikationssatellit der „Globus"-Baureihe. Der Satellit soll die Verbindung zwischen den russischen Befehlsstellen und den Einsatzverbänden in Krisengebieten sicherstellen. Das Missionsprofil der Proton M folgte dem üblichen Einsatzmuster für Missionen in den geostationären Orbit. Sie beinhaltet eine Reihe komplexer Brennmanöver der Breeze M Oberstufe die sich über insgesamt neun Stunden hinziehen. Der Start erfolgte bei kristallklarem Winterwetter. Um 10:19 Uhr mitteleuropäischer Zeit erklärten die russischen Befehlsstellen den Start für erfolgreich abgeschlossen. Bei den Satelliten der Globus-Reihe handelt es sich um modernisierte Versionen der bewährten Raduga Reihe, die schon seit Mitte der siebziger Jahre im Einsatz ist. Satelliten dieses Typs werden von NPO PM gebaut. Die am 28.1. gestartete Einheit ist der 10. Satellit der neueren Raduga 1-Serie, die es seit 1989 gibt und die zweite Einheit einer weiter verbesserten Baureihe. Satelliten dieses Typs wiegen ca. 2,3-2,5 Tonnen und sind mit sechs Transpondern hoher Sendeleistung ausge-

satz. Das obere Segment des rechten Boosters beispielsweise flog bereits bei der Mission STS 3 im Jahre 1982. Alles in allem wurden die Teile der heute eingesetzten Booster bei insgesamt 64 Shuttle-Flügen und 14 Bodentests verwendet. Der Flug findet in einer Phase großer Unsicherheit bei der NASA statt. Denn nicht nur das Shuttle-Programm wird beendet, vor wenigen Tagen wurde auch bekannt, dass Präsident Obama auch das Nachfolgevorhaben stornieren wird, das Constellation-Projekt. Für die Besatzungen der jetzt noch ausstehenden vier Shuttle-Missionen könnte das nicht ungefährlich sein, denn Obamas Federstrich hat verheerende Auswirkungen auf die Moral der Techniker und Ingenieure am Kennedy Space Center. Viele stehen jetzt vor der Entlassung. Dazu ein Beispiel aus der jüngeren Raumfahrtgeschichte: Nachdem bekannt wurde, dass das Titan IV-Programm der US-Luftwaffe eingestellt wird, kam es in den Jahren 1998 und 1999 zu drei Fehlschlägen in Folge. Der Schaden ging in die Milliarden. Die Untersuchungskommission identifizierte damals die demoralisierte Arbeiterschaft als ursächlichen Auslöser der Abstürze. Die Besten hatten das Team bereits verlassen, ein Teil der Belegschaft sah sich nach anderen Jobs um, und der verbliebene Rest war ohne Motivation. Endeavour soll am Mittwoch gegen 7:00 Uhr morgens mitteleuropäischer Zeit an der Internationalen Raumstation anlegen.

Start des Solar Dynamic Observatory

11.02.2010 – Solar Dynamic Observatory im Orbit

Mit einer wetterbedingten Verzögerung von einem Tag startete heute Nachmittag um 16:23 Uhr mitteleuropäischer Zeit, entsprechend 10:23 Uhr US-Ostküstenzeit, das Solar Dynamic Observatory (SDO) in einen geostationären Transferorbit. Den Transport in den Weltraum übernahm eine Atlas 5 401 der United Launch Alliance. Startplatz war der Komplex 41 der Cap Canaveral Luftwaffenbasis. SDO ist die erste bedeutende wissenschaftliche Mission, die in diesem Jahr in den Weltraum entsandt wird. Der Träger flog eine komplexe Trajektorie auf der es 108 Minuten dauerte, bis der Satellit freigegeben werden konnte. Die danach erzielte Bahn hatte eine Bahnneigung zum Äquator von 28 Grad, ein Apogäum von 35.310 Kilometern und ein Perigäum von 2.500 Kilometern. In den nächsten Tagen wird SDO diese Übergangsellipse mit den bordeigenen Triebwerken auf einen kreisförmigen Orbit in 35.600 Kilometern anheben. Das Raumfahrzeug ist seit über einem Jahr startbereit, musste aber lange auf die Bereitstellung einer Trägerrakete warten. Der Satellit ist beim Start 3.100 Kilogramm schwer und kostete alles in allem 848 Millionen Dollar. Er ist 4,5 Meter hoch, mit einer Seitenlänge von jeweils 2,22 Metern. Die Spannweite über die Solargeneratoren beträgt 6,5 Meter. Die 6,6 m^2 großen Solargeneratoren erzeugen eine Leistung von 1.400 Watt. Hier ein wenig Statistik zum Trägerfahrzeug. Der heutige Start ist der

- 602. Einsatz einer Atlas-Trägerrakete überhaupt, seit im Jahre 1957 zum ersten Mal eine Rakete mit dieser Bezeichnung startete. Damals war das noch der Prototyp einer Interkontinentalrakete und trug die Bezeichnung Atlas A.
- der 316. Start einer Atlas von Cape Canaveral aus
- der 20. Start einer Atlas 5 seit dem Debüt dieses Typs im Jahre 2002
- der 18. Atlas 5 Start von Cap Canaveral aus
- der 10. Atlas 5 Flug, der in der 401er-Konfiguration stattfindet, der leichtesten Variante der Atlas 5.
- der vierte Einsatz einer Atlas 5 für die NASA

Und es ist die erste Mission einer neuen NASA-Programmserie mit dem Titel „Living with a star". Die Orbitposition von SDO ist so ausgelegt, dass das Raumfahrzeug zum einen die Sonne 24 Stunden am Tag ohne Unterbrechung beobachten kann, zum anderen aber auch eine ebenso ununterbrochene Direktverbindung zur Bodenstation in New Mexico besteht. Aufgrund dieses permanenten Downlinks benötigt der Satellit praktisch keine Speicherkapazität an Bord um die – geschätzt – 1,5 Terabyte an täglichen Daten zur Erde zu übermitteln. Das entspricht einer halben Million Musik-Downloads. Das ist die 50fache Datenmenge des in dieser Hinsicht bisher leistungsstärksten NASA-Satelliten. Die Übermittlung erfolgt über einen Ka-Band Transponder mit einer Übertragungsrate von 130

Megabit pro Sekunde. Neben der Übermittlung von Messdaten macht SDO alle 0,75 Sekunden ein Bild der Sonne in zehnmal besserer Qualität als hochauflösendes Fernsehen. Zusätzlich wird alle 10 Sekunden ein Multispektralbild in acht verschiedenen Wellenlängen angefertigt und zur Erde übertragen.

Insgesamt sind drei Instrumente an Bord des Raumfahrzeugs, nämlich

- die „Atmospheric Imaging Assembly (AIA)". Sie ist eine Anordnung von vier Teleskopen, welche die Sonnenatmosphäre beobachten. Die Teleskopeinheit hat eine Filtervorrichtung, die es erlaubt, Bilder in 10 verschiedenen Wellenbereichen anzufertigen. Das kleinste erkennbare Oberflächendetail auf der Sonne, das diese Teleskope erkennen können, misst 725 Kilometer.
- das „Extreme Ultraviolet Variability Experiment (EVE)". Dieses Instrument misst die Schwankungen im Ausstoß extremer Ultraviolettstrahlung. Diese Strahlungsart hat einen direkten und sehr starken Effekt auf die Erdatmosphäre. Sie ist dafür verantwortlich, dass sich die Erdatmosphäre ausdehnt und wieder zusammenzieht.
- Der „Helioseismic and Magnetic Imager (HMI)" zeichnet die Magnetfelder der Sonne auf und wird mittels eines Verfahrens, das Helioseismologie genannt wird, unter die Oberfläche der Sonne blicken. Ziel ist es, die Funktionsweise des solaren „Dynamos" zu erforschen.

Generell soll SDO herausfinden, wie sich die Abläufe auf der Sonne im Verlauf des elfjährigen Zyklus ändern und welche Auswirkung die Sonnenaktivität auf das so genannte „Weltraumwetter" hat.

12.02.2010 – Intelsat 16 gestartet

Intelsat 16

Eine russische Trägerrakete des Typs Proton M Breeze M brachte am frühen Freitagmorgen einen Kommunikationssatelliten für Intelsat in den Orbit. Der Start erfolgte bei eisigen Temperaturen um -30 Grad Celsius um 1:39 Uhr mitteleuropäischer Zeit, entsprechend 5 Uhr 39 Uhr lokaler Ortszeit, vom Kosmodrom in Baikonur. Der Einschuss erfolgte direkt in den geostationären Orbit. Neuneinhalb Stunden nach dem Verlassen der Startrampe gab die Breeze M Oberstufe Intelsat 16 frei. Bei dem Raumfahrzeug handelt es sich um ein Orbital Sciences Star 2.4 Modell mit einem Startgewicht von 2.069 Kilogramm. Die Nutzlast des Satelliten umfasst 24 Ku-Band Transponder. Er wird auf einer Position bei 58 Grad westlicher Länge auf dem geostationären Orbit arbeiten und direktabstrahlendes Fernsehen für Mexiko und Brasilien zur Verfügung stellen. Intelsat betreibt den Satelliten im Auftrag der Netzanbieter SKY Mexiko und SKY Brazil. Der Satellit wird die gegenwärtige Kapazität von SKY Mexico verdoppeln und als Reserveeinheit für SKY Brazil zur Verfügung stehen. In dieser Funktion ist er gleichzeitig die Reserveeinheit für Intelsat 11 und ergänzt den inzwischen 10 Jahre alten Intelsat 9. Intelsat 16 ist der sechste Satellit, den Intelsat mit einer Proton starten lässt. Bei relativ kleinen Einzelnutzlasten ist die Breeze M-Oberstufe in der Lage, einen Satelliten direkt im geostationären Orbit abzusetzen. Der mit einem Direkteinschuss verbundene wesentlich geringere Treibstoffverbrauch des Satelliten könnte dem Raumfahrzeug eine nutzbare Lebensdauer von bis zu 25 Jahren geben. Praktisch alle anderen Träger weltweit setzen Kommunikationssatelliten auf elliptischen Übergangsbahnen ab, von denen aus sich die Raumfahrzeuge selbst in die endgültige Bahnposition bringen müssen. Der Start am 12. Februar war der erste kommerzielle Einsatz einer Proton in diesem Jahr aber schon der zweite Flug dieses Typs innerhalb von nur zwei Wochen. Erst vor 14 Tagen hatte der Träger einen Satelliten für die russischen Streitkräfte in den Orbit transportiert. Der nächste Start einer Proton ist für den 2. März geplant. Dann werden drei weitere Satelliten des Navigationssystems Glonass in den Weltraum gebracht.

22.02.2010 – Dem Wetter getrotzt

Trotz äußerst ungünstiger Wetterprognosen kehrte der US Space Shuttle Endeavour heute Nacht aus dem Orbit zur Erde zurück. Die meteorologischen Landebedingungen erschienen eigentlich bis wenige Minuten vor der Wiedereintritts-Zündung als ungeeignet, und man bereitete sich schon auf eine Verschiebung der Landung auf den Dienstag und eine Verlegung auf die Luftwaffenbasis Edwards in Kalifornien vor. Limitierende Faktoren bei Shuttle-Landungen sind neben Regen und Wind vor allem das Vorhandensein einer durchgängig geschlossenen Wolkendecke unterhalb einer bestimmten Höhe. Die Sicherheitsbestimmungen sehen vor, dass die Landebahn während des Endanfluges für die Piloten sichtbar sein muss. Astronaut Christopher Ferguson flog mit einem Shuttle-Trainingsjet Landeanflüge mit dem gleichen Profil wie die Endeavour sie zu absolvieren hatte und gab – überraschend für alle – bekannt, dass die Bedingungen für eine Landung ausreichend seien. Flugdirektor Norman Knight schloss sich Fergusons Meinung an und gab Commander Zamka an Bord des Shuttle die Freigabe für die Retro-Zündung. Um 3:14 Uhr mitteleuropäischer Zeit erfolgte dieses Manöver. Während einer Brennzeit der beiden Orbit-Manövertriebwerke von etwa zweieinhalb Minuten wird dabei die Geschwindigkeit des Shuttle soweit gesenkt, dass das Raumfahrzeug innerhalb einer halben Erdumkreisung auf die obersten Schichten der Erdatmosphäre trifft und damit die Rückkehr zur Erde eingeleitet wird. Gut eine Stunde nach dem Brennmanöver war die Endeavour über dem Kennedy Space Center angekommen und machte sich wie üblich mit einem Überschallknall bemerkbar. Um 4:20:31 Uhr setzte die Raumfähre problemlos auf der Rollbahn 15 auf. Die Missionsdauer hatte 13 Tage, 18 Stunden und 24 Minuten betragen. In dieser Zeit führte die Endeavour 217 Erdumkreisungen durch, die meisten davon angedockt an der Internationalen Raumstation. Die ISS ist jetzt zu 98 % fertig gestellt. Nur noch vier Shuttle-Missionen stehen jetzt aus, bis das Programm gegen Ende des Jahres eingestellt wird. Der nächste Shuttle-Start wird die Mission STS 131 sein, die mit der Fähre Discovery durchgeführt wird.

März

01.03.2010 – Russische Navigationssatelliten gestartet

Glonass Satellit

Im Auftrag der russischen Streitkräfte wurden am Montag von Baikonur aus drei weitere Einheiten des russischen Satellitennavigationsnetzes Glonass in den Orbit befördert. Die Glonass-Konstellation ist das Gegenstück zum US-amerikanischen GPS-System und dem ebenfalls derzeit im Aufbau befindlichen chinesischen System mit der Bezeichnung Compass.

Die Glonass-Satelliten übertragen ihre Signale an militärische und zivile Nutzer weltweit. Der Start erfolgte um 22:19 Uhr mitteleuropäischer Zeit. Innerhalb der nächsten zehn Minuten brachten die drei ersten Stufen der Proton M Block DM den „Dreierpack" in einen niedrigen Transferorbit. Die Block DM-Oberstufe feuerte danach noch zwei weitere Male um die drei Satelliten um 1:52 Uhr mitteleuropäischer Zeit in einem kreisförmigen Orbit mit einer Bahnhöhe von 19.300 Kilometern und einer Bahnneigung zum Äquator von 64,8 Grad freizugeben.Jedes der drei Raumfahrzeuge wiegt etwa 1.400 Kilogramm. Die modernisierten Einheiten des Typs Glonass M sind für eine nominale Lebensdauer von sieben Jahren ausgelegt. Hergestellt werden sie von der „Information Satellite Systems Reshetnev Corporation". Derzeit – noch ohne die drei neuen Einheiten – sind 18 voll funktionsfähige Satelliten auf drei Bahnebenen im Einsatz, zwei weitere sind nur eingeschränkt nutzbar. Damit ist ein vollständiger GPS-Service nur innerhalb Russland möglich. Für eine unbeschränkte weltweite Nutzung des Systems sind 24 voll einsatzfähige Satelliten nötig, acht auf jeder Bahnebene. Drei Glonass M wurden erst am 14. Dezember gestartet. Das nächste Trio soll im August auf die Reise gehen. Die Proton dürfte 2010 – sofern es keine Fehlstarts gibt – zum meist eingesetzten Träger weltweit werden. Es sind bis zu 14 Starts von Trägerraketen dieses Typs geplant. Die nächste Mission steht bereits in drei Wochen auf dem Plan. Dann soll von Baikonur aus der US-Kommunikationssatellit Echostar 14 auf einen geostationären Transferorbit geschickt werden.

05.03.2010 – Delta 4 bringt GOES-P in den Orbit

Mit dem Start einer Delta 4 wurde in den frühen Abendstunden des 4. März das geostationäre Wetterbeobachtungsnetz der US-Wetterbehörde runderneuert. Die Nutzlast des Trägers, GOES P, war der letzte in einer Serie dreier neuer Satelliten. Zuvor waren – ebenfalls jeweils mit einer Delta 4 – bereits die beiden „Geostationary Operational Environmental Satellites", kurz GOES mit den Kennungen GOES N und GOES O in den Orbit gebracht worden. Diese früheren Starts erfolgten im Jahre 2006 und im Juni 2009. Um 0:57 Uhr mitteleuropäischer Zeit zündete das Haupttriebwerk der Delta 4 zum und hüllte den Träger für einen Moment fast vollständig in den Delta-typischen Ball aus Wasserstoff-Flammen ein. Nur Momente später zündeten die beiden Feststoff-Booster und gleich darauf löste sich die 20 Stockwerke hohe Rakete von der Rampe. Die Reise in den Zielorbit dauerte viereinhalb Stunden. Um diesen zu erreichen musste das Zweitstufentriebwerk insgesamt drei Brennperioden absolvieren. Die angestrebte Bahn war stark elliptisch und wies einen höchsten Bahnpunkt von 35.500 Kilometern auf, einen niedrigsten Punkt von 6.600 Kilometern und eine Bahnneigung zum Äquator von 12 Grad. Boeing, der Hersteller des Raumfahrzeugs, wird die nächsten drei Wochen dazu verwenden, GOES-P in einen kreisförmigen geostationären Orbit mit einer Bahnhöhe von 35.600 Kilometern zu manövrieren. Am 24.März wird die NASA den Satelliten übernehmen und eine fünfmonatige Checkout-Phase durchführen. Danach könnte das Raumfahrzeug theoretisch im Wetterbeobachtungssystem der USA eingesetzt werden. Doch der 500 Millionen Dollar teure Satellit wird nicht sofort in Betrieb genommen, sondern ist als orbitale Reserveeinheit vorgesehen bis eine der älteren Einheiten ausfällt.

Startvorbereitung

Die beiden derzeit aktiven Hauptsatelliten des US-Wetterdienstes sind GOES 11, der die Westzone einschließlich Hawaii und der Marshall-Inseln abdeckt, und GOES 12 für den Osten der Vereinigten Staaten. GOES 12 ist bereits neun Jahre alt und wird im April so positioniert werden, dass er den Beobachtungsschwerpunkt für den Rest seiner nutzbaren Lebenszeit auf Südamerika legen kann. GOES 13, der im Jahre 2006 unter dem Namen GOES-N gestartet war, wird dann aus seiner Orbit-Lagerung entnommen, dem aktiven Dienst zugeführt und dann als neuer Ost-Satellit seinen Dienst antreten. GOES-O, der nach dem erfolgreichen Start die Bezeichnung GOES 14 erhielt, wartet noch auf seine Einberufung. Die Lebensdauer-Projektionen von GOES 11 zeigen, dass GOES 14 diesen Satelliten Ende des kommenden Jahres ablösen muss. Danach ist GOES-P, der nach der erfolgreichen Indienststellung in GOES 15 umbenannt wird, der alleinige Ersatzsatellit des US-Wetterdienstes. Es gehört zur Politik dieser Institution stets einen Ersatzsatelliten im Orbit zu haben, der innerhalb von 72 Stunden nach Ausfall einer Einsatzeinheit seinen Dienst antreten kann. Unter normalen Umständen könnte GOES-P/GOES 15 ca. 2015 GOES 13 ersetzen. Für den Start des Raumfahrzeugs wurde eine Delta 4 Medium +4,2 eingesetzt. Diese Version der Delta 4 ist mit einer vier Meter weiten Nutzlastverkleidung und zwei Feststoffboostern ausgerüstet.

Die Nutzlastverkleidung der Langer Marsch 4C ging auf dem Festland nieder

05.03.2010 – China startet militärischen Aufklärungssatelliten

China brachte am Freitagmorgen erneut einen militärischen Aufklärungssatelliten der Yaogan-Serie erfolgreich in den Orbit. Yaogan 9, so der Name des Raumfahrzeugs, startete um 5:55 Uhr mitteleuropäischer Zeit vom Weltraumzentrum Jiuquan an Bord einer dreistufigen Trägerrakete des Typs Langer Marsch 4C. Ortszeit im nordchinesischen Startzentrum war 12:55 Uhr. Das Startzentrum Jiuquan liegt in der südlichen Wüste Gobi in der Provinz Gansu. Von dieser Anlage aus finden auch Chinas bemannte Raumflüge statt. Die Serie der Yaogan-Satelliten setzt sich aus unterschiedlichen Typen für die optische Beobachtung und die Radarbeobachtung zusammen. Die optischen Beobachter und die Radaraufklärer fliegen dabei idealerweise paarweise auf gleichen Bahnen, um Ziele bei Tag und Nacht und bei jedem Wetter beobachten zu können. Yaogan 8 war erst am 15. Dezember gestartet worden, von Taiyuan aus und ebenfalls mit einer Langer Marsch 4C. Chinesische Medien behaupten regelmäßig, dass es sich bei diesen Satelliten um Raumfahrzeuge mit ziviler Aufgabenstellung handelt. Da die chinesischen Medien den Start nicht im Vorfeld ankündigten ist nur ein Hinweis darauf, dass es sich hier um eine militärische Mission handelt.

In der Vergangenheit wurden die optischen Aufklärer der Yaogan-Serie stets von Jiuquan aus gestartet und die Radaraufklärer vom Raumfahrtzentrum Taiyuan in der nordchinesischen Provinz Shanxi. Vor der Mission vom Freitag waren drei der Optischen Aufklärer im Orbit und fünf der Radareinheiten. Der Start war im der erste Einsatz einer Langer Marsch 4C von Jiuquan aus. Bei den früheren Yaogan-Starts von Jiuquan aus wurde stets die weniger leistungsfähige zweistufige Langer Marsch 2D als Träger eingesetzt. Die Langer Marsch 4C ist mit einer wieder zündbaren dritten Stufe ausgerüstet und verfügt gegenüber der Langer Marsch 2D über eine wesentlich verbesserte Nutzlastkapazität. Dies deutet darauf hin, dass es sich bei dem neuen Yaogan-Satelliten um eine neue und schwerere Version handelt. Die Mission war der zweite chinesische Orbitalstart in diesem Jahr und der neunte insgesamt im Jahr 2010. Außerdem war es der fünfte Einsatz einer Langer Marsch 4C.

21.03.2010 – Hattrick für Proton M

Echostar 14

Erst zehn Orbitalstarts haben in diesem Jahr stattgefunden. Deutlich weniger als zum selben Zeitpunkt des vergangenen Jahres. Aber drei dieser zehn Starts wurden dabei mit Trägern des Typs Proton M Breeze M durchgeführt. Am gestrigen Samstagabend um 20:26 Uhr mitteleuropäischer Zeit wurde von der Rampe 39 des Startareals 200 auf dem Kosmodrom in Baikonur der US-Kommunikationssatellit Echostar 14 in einen geostationären Transferorbit gebracht. In Zentral-Kasachstan, wo sich der Startplatz befindet, war es da bereits kurz nach Mitternacht am Sonntagmorgen. Echostar 14 ist der schwerste Kommunikationssatellit, der je mit einer Proton M Breeze M transportiert wurde. Er wog beim Start 6.384 Kilogramm. Dafür mussten am Träger eine Reihe von Modifikationen vorgenommen werden. Der Aufstieg auf eine suborbitale, orbitnahe Trajektorie wurde von den ersten drei Stufen der Proton durchgeführt. 9 Minuten 42 Sekunden nach dem Verlassen der Rampe übernahm die Breeze M Oberstufe die weitere Beschleunigung der Kombination und brachte sich selbst und das Raumfahrzeug in eine niedrigen Parkbahn. Nach vier weiteren Brennmanövern gab die Breeze M den Kommunikationssatelliten neun Stunden und 10 Minuten nach dem Abheben in einem Orbit mit einem Apogäum von 35.800 Kilometern, einem Perigäum von 3.120 Kilometern und einer Bahnneigung zum Äquator von 26,7 Grad frei. Echostar 14 wurde von Space Systems/Loral im kalifornischen Palo Alto gebaut und von DISH Network in Auftrag gegeben. Er trägt 103 Ku-Band Transponder und wird auf 119 Grad westlicher Länge stationiert werden. Seine veranschlagte Lebensdauer beträgt 15 Jahre. Der Satellit ist der 3. Echostar-Satellit der mit einer Proton gestartet wird und der insgesamt 14. SSL Satellit der mit einer Proton in den Orbit kommt. Echostar 14 ersetzt Echostar 7, der seit dem Jahre 2002 auf dieser Position stationiert ist. Die 8K82KM Proton M/Breeze M wird vom Chrunichev State Research and Production Space Center hergestellt. Das Startgewicht beträgt 705 Tonnen, die Höhe der Rakete 58,2 Meter. Der nächste Start eines Trägers dieses Typs soll am 24. April 2010 mit einem Kommunikationssatelliten für SES erfolgen.

Caldwell-Skorzov-Kornienko bei der Pressekonferenz vor dem Start

02.04.2010 –
Sojus TMA-18 zur ISS unterwegs

Heute morgen um 6:04 Uhr mitteleuropäischer Zeit machte sich die nächste Stammbesatzung der ISS vom russischen Weltraumbahnhof Baikonur aus auf den Weg zur Internationalen Raumstation. Der Start ihres Raumschiffs, Sojus TMA-18, verlief – von einem kleineren Problem abgesehen – planmäßig. An Bord des Raumfahrzeugs befinden sich Sojus TMA-18 Kommandant Alexander Skortsov, Bordingenieur Michael Kornienko und die NASA-Astronautin Dr. Tracy Caldwell-Dyson, die als einzige der Crew bereits frühere Weltraumerfahrung mitbringt. Sie war Mitglied der Besatzung von STS 118, die vor zweieinhalb Jahren mit der Raumfähre Endeavour die Raumstation besuchte. Neun Minuten nach dem Verlassen der Startrampe, derselben von der im Jahre 1961 bereits Juri Gagarin zu seinem historischen ersten Raumflug in der Geschichte der Menschheit aufgebrochen war, hatte das Raumfahrzeug einen ersten Übergangsorbit erreicht. Der niedrigste Bahnpunkt lag danach bei 190 Kilometern und der höchste Bahnpunkt bei 230 Kilometern. Von dieser Bahn aus wird sich Sojus TMA-18 in den nächsten beiden Tagen an die ISS „heranarbeiten".

Während des Starts gab es Probleme mit der Kommunikation mit dem Raumfahrzeug. Dem Kontrollzentrum gelang es die meiste Zeit nicht, den Sprechkontakt aufrechtzuerhalten. Telemetrie und Bildübertragung liefen jedoch gut, und so war zu jedem Zeitpunkt klar, dass der Aufstieg – von diesem kleinen Problem abgesehen – ohne Schwierigkeiten verlief. Das Anlegemanöver an der ISS ist für Sonntag früh 7:26 Uhr mitteleuropäischer Zeit geplant. Dann kann die Besatzung von Sojus TMA-18 die derzeit an Bord der Station befindliche ISS-Crew 23 begrüßen, die aus dem Kommandanten Oleg Kotov, dem NASA-Astronauten Timothy Creamer und dem japanischen NASDA-Astronauten Soichi Noguchi besteht. Der Start erfolgte nur wenige Stunden bevor der Countdown für die US-Raumfähre Discovery begann, die am kommenden Montag zur ISS aufbrechen soll. Bleibt es beim vorgesehenen Startzeitpunkt von 12:21 Uhr mitteleuropäischer Zeit, dann wird die Discovery am Mittwoch an der ISS anlegen und die Besatzungsstärke des Außenpostens vorübergehend auf 13 Personen ansteigen.

05.04.2010 – Right on time

Discovery vor dem Start

Im amerikanischen Shuttle-Programm klappt alles wie am Schnürchen. Schade nur, dass es bald vorbei ist. Am Montag, dem 5. April, um 12:21 Uhr mitteleuropäischer Zeit, startete die US-Raumfähre Discovery beim ersten Startversuch exakt zum seit Monaten vorgesehenen Zeitpunkt zur Internationalen Raumstation. In Florida war es zum Startzeitpunkt 6:21 Uhr, was dort um diese Jahreszeit bedeutet, dass der Start im ersten Morgengrauen erfolgte. Achteinhalb Minuten nach dem Verlassen der Startrampe war die Discovery im Orbit angekommen. An Bord befinden sich sieben Astronauten. Kommandant John Poindexter, Pilot James Dutton, die Flugingenieure Dorothy Metcalf-Lindenburger, Stephanie Wilson und Naoko Yamazaki sowie die beiden EVA-Spezialisten Richard Mastracchio und Clayton Anderson. Letzterer hatte im Jahre 2007 bereits ein halbes Jahr an Bord der Internationalen Raumstation verbracht. Bei dem Flug handelt es sich um eine so genannte Logistik-Mission. In der Ladebucht des Shuttle befindet sich das Mehrzweck-Frachtmodul Leonardo, das mit mehr als 10 Tonnen Ersatzteilen und Nachschubgütern für die ISS beladen ist. Bei diesem voraussichtlich viertletzten Flug des Shuttle-Programms werden auch Ersatzteile zur ISS gebracht, die vielleicht erst in 10 Jahren benötigt werden. Aber bald steht die enorme Frachtkapazität der Raumfähren nicht mehr zur Verfügung, und so muss jetzt alles nach oben geschafft werden, was irgendwie geht. Auch die drei Außenbordmanöver sind hauptsächlich dem Verstauen von Ersatzteilen und dem Austausch von größerem Gerät gewidmet. Ausgetauscht werden beispielsweise ein gut 850 Kilogramm wiegender Ammoniak-Tank sowie einer der massiven Lagekontrollkreisel der Station.

Erst einen Tag vor dem Shuttle hatte die Crew von Sojus TMA-18 die Station erreicht. Damit ergeben sich zwei weitere Erstleistungen des Raumstationsprogramms: Erstmals befinden sich vier Frauen gleichzeitig im Weltraum und erstmals sind auch zwei japanische Astronauten gleichzeitig im Orbit. Und eine weitere Erstleistung gab es gleich nach dem Start der Discovery: Zum dritten Mal in der Einsatzgeschichte dieses Orbiters fiel die Ku-Band Antenne aus, mit der nicht nur größere Datenmengen zur Erde übermittelt werden, sondern die zusätzlich auch als Rendezvous-Radar für die Annäherung an die Station dient. Die Crew ist jedoch darauf trainiert, das Annäherungs- und Andockmanöver auch ohne das Radar zu bewerkstelligen. Dies klappte denn auch einwandfrei. Die größeren Datenmengen, wie beispielsweise die Telemetriedaten oder die Daten der Inspektion der Hitzekacheln des Shuttle werden in den kommenden Tagen über den Ku-Band Link der Station zur Erde übermittelt.

Cryosat löst sich von der Oberstufe der Dnepr

08.04.2010 – Cryosat 2 gestartet

Europas erster Erdbeobachtungssatellit, der dem Studium der polaren Eiskappen gewidmet ist, wurde gestern Nachmittag erfolgreich vom Weltraumbahnhof Baikonur aus gestartet. CryoSat-2, so der Name des Raumfahrzeugs, verließ den Startsilo um 15:57 Uhr mitteleuropäischer Zeit an der Spitze einer Dnepr Rakete. Der Träger war vom internationalen Startservice-Anbieter Kosmotras organisiert worden. Die Bestätigung, dass CryoSat-2 von der Oberstufe der Rakete freigegeben wurde, kam 17 Minuten nach dem Abheben von der Bodenstation Malindi in Kenia. Die Dnepr, eine modifizierte Interkontinentalrakete, absolviert ein überaus interessantes Startverfahren. Es beginnt mit der Zündung einer schweren Kartusche im Boden eines Startsilos. Dadurch wird die gesamte Rakete aus dieser Röhre herausgepresst und etwa 30 Meter hoch in die Luft katapultiert. Erst dann zünden die Triebwerke der ersten Stufe. Die dritte Stufe des Trägers ist so beschaffen, dass die Kombination vor ihrer Zündung eine 180-Grad-Drehung vollführen muss. Die Stufe fliegt dann praktisch rückwärts, mit den Triebwerken im Kopfbereich der Stufe, welche die Kombination quasi „ziehen". Dieses eigenartige Verfahren dachten sich russische Ingenieure seinerzeit aus, um Atombomben punktgenau absetzen zu können.

Trotz des äußerst fremdartigen Startverfahrens ist der Träger recht zuverlässig. Bei bisher 14 wissenschaftlichen und kommerziellen Starts versagte er nur einmal. CryoSat-2 ersetzt den ursprünglichen CryoSat Satelliten, der bei einem Fehlstart im Jahre 2005 verloren ging. Die damals eingesetzte Rakete war eine Rokot, ebenfalls eine modifizierte Interkontinentalrakete. Die Missionsziele bleiben dieselben: Messungen der Eisdicke über der Antarktis und über Grönland, aber auch von Eis, das auf den polaren Ozeanen schwimmt. Der Start von CryoSat-2 markiert einen wichtigen Meilenstein im Erdbeobachtungsprogramm der ESA, die damit innerhalb der letzten gut 12 Monate drei Raumfahrzeuge auf eine Umlaufbahn gebracht hat. CryoSat-2 folgt auf die Mission von GOCE, dem "Gravity field and steady-state Ocean Circulation Explorer", der im März 2009 gestartet wurde, und der Mission SMOS mit dem "Soil Moisture and Ocean Salinity" Satelliten, die im letzten November ihren Anfang nahm. Der 720 Kilogramm schwere CryoSat-2 wurde von einem Konsortium gebaut, das von EADS Astrium in Friedrichshafen angeführt wird. Der Satellit befindet sich nun in einem polaren Orbit in einer Höhe von 715 Kilometern mit einer Bahnneigung von 88 Grad zum Äquator.

15.04.2010 – Erstflug der GSLV Mark II scheitert

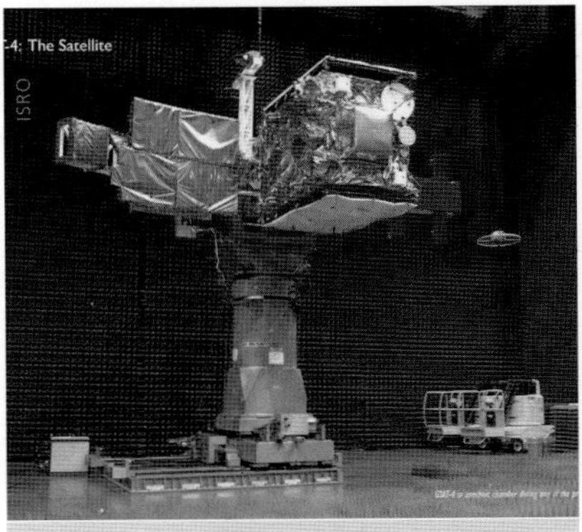

GSAT-4

Der Erstflug einer neuen Version von Indiens schwerstem Satellitenträger ist gescheitert. Die Rakete trägt die Typenbezeichnung GSLV Mark II. Die Basisversion, deren Weiterentwicklung sie ist, wird als GSLV Mark I bezeichnet. Bei diesem Flug sollte eine in Indien entwickelte kryogene Oberstufe ihren ersten Einsatz erleben. Offensichtlich jedoch zündete entweder das neu entwickelte Triebwerk nicht oder die Steuertriebwerke der dritten Stufe nahmen ihren Betrieb nicht auf (was automatisch auch den Betrieb des Drittstufen-Haupttriebwerkes unterbindet). Das „Geosynchronous Satellite Launch Vehicle" (GSLV) war zuvor sechsmal zum Einsatz gekommen, jedes Mal mit einer dritten Stufe, welche die indische Raumfahrtagentur in Russland gekauft hatte. Der Erstflug dieser Version war im Jahre 2001 erfolgt. Die ersten Minuten des Starts verliefen normal. Das GSLV verließ die Startrampe am Satish Dhawan Space Center auf der Insel Shriharikota wie geplant um 12:57 Uhr mitteleuropäischer Zeit. Die ersten beiden Stufen arbeiteten normal. In der fünften Flugminute sollte in einer Höhe von 140 Kilometern und bei einer Geschwindigkeit von 17.700 Kilometern pro Stunde die Zündung des neu entwickelten Drittstufentriebwerks erfolgen. Die Brenndauer dieses Motors beträgt nominal 12 Minuten. Es entwickelt dabei einen Schub von gut fünf Tonnen. Wegen eines noch unbekannten Problems erfolgte diese Zündung jedoch nicht.

Nach einem erfolgreichen Start hätte die Nutzlast, der experimentelle Kommunikationssatellit GSAT 4, in einem geostationären Transferorbit ausgesetzt werden sollen. Dieser Satellit wurde bei dem Fehlstart ebenfalls zerstört. Auch die in Russland gekaufte Stufe war nie ganz problemfrei. Bei zwei der sechs Starts (Mission Nummer eins und fünf) kam es zu kleineren Problemen, durch welche die Satelliten jeweils in zu niedrigen Orbits abgesetzt worden waren. Nur in einem Fall konnte die Mission gerettet werden, weil der Satellit genügend Treibstoff an Bord hatte, um die Minderleistung mit Bordmitteln ausgleichen zu können. Die vierte Mission – im Jahre 2006 – war ein katastrophaler Startversager. Einer der vier mit flüssigen Treibstoffen betriebenen Booster hatte nicht gezündet, was zur Folge hatte, dass die Rakete bereits in niedriger Höhe gesprengt werden musste, da sie vom Kurs abkam. Nur drei Starts der GSLV Mark I waren fehlerfrei verlaufen. Die neue Stufe, mit einem in Indien entwickelten Triebwerk, sollte nun das russische Aggregat ersetzen. In einer offiziellen Stellungnahme von K. Radakrishnan, dem Chef der indischen Weltraumagentur, hieß es nach dem Fehlstart recht euphemistisch: „Die Ziele des sechsten Einsatzfluges einer GSLV wurden nicht vollständig erreicht". Weiter sagte er, dass ein zweiter Testflug innerhalb eines Jahres erfolgen soll. Indien besitzt noch zwei der in Russland gekauften Stufen, die bei späteren Starts verwendet werden sollen. Die nächste Mission einer GSLV Mark I ist für den Herbst geplant. Indien will sich in den nächsten Wochen für die Durchführung eines bemannten Raumflugprogramms entscheiden und bis spätestens 2017 zwei indische Astronauten mit einer selbst entwickelten Raumkapsel in den Orbit bringen. Dabei soll eine weiter verbesserte Version der GSLV zum Einsatz kommen, die GSLV Mark III. Der nächste Start einer indischen Trägerrakete ist schon in wenigen Wochen geplant. Dabei kommt die bewährte, wesentlich kleinere PSLV zum Einsatz, die eine gute Zuverlässigkeitsstatistik hat.

16.04.2010 – Kobalt im Weltraum

Sojus U

Am Freitag, exakt um 17:00 Uhr mitteleuropäischer Zeit, startete Russland einen militärischen Aufklärungssatelliten der Kobalt-M Serie in einen niedrigen Erdorbit mit einer Inklination von 67,1 Grad. Kobalt-Satelliten (häufig auch als Yantar-4K2M bezeichnet) sind klassische Foto-Aufklärer, die ihre Bilder auf belichtetem Filmmaterial machen. Dieses Prinzip wurde bereits in den frühen sechziger Jahren angewendet. Es handelt sich dabei um ein relativ massives Mutterfahrzeug mit einer schweren Optik. Von Zeit zu Zeit werden belichtete Filme mit Rückkehrkapseln zur Erde geschickt. Diese Methode hat einige Nachteile, aber auch mehrere Vorteile. Unter anderem sind diese Satelliten störsicher. Ihre Bilder verfügen zudem über ein höheres Auflösungsvermögen als Spionagesatelliten, welche digitale Bildinformationen zur Erde senden. Ein Nachteil ist die geringe Lebensdauer dieser Satelliten, und der Umstand, dass die Bilder nicht sofort verfügbar sind. Raumfahrzeuge des Kobalt-M Typs sind meist weniger als 100 Tage im Einsatz. Für den Start wurde eine Trägerrakete des Typs Sojus U verwendet. Startort war Plesetzk in Nordrußland. Von dort war es in diesem Jahr die erste Weltraummission. Die orbitale Bahn des Satelliten ist, seiner Aufgabe entsprechend, sehr niedrig. Das Apogäum liegt bei 327 Kilometern, das Perigäum bei nur 169 Kilometern.

20.04.2010 – Discovery zurück

Landung Discovery

Mit eintägiger Verspätung, und selbst am Verspätungstag noch einmal eine Erdumkreisung später als geplant, kehrte heute Nachmittag die US-Raumfähre Discovery nach einer Reise von knapp 10 Millionen Kilometern aus dem Weltraum zurück. Der Abstieg zur Erde begann um 13:43 Uhr mit der Zündung der beiden Orbit-Manövriertriebwerke. Ihre Brenndauer betrug zwei Minuten und 57 Sekunden. Danach war die Geschwindigkeit der Fähre um 320 Kilometer pro Stunde reduziert, genug, um das Perigäum, den niedrigsten Punkt ihrer elliptischen Erdumlaufbahn, in die obersten Schichten der Erdatmosphäre abzusenken und damit den Beginn der aerodynamischen Bremsphase auszulösen. Das Wetter am Kennedy Space Center war in den letzten Tagen sehr wechselhaft gewesen. Dies hatte auch zu einer eintägigen Verschiebung der Landung geführt. Auch am heutigen Morgen waren einige Schauer im Breward County durchgezogen, und immer wieder trieben Nebelschwaden über das Gelände. Die Regeln für die Landung verbieten das Durchfliegen einer Regenzone. Zum einen ist das den Hitzekacheln abträglich, zum anderen muss in der Endanflugphase freie Sicht auf das Landefeld herrschen. Durch diese Verzögerung war die Mission zu einer der längsten des Shuttle-Programms geworden. Der Einsatz der sieben Astronauten hatte genau 15 Tage, zwei Stunden und 47 Minuten gedauert. In dieser Zeit hatten sie die Erde 238-mal umrundet. Es war dies die 131. Space Shuttle Mission, die 38. für Discovery und der 33. Shuttle-Flug, der zur Internationalen Raumstation führte. Es war gleichzeitig die viertletzte Mission eines Shuttle und die vorletzte für die Discovery. Mit dieser Raumfähre soll, wenn alles nach Plan geht, am 16. September dieses Jahres auch die abschließende Mission des Programms durchgeführt werden. Die Restabwicklung des Shuttle-Programms geht offensichtlich zügig weiter. Übermorgen macht sich die Atlantis auf den Weg zur Rampe 39B des Kennedy Space Centers. Sie soll am 14. Mai den drittletzten Flug des Programms unternehmen. Für die Atlantis selbst wird dies jedoch der letzte Raumflug sein.

Start des OTV-1

22.04.2010 –
Orbital Test Vehicle im Orbit

Am 21. April, um 19:52 Uhr amerikanischer Ostküstenzeit, entsprechend 1:52 Uhr mitteleuropäischer Zeit wurde das knapp fünf Tonnen schwere und neun Meter lange „Orbital Test Vehicle" der US-Luftwaffe an Bord einer Atlas 5 501 in den Erdorbit transportiert. Dabei wurde zum ersten Mal die Version 501 der Atlas 5 eingesetzt. Es wurden auch keinerlei Informationen über die erzielten Bahnparameter herausgegeben, doch war zu beobachten, dass der Start-Azimuth genau ostwärts war, was auf der Höhe von Cap Canaveral eine Bahnneigung von 28,5 Grad zum Äquator bedeutet. Zum Start des OTV gibt es in dieser Ausgabe von SPACE einen eigenen Artikel mit dem Titel „Mini-Shuttle im Orbit".

24.04.2010 –

Proton bringt SES 1 in den Orbit

Die Trägerrakete wird zum Startplatz transportiert

Gestern Mittag (24.4.) hob pünktlich zum vorgesehenen Starttermin um 13:19 Uhr mitteleuropäischer Zeit eine Trägerrakete des Typs Proton-M Breeze M vom Startplatz 200/39 im kasachischen Baikonur ab, um den Kommunikationssatelliten SES 1 für SES World Skies in den Weltraum zu transportieren. Es war dies einer der relativ seltenen Tagstarts eines Kommunikationssatelliten und bei dem klarem Wetter und dem wolkenlosem Himmel an diesem Tag ein besonderes Schauspiel. Nach neun Minuten und dreiundvierzig Sekunden Flugzeit wurde die Orbitaleinheit, bestehend aus der Breeze M-Oberstufe und dem Satelliten, von der dritten Stufe der Proton abgetrennt. Eine erste Zündung der Breeze-M brachte den Verband in einen 190 Kilometer hohen kreisförmigen Parkorbit. Nach einer weiteren drei Minuten dauernden Brennphase wurde SES 1 schließlich nach rund acht Stunden und achtundfünfzig Minuten Flugdauer freigegeben. Die erreichte Bahn wies ein Perigäum von 33.450 Kilometern, ein Apogäum von rund 33.900 Kilometern und eine Bahnneigung zum Äquator von 0,5 Grad auf. Da der Satellit mit einem Startgewicht von 2.560 Kilogramm eine vergleichsweise geringe Masse hat, war es möglich, ihn direkt auf eine annähernd geostationäre Umlaufbahn zu bringen. Erste Signale des Raumfahrzeugs wurden von einer Bodenstation im australischen Perth empfangen. Es war dies der 356. Flug einer Proton-Rakete, und die fünfte Proton-Mission dieses Jahres 2010. Zum 17. Mal flog dabei ein Satellit für SES bzw. Astra auf einer Proton-Rakete. Das mit jeweils 24 C-Band- und Ku-Band-Transpondern ausgerüstete Raumfahrzeug soll eine Position bei 101 Grad West im geostationären Orbit einnehmen. Dort wird SES 1 die Satelliten AMC 2 und AMC 4 ablösen. Die erwartete Lebensdauer des von der Orbital Sciences Corporation (OSC) gebauten und auf dem Satellitenbus Star 2.4E basierenden Raumfahrzeugs beträgt 15 Jahre. Die Solargeneratoren erbringen rund 5 kW an elektrischer Leistung zur Versorgung der Kommunikationsnutzlast und der Bordsysteme. Der nächste kommerzielle Start einer Proton ist für Juni geplant. Dann soll der Kommunikationssatellit BADR 5 in den Orbit gebracht werden.

Kosmos 3M

27.04.2010 – Kosmos M unermüdlich

Seit der Jahrtausendwende wird immer wieder kolportiert, dass die Bestände Russlands an Kosmos M-Raketen zur Neige gehen, die Produktion seit langem eingestellt ist und keine Starts mehr mit diesem Träger durchgeführt werden. Und Jahr für Jahr finden weitere Starts mit der Kosmos M statt. Offensichtlich sind die Lagerbestände zumindest anfangs recht beträchtlich gewesen. Zurzeit wird behauptet, dass auch im kommenden Jahr mindestens ein Start mit diesem Typ durchgeführt wird, und dann alle vorhandenen Exemplare verbraucht sind. Allerdings haben wir Meldungen dieser Art schon öfters gehört. Mit einer Kosmos 3M Rakete wurde gestern früh ein militärischer Navigationssatellit in einen polarnahen Orbit entsandt. Der Start des zweistufigen Trägers erfolgte um 3:05 Uhr mitteleuropäischer Zeit von der Startrampe 132 des Weltraumzentrums Plesetzk in Nordrussland. Der Start verlief erfolgreich und der Satellit erreichte um 4:08 Uhr mitteleuropäischer Zeit seinen Zielorbit in knapp 1000 Kilometer Höhe bei einer Inklination von knapp unter 83 Grad. Das Raumfahrzeug erhielt nach dem Start die übliche Kosmos-Zählnummer, die seit den Anfangstagen der russischen Raumfahrt für militärische Satelliten vergeben wird. In diesem Fall Kosmos 2463. Über die Mission des Raumfahrzeugs hielten sich die russischen Offiziellen bedeckt Experten nehmen aber an, dass es sich um einen kombinierten Navigations- und Datenrelaysatelliten der Parus-Serie handelt. Der am Dienstag angesteuerte Orbit entspricht jedenfalls dem für Satelliten dieses Typs. Träger des Typs Kosmos 3M wurden seit den 60iger Jahren mehr als 400-mal eingesetzt. Der Start am Dienstag war die 10. Weltraummission des Landes in diesem Jahr. Damit hat Russland mehr als die Hälfte aller Nutzlasten weltweit in diesem Jahr in den Orbit gebracht.

28.04.2010 – Neues Frachtschiff auf dem Weg zur ISS

Am 28. April startete das russische Frachtraumschiff Progress M-05M zu einer dreitägigen Aufholjagd zur Internationalen Raumstation. Die Mission des Raumfahrzeugs begann an der Spitze einer Sojus-U-Trägerrakete um 19:15 Uhr mitteleuropäischer Zeit. Die Progress trat ihre Reise vom historischen Startplatz 1 in Baikonur an, demselben, auf dem auch vor fast 50 Jahren Juri Gagarins Flug in den Orbit begann, der seinerzeit den Beginn der bemannten Raumfahrt einläutete. Neun Minuten nach dem Verlassen der Startrampe hatte der Raumfrachter einen ersten Übergangsorbit erreicht, und die Solargeneratoren und die Kommunikations- und Navigationsantennen wurden entfaltet. Der Orbit wies eine Bahninklination von 51,65 Grad auf, das Perigäum lag bei 193,4 Kilometer und das Apogäum bei 249,7 Kilometer. Die Orbitperiode betrug 88,63 Minuten. Das Anlegemanöver soll am Samstag um 20:35 Uhr am Dockingadapter des in Richtung Erde weisenden russischen Pirs-Moduls erfolgen. Progress M-05M ist das 37. russische Versorgungsschiff, das an der Internationalen Raumstation anlegen wird. In der Aufbaumatrix der ISS wird es deshalb auch als Progress 37P bezeichnet. Das Progress-Raumschiff, das bisher an diesem Docking-Adapter angelegt hatte, löste sich am Donnerstag, nachdem es zuvor sechs Monate an dieser Position zugebracht hatte. Das neue Frachtschiff bringt zweieinhalb Tonnen an Versorgungsgütern zur Station. Knapp 1.400 Kilogramm davon sind "trockene Fracht": Ersatzteile, Experimente, Versorgungsgüter und ähnliches. Der Rest ist sogenannte „Nasse Fracht" und besteht aus Treibstoff für die Lageregelungstriebwerke im russischen Segment der Station, Wasser und Sauerstoff für die Crew an Bord der ISS. Die Raumstation ist derzeit mit der Expedition 23 besetzt, bestehend aus dem Kommandanten Oleg Kotov, dem NASA-Flugingenieuren T.J. Creamer, Tracy Caldwell-Dyson, den russischen Kosmonauten Alexander Skortsov und Mikhail Kornienko und dem japanischen Astronauten Soichi Noguchi. Kotov und Skortsov halten sich am Samstag bereit, um im Notfall die Progress manuell per Fernsteuerung an die Station anzudocken, für den Fall, dass das autonome System des Frachters versagt.

Sojus U mit Progress M-05M wird zur Rampe gefahren

Mai

14.05.2010 – Letzter Flug für die Atlantis?

Wie um die Beendigung des Shuttle-Programms ad absurdum zu führen, gelingen die Starts dieser letzten Missionen perfekt wie im Bilderbuch. Auf die Sekunde pünktlich zum seit Monaten vorgeplanten Termin verließ die Raum-

Start der Atlantis

fähre Atlantis um 20:20 Uhr mitteleuropäischer Zeit die Startanlage 39A des Kennedy Space Centers. Der Start war der – voraussichtlich – drittletzte des Shuttle-Programms. Auch das Wetter spielte mit, die meteorologischen Bedingungen für den Beginn der Mission STS 132 waren exzellent. Die Atlantis soll am Sonntag an der ISS anlegen. Die Fracht, die es in seiner Nutzlastbucht trägt, besteht aus dem russischen Rassvet-Modul, das in der Sprachregelung des ISS-Programms auch als Mini-Research Module-1 bezeichnet wird und dem Integrated Cargo Carrier. Es wird im Laufe der Mission an der Station befestigt werden. Außerdem sind drei Außenbordmanöver geplant. Offiziell verbleiben nach dem Start der Atlantis nur noch zwei Missionen, bis das Shuttle-Programm im November endet. Für die Atlantis wäre dies dann der letzte Flug gewesen. Es gibt allerdings Gerüchte, diesen Orbiter Mitte des kommenden Jahres für eine allerletzte Mission noch einmal einzusetzen. Diese Zusatzmission muss aber erst vom Kongress genehmigt werden. Für die Atlantis ist es der 32. Flug in den Orbit. Ihr erster Einsatz liegt inzwischen 25 Jahre zurück und damit ist sie der Orbiter mit den zweitmeisten Flügen. Nur die Discovery flog noch öfter.

Die Besatzung der Raumfähre besteht aus dem 45jährigen Commander Kenneth Ham, der bei der Mission STS 124 im Mai und Juni 2008 als Pilot der Discovery eingesetzt war. Pilot der Mission ist der 43jährige Toni Antonelli, der schon als Pilot der Mission STS 119 im März letzten Jahres flog. Dritter Mann an Bord ist der 47jährige Missionsspezialist Michael Good, der im August letzten Jahres für diese Mission nachnominiert wurde. Eigentlich sollte Karen Nyberg fliegen, die jedoch aus nicht näher spezifizierten medizinischen Gründen vom Flug zurücktreten musste. Good war im letzten Jahr bei der Hubble-Repair-Mission eingesetzt gewesen und hatte eigentlich nicht mehr damit gerechnet, nochmal im Shuttle-Programm fliegen zu können. Vierter Mann an Bord ist der 55jährige Piers Sellers. Er hat in dieser Besatzung die größte Flugerfahrung hinsichtlich der Anzahl der Flüge. Diese Mission ist sein dritter Shuttle-Einsatz. Er flog die Mission STS 112 im Oktober 2002, ebenfalls mit der Atlantis, und mit der Discovery im Juli 2006 die Mission STS 121. Fünftes Besatzungsmitglied ist der 46jährige Steven Bowen, dessen erster Raumflug im November 2008 mit der Endeavour stattfand. Und schließlich ist noch der 42jährige Garrett Reisman an Bord, der vor zwei Jahren schon 94 Tage auf der der ISS verbracht hat. Obwohl es erst sein zweiter Raumflug ist, hat er diese beiden Flüge doch auf drei Shuttles absolviert. Er startete an Bord der Endeavour mit der Crew der Mission STS-123 im März 2008 zur ISS und kehrte mit der Crew der Discovery während der Mission STS-124 im Juni 2008 wieder zur Erde zurück. Die Mission der Atlantis ist für 12 Tage angesetzt, eine Flugverlängerung um einen Tag ist jedoch möglich.

Missionsposter

20.05.2010 – Morgendämmerung mit IKAROS zur Venus

Am 20. Mai, wenige Minuten vor Mitternacht in Mitteleuropa, machte sich die erste Raumsonde dieses Jahres auf ihre Reise in die Tiefen des Sonnensystems. Um 23:58:22 Uhr hob eine Trägerrakete des Typs H2A vom japanischen Raumfahrtzentrum Tanegashima ab, um ihre Fracht, die beiden Raumsonden AKATSUKI und IKAROS sowie vier weitere Kleinnutzlasten, in den Weltraum zu befördern. Der Start musste exakt zu diesem Zeitpunkt erfolgen, einem so genannten „instantaneous launch window". Es war dies der Moment, in dem die Erdrotation die japanische Startanlage genau durch den richtigen Startazimuth trug. Das japanische Wort AKATSUKI bedeutet „Morgendämmerung". Die Raumsonde trug bis vor kurzem die Projektbezeichnung „Planet C" und ist auch bekannt unter der Bezeichnung "Venus Climate Orbiter". Die Mission repräsentiert einen Wert von 275 Millionen US-Dollar. Schon drei Tage zuvor hatte es einen Startversuch gegeben, der aber wegen schlechten Wetters hatte verschoben werden müssen. Zum Startzeitpunkt erwachte das einzelne LE-7A Triebwerk zum Leben, unterstützt von zwei Feststofftreibsätzen. Der Gesamtschub des Trägers betrug beim Start etwa 870 Tonnen. Eine Minute und 55 Sekunden nach dem Verlassen der Startrampe waren die beiden Booster ausgebrannt, zehn Sekunden später wurden sie abgeworfen. Vier Minuten und 19 Sekunden nach dem Verlassen der Startrampe wurde die Nutzlastverkleidung abgesprengt. Nach sechs Minuten und 30 Sekunden wurde das Erststufentriebwerk stillgelegt. Acht Sekunden später wurde die Stufe abgetrennt. Weitere sechs Sekunden später zündete das LE-5B Triebwerk der zweiten Stufe für eine erste Brennperiode von fünf Minuten Dauer. 11 Minuten und 29 Sekunden nach dem Abheben war ein Übergangsorbit erreicht und das Zweitstufentriebwerk wurde abgeschaltet. Zwölf Minuten und 32 Sekunden im Flug wurde der nur ein Kilogramm schwere Cubesat der Universität Noka ausgesetzt. Zehn Sekunden danach der kaum größere WESEDA-SAT2 der Universität Weseda und noch einmal 10 Sekunden später der etwa 1.500 Gramm schwere KSAT der Universität Kagoshima. 22 Minuten und 32 Sekunden nach dem Verlassen der Startrampe zündete das Triebwerk der zweiten Stufe erneut. Diesmal für knapp vier Minuten. 27 Minuten und 27 Sekunden nach dem Verlassen der Startrampe gab die Stufe als erste der drei verbliebenen Einheiten die Venus-Sonde AKATSUKI frei. Nach 42 Minuten und 42 Sekunden wurde IKAROS freigegeben und bei 47 Minuten und 52 Sekunden der gut 20 Kilogramm schwere UNITEC 1 des japanischen Space Engineering Consortiums.

Die Trägerrakete – es handelt sich um die 17. Einheit des Typs H2A – wurde von Mitsubishi Heavy Industries gebaut. Die Hauptnutzlast, die Venus-Orbitsonde AKATSUKI, wurde von der japanischen Raumfahrtagentur, der "Japan Aerospace Exploration Agency" kurz JAXA, konstruiert und gebaut. Akatsuki hat eine Startmasse von 640 Kilogramm und soll nach ihrer Ankunft am Planeten Venus im Dezember dieses Jahres deren Atmosphäre in verschiedenen Wellenlängen untersuchen. Der Technologiedemonstrator IKAROS ist ein Raumfahrzeug, mit dem erstmals praktische Erfahrungen mit Sonnensegeln gewonnen werden sollen. Sonnensegeln (engl. „solar sailing") bezeichnet das gezielte Ändern einer Bahn im Weltraum ohne Treibstoffverbrauch, allein durch Nutzung des Photonendrucks des von der Sonne ausgesandten Lichts (und nicht etwa des „Sonnenwinds", wie in der Presse häufig zu lesen ist).

vatory. Im letzten Jahr wurde mit der Atlantis auch die letzte Überholung des Hubble-Weltraumteleskops durchgeführt. Die Landung verlief planmäßig und problemfrei wie alle Landungen im Shuttle-Programm. Wie alle, bis auf die Landung der Columbia bei der Mission STS 107 vor sieben Jahren, als diese erste Einsatzraumfähre der USA über Mexiko wie ein Meteor verglühte. Ein Schaden an einer Hitzeschutzkachel an der Flügelvorderkante hatte ihr Ende verursacht und kostete der Besatzung das Leben.

Um 13:45 Uhr, eine gute Stunde vor dem „Touchdown" in Florida, hatte der so genannte Deorbit-Burn stattgefunden. Dabei wurde die Geschwindigkeit der Fähre um 360 Kilometer pro Stunde reduziert. Genug, um das Perigäum der Bahn in die obersten Schichten der Erdatmosphäre abzusenken. Der Abstieg zur Erde war damit eingeleitet. Sekunden vor dem Aufsetzen betätigte Pilot Toni Antonelli den Schalter, der die Fahrwerksluken aufsprengte. Das Fahrwerk fällt danach nach unten und wird durch den Fahrtwind nach hinten gedrückt, bis es einrastet. Um 14:48 Uhr war die Shuttle-Mission STS 132 Geschichte, nachdem Commander Kenneth Ham die Fähre perfekt aufgesetzt hatte. Der Orbiter wog bei der Landung 94.900 Kilogramm, 24.300 Kilogramm weniger als beim Start. Die Mission hatte, vom Moment der Zündung der Feststoffbooster bis zum Stillstand der Fähre nach der Landung, genau 11 Tage, 18 Stunden und 28 Minuten gedauert. In dieser Zeit hatte die Atlantis die Erde 186 Mal umkreist und dabei eine Strecke von 7,85 Millionen Kilometern zurückgelegt. Es war dies die 75. Shuttle-Landung am Kennedy Space Center. 56mal sind die Shuttles in Kalifornien am Testflugzentrum der NASA in Edwards gelandet. Eine Landung – bei der Mission STS 3, durchgeführt von der Columbia – erfolgte auf der Naturbahn von White Sands in New Mexico.

Der Anflug erfolgte diesmal auf die Runway 33. Dies bedeutet, dass der Shuttle die einzige Bahn der Kennedy Space Center Landing Facility vom Südosten her ansteuerte. Dafür musste die Atlantis über dem Kennedy Space Center nahezu einen vollen Kreis fliegen, um sich exakt auf die Bahn auszurichten: 320 Grad um genau zu sein. Die Piste der Shuttle Landing Facility wurde im Jahre 1975 errichtet. Ihre Betonbahn ist 90 Meter breit, 4.800 Meter lang und hat zusätzlich eine jeweils 300 Meter lange Überrollzone an jedem Ende. Sie liegt fünf Kilometer nordwestlich des Vehicle Assembly Buildings. Die Geschwindigkeit der Raumfähre betrug im Moment der Bodenberührung des Hauptfahrwerks noch 370 Kilometer pro Stunde. Der Aufsetzpunkt lag

750 Meter hinter der Landebahnschwelle. Insgesamt hat die Atlantis in ihrer Einsatzgeschichte 294 Tage im Weltraum verbracht, bei ihren 32 Flügen 4.648-mal die Erde umkreist und dabei über 190 Millionen Kilometer zurückgelegt. Obwohl dies offiziell ihr letzter Flug war, wird die Atlantis nach dieser Mission der gleichen Prozedur unterzogen wie nach jedem Flug: Das heißt, sie wird auf eine nächste Mission vorbereitet, die es vielleicht gar nicht mehr geben wird. Sie steht – für den Fall der Fälle – zunächst als Rettungsfahrzeug für die Raumfähren Discovery (deren Start momentan für September oder Oktober geplant ist) und Endeavour, die möglicherweise erst Anfang des kommenden Jahres fliegen wird, zur Verfügung. Die NASA-Manager hoffen jedoch, dass Präsident Obama noch die eingangs erwähnte allerletzte Mission genehmigt, die dann im Sommer 2011 anzusetzen wäre. Diese Mission müsste ohne einen Rettungsshuttle im Standby-Modus stattfinden, denn zu diesem Zeitpunkt werden die Discovery und die Endeavour schon im Museum stehen. Für den Fall, dass die Hitzeschutzkacheln beim Start einen schweren Schaden erleiden, müsste die Atlantis aufgegeben werden. In diesem Fall würde ihre Crew mit Sojus-Raumfahrzeugen zur Erde zurückkehren. Aus diesem Grund würde die Atlantis diese nun wirklich allerletzte Reise mit einer reduzierten Crew von nur vier Astronauten durchführen.

Die Delta 4 wird für den Start vorbereitet

28.05.2010 – GPS Satellit einer neuen Generation im Orbit

Am 28. Mai, um 3:00 Uhr mitteleuropäischer Zeit (21:00 Uhr ostamerikanischer Ortszeit am Vortag) brachte die amerikanische Luftwaffe den ersten Navigationssatelliten einer neuen Generation in den Orbit. GPS 2F-1 – so der Name des Raumfahrzeugs – verließ die Startrampe 37B am Raumfahrtzentrum Cap Canaveral an Bord einer Delta 4 Medium 4,2 Trägerrakete. Drei Stunden, 33 Minuten und 15 Sekunden nach dem Verlassen der Startrampe gab die Centaur-Oberstufe den Satelliten frei. GPS 2F-1 ist natürlich keineswegs der erste US-Navigationssatellit. In den letzten drei Jahrzehnten – so lange existiert das amerikanische Global Positioning System (GPS) bereits – wurden 60 Einheiten in den Orbit gebracht. Das neue Fluggerät ist aber der erste Satellit der so genannten „Block 2F-Serie“, der mit vielen verbesserten Merkmalen aufwartet, wie beispielsweise genaueren Atomuhren an Bord, längerer Lebenszeit und reprogrammierbaren Prozessoren. Vor allem eine erweiterte Palette ziviler Signale zeichnen die neuen Satelliten aus. Damit werden beispielsweise im Zivilflugverkehr Anflugverfahren möglich, die sich auf GPS stützen. Auf der militärischen Seite ist die Störsicherheit der Satelliten verbessert worden.

Die Mission an diesem Tag war

- ★ Der 349. Start einer Delta-Rakete seit dem Jahre 1960
- ★ Der 13. Start einer Delta 4 seit 2002
- ★ Der 11. Start einer Delta 4 von Cap Canaveral
- ★ Der 6. Start einer Delta 4 in der Medium 4,2 Konfiguraton (Dieser Variante des Boeing-Trägers setzt 2 Feststoffbooster ein)
- ★ Der 2. Delta 4-Start in diesem Jahr
- ★ Der Start des 61. GPS-Satelliten
- ★ Der 50. GPS-Start auf einer Delta-Rakete (59 Starts erfolgten auf Delta 2-Raketen)
- ★ Der erste Start eines GPS Block 2F Satelliten

Die meisten der früheren Generationen von GPS-Satelliten wurden vom Startkomplex 17 der Cap Canaveral Luftwaffenstation mit Delta 2-Raketen gestartet. Die Delta 2 ist jedoch nicht mehr leistungsfähig genug, um die neue Generation dieser Raumfahrzeuge in den Orbit zu bringen. Dazu kommt der Vorteil der Delta 4, die Einheiten direkt in die vorgesehene Bahn bringen zu können. Bei der Delta 2 war noch ein mehrtägiger Umweg über Parkbahnen sowie der Einsatz einer Kick-Stufe notwendig, die ihrerseits wieder einen erhöhten Vorbereitungsaufwand erforderte. So musste der Satellit nach der Montage auf den Feststoffmotor ausgewuchtet werden, da die Kickstufe über keine Lageregelung verfügte und lediglich drallstabilisert war. GPS-2F1 wird auf dem Slot 2 der Orbitebene B die Aufgaben von GPS 2A-27 übernehmen, der dort seit 1996 positioniert ist. Dieser Satellit ist aber immer noch voll funktionsfähig, und wird den Status einer Reserve-Einheit übernehmen. Eigentlich sollte an dieser Position der im März des Vorjahres gestartete GPS 2R-20 Dienst tun. Mit dem gibt es aber technische Probleme, die noch nicht gelöst sind. Boeing wird ein Dutzend Block 2F Satelliten bauen, die nach und nach im Orbit Raumfahrzeuge der älteren Generation ersetzten sollen. Der Start von GPS 2F-2 ist derzeit für November geplant. Als Träger soll dann eine Atlas 5 eingesetzt werden, und der Start wird vom Komplex 41 in Cape Canaveral aus erfolgen.

Juni

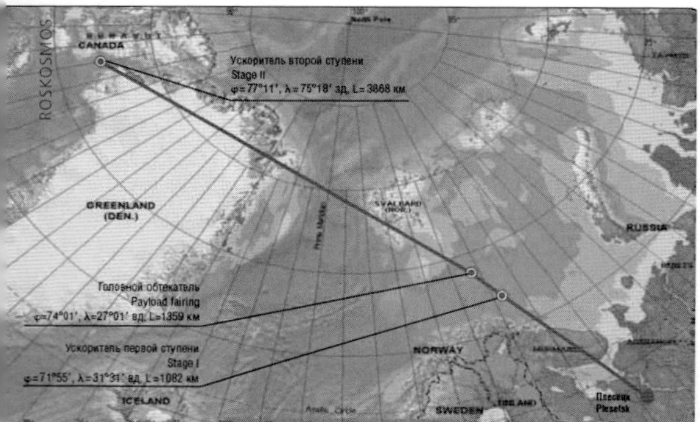

Starttrajektorie SERVIS 2

02.06.2010 – Japanischer Satellit testet Standardteile für die Raumfahrt

Eine Trägerrakete des Typs Rokot, ein konvertierter russischer Nuklearträger, startete am 2. Juni mit dem japanischen Technologiesatelliten SERVIS 2 in den Orbit. Aufgabe des Satelliten: Die Erprobung von handelsüblichen Bauteilen und Systemen für die Verwendung in Raumfahrzeugen. Die Erststufentriebwerke des knapp 30 Meter langen Trägers zündeten um 3:59 Uhr mitteleuropäischer Zeit und die Rakete machte sich in nördlicher Richtung auf die Reise. In Plesetzk, dem nordrussischen Startort der Rakete, ging zu dieser Zeit gerade die Sonne auf. Die erste und zweite Stufe des Boosters hatten ihre Aufgabe sechs Minuten nach dem Verlassen der Startanlage erledigt. Danach übernahm die Breeze KM Oberstufe der Rokot den weiteren Antrieb. Die erste Brennphase dauerte fast 9 Minuten. Damit wurde der Satellit in einen elliptischen Parkorbit gebracht. Nach einer Driftphase von fast einer Stunde Dauer feuerte das Triebwerk der Breeze erneut für 45 Sekunden um den Orbit in einer Höhe von 1.200 Kilometern zu zirkularisieren. Die erzielte Inklination betrug 100,4 Grad. Der Träger gab das 736 Kilogramm schwere Raumfahrzeug um 5:36 Uhr mitteleuropäischer Zeit frei. Zu diesem Zeitpunkt flog die Kombination gerade über Osteuropa. Die Mission am Mittwoch wurde unter der Leitung von Eurokot durchgeführt, einem deutsch-russischen Joint Venture, das die Rokot-Trägerrakete vermarktet. Eurokot besteht aus der deutschen EADS Astrium und dem Hersteller der Rakete, dem russischen Unternehmen Chrunitschew. Nach der Entfaltung der Solargeneratoren und den Systemchecks wird SERVIS 2 seinen Dienst aufnehmen, um insgesamt neun kommerzielle Standardkomponenten auf dem Gebiet der Lageregelung, der Energieerzeugung und der Computersysteme zu testen. Die Experimente beinhalten Standard Lithium Ionenbatterien und ein Datenmanagement-System, das aus der Automobilindustrie stammt, einen fehlertoleranten 64bit Computer sowie ein Datenkompressionssystem. SERVIS 2 beherbergt außerdem kommerzielle GPS Empfänger um Orbitposition und Raumlage zu bestimmen, magnetisch gelagerte Momentenräder und ein Satelliten-Strukturmodell, das Subsystem-Komponenten der nächsten Generation simuliert. SERVIS 2 wird all diese Komponenten und Materialien der harschen Umgebung des Weltraums , um eine Datenbasis für kommerzielle Standardteile zu schaffen sowie eine Konstruktionsrichtlinie für Ausrüstungsgegenstände und deren Anwendung bei zukünftigen Raumflügen. Kommerzielle Standardkomponenten könnten künftig dazu beitragen, Raumfahrzeuge billiger zu machen. Das Akronym „SERVIS" steht für "Space Environment Reliability Verification Integrated System". Das in Tokio angesiedelte "Institute for Unmanned Space Experiment Free Flyer", kurz USEF, leitet das Vorhaben. SERVIS 1 war im Jahre 2003 ebenfalls mit einer Rokot gestartet worden und vollendete eine zweijährige Mission zum Test preiswerter Standardkomponenten.

02.06.2010 – Compass G3 im Orbit

China startete am 2. Juni einen weiteren Satelliten der Beidou/Kompass-Konstellation in einen geostationären Transferorbit. Der Navigationssatellit trat seine Reise um 17:53 Uhr mitteleuropäischer Zeit an, das entspricht sieben Minuten vor Mitternacht Ortszeit. Als Träger wurde eine Langer Marsch 3C eingesetzt, eine Version der Langer Marsch 3, die speziell für die Starts des chinesischen Navigationssatellitennetzes geschaffen wurde. Diese Trägerrakete ist 58 Meter lang und weist ein Startgewicht von 340 Tonnen auf. Startort war das Weltraumzentrum Xichang im Südwesten Chinas. Die Bordtriebwerke des Satelliten werden die Bahn des Raumfahrzeugs in den nächsten Tagen zirkularisieren. Danach wird Compass G3 über Südostasien stationiert werden. Der Satellit ist das vierte Raumfahrzeug in dieser Beidou-Konstellation der zweiten Generation. Zwei Satelliten wurden

CZ-3C Start

bereits im geostationären Orbit positioniert, der letzte erst im Januar dieses Jahres. Ein weiteres Raumfahrzeug arbeitet in einem Orbit in einer Höhe von 21.000 Kilometern. China installiert die Beidou-Konstellation, im Westen besser unter der Bezeichnung "Compass" bekannt, um über ein unabhängiges System für präzise Navigationsdaten zu verfügen. Momentan verlässt sich das Land auf das Global Positioning System der USA. Erste experimentelle Beidou –Satelliten wurden bereits im Jahre 2000 gestartet. Die chinesischen Offiziellen hoffen, dass das System im Jahre 2012 voll arbeitsfähig ist. Die volle Ausbaustärke wird bei 35 Satelliten liegen. Die meisten dieser Einheiten werden sich dabei auf Bahnen in 21.000 Kilometern Höhe bewegen. Fünf Raumfahrzeuge werden das System aus dem geosynchronen Orbit unterstützen. Das Beidou/Kompass-System ist das chinesische Gegenstück zum US GPS-System, dem russischen Glonass und dem künftigen europäischen Galileo-System. Beidou/Kompass wird Signale zur Verfügung stellen, die für zivile Anwendungen eine Genauigkeit von 10 Metern haben werden. Für Zwecke der Regierung und für militärische Anwendungen werden noch präzisere Navigationsdaten zur Verfügung stehen.

04.06.2010 – Vollmond über Arabien

Die "Arab Satellite Communications Organization", kurz Arabsat, größter Anbieter für Satellitendienstleistungen in der arabischen Welt, hat den ersten von zwei leistungsfähigen neuen Raumfahrzeugen in den Orbit bringen lassen. Arabsat erreicht viele Millionen Haushalte in über 100 Ländern des Mittleren Osten, Afrikas, Europas und Asiens und überträgt dabei die Sendungen mehrerer hundert Fernsehkanäle und Radiostationen mit ihrem gegenwärtigen Verbund geostationärer Kommunikationssatelliten. Badr 5 (arabisch für „Vollmond), der erste dieser beiden neuen Satelliten, startete exakt um Mitternacht mitteleuropäischer Zeit am 3. Juni (4:00 Uhr Ortszeit am 4. Juni am Startort) an Bord einer Proton

M Breeze M vom Kosmodrom Baikonur in Kasachstan. Es dauerte mehr als neun Stunden, und benötigte insgesamt fünf Brennphasen der Oberstufe, um den Satelliten in seinem vorgesehenen Orbit abzusetzen. Der erreichte Transferorbit wies ein Apogäum von 35.800 Kilometern und ein Perigäum von 5.800 Kilometern auf. Die Bahnneigung zum Äquator betrug 19 Grad. Die Freigabe des Satelliten von der Breeze-M erfolgte um 9:13 Uhr mitteleuropäischer Zeit. Danach war die Aufgabe für den Startdienstleister erfolgreich abgeschlossen. Das bordeigene Antriebssystem des Raumfahrzeugs wird nun die Aufgabe übernehmen, Badr 5 in einen kreisförmigen, geostationären Orbit zu überführen. Badr 5 wurde gemeinsam von Astrium und Thales Alenia Space gebaut. Das Raumfahrzeug basiert auf dem Eurostar E3000 Bus von Astrium und hat eine Design-Lebensdauer von 15 Jahren. Das Raumfahrzeug wog beim Start 5.450 Kilogramm und ist mit 56 Ku-Band und vier Ka-Band Transpondern ausgerüstet. Badr 5 wird auf seiner zukünftigen Orbitposition bei 26 Grad östlicher Länge über dem Äquator zwei ältere Einheiten unterstützen: Badr 4, der im November 2006 ebenfalls mit einer Proton gestartet wurde und Badr 6, der im Juli 2008 auf einer Ariane 5 auf die Reise ging. Die im saudi-arabischen Riad ansässige Arabsat hat in der Zwischenzeit schon den zweiten der beiden neuen Satelliten auf dem Startgelände. Arabsat 5A, so der Name dieser Einheit, wird derzeit in Französisch-Guayana für seine Mission vorbereitet. Der Start ist nach derzeitiger Planung am 23. Juni an der Spitze einer Ariane 5 ECA-Rakete vorgesehen. Dieses Raumfahrzeug wird den langsam in die Jahre kommenden Arabsat 2A auf 30,5 Grad Ost unterstützen. Arabsat 2B ist inzwischen im 14. Betriebsjahr und seine nutzbare Lebensdauer ist bald abgelaufen. Arabsat 5A entspricht in der Bus-Konfiguration exakt Badr 5. Er trägt aber ein unterschiedliches Kommunikationspaket mit 26 C-Band und 24 Ku-Band Transpondern.

Proton M in der Endmontage

04.06.2010 – Erfolg für den Falken

Erfolg für Elon Musk und sein Unternehmen Space X bereits im ersten Anlauf. Der Jungfernflug des Falcon 9, der ersten auf rein privater Basis entwickelten Großrakete der Welt, gelang vergangenen Freitag auf Anhieb. Die Entwicklung der Rakete beanspruchte nur in etwa 30 Prozent der Zeit, die eine Raum-

Erstflug des Falcon 9

fahrtbehörde oder ein kommerzieller Anbieter für ein solches Unterfangen in der Regel benötigt. Das Entwicklungsbudget dürfte kaum 20 Prozent des Standardaufwandes einer institutionellen Entwicklung liegen. Einige aufwändige Tests, die in der kommerziellen und institutionellen Raumfahrt üblich sind, hat Elon Musk einfach auf den Erstflug verlegt. So führte er beispielsweise keinen Vakuumtest mit dem Zweitstufentriebwerk durch, ein äußerst komplexer und extrem kostenintensiver Erprobungsschritt, der bei Regierungsbeauftragungen üblich ist. Mit dem Erfolg war keinesfalls zu rechnen gewesen. Bedeutende Unternehmen der Raumfahrtindustrie und Raumfahrtorganisationen sind in der Vergangenheit bei Erstflügen neuer Trägerraketen gescheitert. Historisch gesehen liegt die Erfolgsrate bei Jungfernflügen komplett neu entwickelter Trägerraketen bei unter 50 Prozent. Auch Elon Musk war von vielen Experten der Misserfolg vorhergesagt worden. Er selbst hatte seine Prognosen äußerst konservativ angesetzt: Alles was über das Verlassen der Startrampe hinausgeht, so seine Ankündigung, wäre ein „guter Tag" für ihn. Der Planwert für die angestrebte Umlaufbahn war eine Kreisbahn in 250 Kilometern Höhe. Erzielt wurde eine elliptische Bahn mit einem Perigäum von 235 Kilometern und einem Apogäum von 276 Kilometern. Dennoch war der Flug nicht ganz problemfrei. Im Moment des Abhebens trat ein Rollkontrollproblem auf, möglicherweise ausgelöst durch ein verzögertes Ablösen der Nabelschnur. Die Stufentrennung erfolgte nur mit sehr geringen Toleranzen, möglicherweise kam es auch zu einem Kontakt zwischen erster Stufe und dem Kestrel-Triebwerk der Oberstufe. In der zweiten Hälfte der Brennzeit der zweiten Stufe arbeitete offensichtlich das Rollkontrollsystem nicht mehr, und so baute sich eine immer höhere Drehrate auf. Bei Brennschluss betrug die Rollrate etwa 240 Grad pro Sekunde. Die Bergung der ersten Stufe gelang nicht, wie von Musk und seinen Ingenieuren erhofft. Sie brach beim Eintritt in die dichteren Luftschichten auseinander. Die Bergung der Stufe galt allerdings von vorneherein als nachgeordneter Meilenstein. Dass der Träger trotzdem den Orbit erreichte, und die angestrebten Bahnparameter mit relativ großer Genauigkeit traf, zeigt die Robustheit des Gesamtsystems, das offensichtlich auch Fehlfunktionen verkraften kann. Bei dieser Mission war nur ein funktionsloser Dummy der Dragon-Kapsel – einem unbemannten Versorgungsmodul für die Internationale Raumstation und bislang die der Hauptnutzlast der Falcon 9 – an Bord. Eine voll ausgerüstete Testeinheit soll bei der nächsten Mission im Herbst mitgeführt werden. Nach diesem erfolgreichen Erstflug dürfen wir in den nächsten Tagen und Wochen mit Sicherheit die Ankündigung weiterer Startaufträge aus dem kommerziellen Satellitensektor für SpaceX rechnen.

10.06.2010 – Fehlschlag für Naro

Naro Startvorbereitung

Während der neue Falcon 9 von SpaceX einen erfolgreichen Erstflug erlebte, scheiterte das südkoreanisch/russische Gemeinschaftsvorhaben Naro auch im zweiten Anlauf. Und diesmal noch deutlicher als beim ersten Mal, denn 137 Sekunden nach dem Verlassen der Startrampe riss der Kontakt zum Träger ab, und die Nutzlast, der Satellit STSat 2b ging verloren. Der Fehlstart ist ein herber Rückschlag für Südkorea und das russische Team von Chrunitschev, das die erste Stufe der Naro entwickelt. Das Triebwerk dieser Stufe ist ebenfalls russischer Abstammung. Der RD-151 Motor ist eine schubreduzierte Variante des RD-191 von Energomash, das in der ersten Stufe der in Entwicklung befindlichen russischen Angara-Rakete zum Einsatz kommen soll. Von der der Angara wurde auch die Grundkonstruktion für die erste Stufe der KSLV-1 übernommen. Die zweite Stufe der KSLV-1 ist dagegen ein südkoreanischer Entwurf, und auch die Nutzlastverkleidung an der Spitze der Rakete stammt aus Südkorea. Nachdem es im August 2009 beim Jungfernflug der KSLV-1 nicht gelungen war, einen STSat 2a genannten Forschungs- und Technologiesatelliten auf eine Bahn um die Erde zu bringen, setzten die Südkoreaner ihre Hoffnungen darauf, dass der zweite Flug einer KSLV-1 erfolgreich verlaufen würde.

Der Start der KSLV-1 mit STSat 2b an Bord erfolgte am 10. Juni 2010 um 10:01 Uhr mitteleuropäischer Zeit vom Naro Space Center, einige hundert Kilometer südlich von Seoul. Zunächst schien der Flug planmäßig zu verlaufen, aber nach 137 Flugsekunden stellte der Träger die Telemetrieübertragung ein. Kameras zeigten eine offensichtlich nicht geplante Abfolge pyrotechnischer Vorgänge, ähnlich denen, wie sie bei einer Stufentrennung auftreten. Als sich die Anomalie ereignete, war den Kameras des koreanischen Fernsehens die Sicht auf die Rakete durch Wolken verdeckt. Aufnahmen mit einer anderen Kamera von einer anderen Position zeigen aber deutlich Absprengvorgänge. Die Ursache für das Versagen der Rakete ist noch nicht bekannt. Nachdem die Verantwortung für die erste Stufe bei Chrunitschev liegt, könnte sie aber hier zu suchen sein. Die „Korean Times" berichtete, die erste Stufe der Rakete sei explodiert, und dies falle unter russische Verantwortung. Die russische Nachrichtenagentur RIAN berichtet dagegen, die KSLV-1 sei wegen einer verfrühten Zündung der südkoreanischen zweiten Raketenstufe explodiert. An sich sollte das Naro 1-Programm nach zwei Flügen beendet sein. Die Verträge mit Chrunitschev sehen jedoch vor, einen dritten Start durchzuführen, wenn mindestens einer der beiden ersten Flüge scheitert. Somit kann man in jedem Fall von einer dritten Naro 1-Mission ausgehen. Die erneut gescheiterte Mission der Naro zeigt jedenfalls einmal mehr, mit welchen Problemen Raketentechnik zu kämpfen hat. Der erfolgreiche Erstflug der wesentlich größeren Falcon 9 ist daher umso höher zu bewerten.

Hayabusa Landekapsel

13.06.2010 – Nach sieben Jahren auf der Erde zurück

Die Rückkehr der Landekapsel der japanischen Raumsonde Hayabusa ist geglückt. Trotz vieler Schwierigkeiten, und einer deutlich längeren Reise als geplant, hat die kleine Raumsonde ihre Odyssee glücklich beendet. Der Eintritt in die Erdatmosphäre konnte von Wissenschaftlern und Amateurbeobachtern gegen 15:51 Uhr mitteleuropäischer Zeit beobachtet werden. In einer Höhe von etwa 10.000 Metern trennte die nur rund 40 Zentimeter durchmessende Kapsel den oberen und unteren Hitzeschild ab und warf einen Fallschirm aus. Die Landung erfolgte in der geplanten Zone der Woomera Test Range in Zentralaustralien, wo es zu diesem Zeitpunkt kurz nach Mitternacht war (16:11 Uhr mitteleuropäischer Zeit). Ein Sender an Bord sorgte dafür, dass das Mini-Raumfahrzeug bereits unmittelbar nach der Landung gefunden werden konnte. Die Bergung erfolgte allerdings erst nach Sonnenaufgang, um den japanischen Spezialisten gute Beleuchtungsverhältnisse zu garantieren. Der Behälter wird nun in das japanische Missionskontrollzentrum Samamihare gebracht und dort geöffnet. Dann wird sich herausstellen, ob sie tatsächlich Asteroidenstaub enthält. Der Start der 510 kg schweren Raumsonde erfolgte am 9. Mai 2003 vom japanischen Raumfahrtzentrum Kagoshima aus mittels einer M 5 Trägerrakete. Danach brachten die vier Ionentriebwerke die Sonde auf die geplante Flugbahn zum Asteroiden 25.143 „Itokawa". Dieser kleine Himmelskörper war erst 1996 entdeckt worden. Es handelt sich dabei um einen so genannten Erdbahnkreuzer. Das Perihel, also der sonnennächste Bahnpunkt, liegt bei 0,953 Astronomischen Einheiten (142 Millionen Kilometern) und damit knapp innerhalb der Erdbahn. Das Aphel, der sonnenfernste Punkt der Bahnellipse, beträgt 1,7 AE (254 Millionen Kilometer) und geht damit sogar noch ein gutes Stück über die Marsbahn hinaus. Die Abmessungen des Asteroiden betragen – und das weiß man erst seit Hayabusas Besuch – 535 x 294 x 209 Meter. Er dreht sich alle 12 Stunden einmal um seine Achse. Benannt ist der Asteroid übrigens nach dem japanischen Raketenpionier Hideo Itokawa, der von 1912 bis 1999 lebte. Hayabusa hatte sein Ziel am 12. September 2005 erreicht und bezog danach mehrere Wochen lang Position über Itokawa. Zwischen dem 4. und 26. November wurden mehrere Landeversuche unternommen. Zwei davon glückten, es ist jedoch fraglich, ob es auch gelang, Bodenproben zu nehmen.

Schon beim Hinflug zum Asteroiden hatte es Probleme gegeben, beim Rückflug wurden es noch mehr. Nach und nach fielen drei der vier Ionentriebwerke aus, und wegen falscher Ausrichtung zur Sonne konnten die Solarzellen nicht ausreichend Energie bereitstellen. Die Batterie wurde Ende November und im Dezember 2005 wegen mehrfacher Ladefehler beschädigt und verlor einen Großteil ihrer Speicherfähigkeit. Außerdem gingen die bei der zweiten Landung aufgezeichneten Daten verloren. Trotz all dieser Widrigkeiten gelang im Januar 2006 die langsame Wiederherstellung von Energieversorgung, Kommunikation und Lageregelung. Dazu musste man neben dem einzigen noch funktionierenden Drallrad nun auch einen Teil des Xenons, eigentlich Treibstoff für die Ionentriebwerke, als Kaltgas zur Lageregelung einsetzen. Die beiden anderen Drallräder, die zusammen eigentlich die Dreiachsenstabilisierung der Sonde sichern sollten, waren bereits im Juli und Oktober 2005 ausgefallen. Wegen der technischen Probleme der Sonde hatte man den Zeitpunkt für die Rückkehr, Mitte Dezember 2005, verpasst und Hayabusa musste zwei Jahre länger in einem Sonnenorbit (immer noch nahe des Asteroiden

Itokawa) verbleiben. Erst im Dezember 2007 konnte der Rückflug begonnen werden. Mit den verbleibenden Restkapazitäten der Ionentriebwerke gelang bis zum 27. März 2010 die Änderung der Bahn soweit, dass Hayabusa schließlich die Erde erreichte. Letzte Korrekturmanöver am 5. und 27. Mai sowie am 5. und 9. Juni sorgten dafür, dass die vorgesehene Landezone auch tatsächlich getroffen wurde. Drei Stunden vor dem Eintritt in die Erdatmosphäre trennte sich die Kapsel von der Sonde. Gegen 16:00 Uhr mitteleuropäischer Zeit trat sie dann mit einer Geschwindigkeit von etwa 43.000 Kilometern pro Stunde in die Erdatmosphäre ein und war als leuchtender Meteor am nächtlichen Himmel über Zentralaustralien zu sehen, genauso wie die eigentliche Raumsonde, die der Landekapsel in geringem Abstand folgte. Die Hauptsonde war nicht mit einem Hitzeschild geschützt. Ihre Zerstörung war unausweichlich notwendig, da sie die Landekapsel auf den exakten Rückkehrkurs bringen musste, und der Landeeinheit auf dem gleichen Flugweg folgte.

Start Shijian 12

15.06.2010 – China startet Technologiesatelliten

Am 15. Juni 2010, um 9:39 Uhr Ortszeit (3:39 Uhr mitteleuropäischer Zeit) wurde der chinesische Technologiesatellit Shijian 12 gestartet. Die Mission begann am Startgelände Jiuquan, in der Provinz Gansu. Es ist dies die vierte Weltraummission Chinas in diesem Jahr. Befördert wurde der von der Akademie für Raumflugtechnik in Schanghai entwickelte Satellit von einer zweistufigen Rakete des Typs Langer Marsch 2D. Es war die 125. Weltraummission einer Rakete aus dieser Serie. Der Satellit wurde planmäßig auf eine polare Erdumlaufbahn gebracht. Das Perigäum liegt bei 575 Kilometern, das Apogäum bei 600 Kilometern und die Bahnneigung zum Äquator bei 97,7 Grad. Das Raumfahrzeug dient experimentellen raumfahrtwissenschaftlichen und ingenieurtechnischen Zwecken. Dementsprechend erfolgte die Namensgebung des Satelliten: Shijian bedeutet auf Deutsch etwa soviel wie Übung. Der Flug am Montagmorgen war der zwölfte Einsatz einer Rakete des Typs „Langer Marsch 2D" seit der Einführung dieses Typs im Jahre 1992.

15.06.2010 –
Mango, Tango & Picard

Eine modifizierte Interkontinentalrakete der russischen Streitkräfte startete am Dienstag von Südrussland aus mit zwei schwedischen und einem französischen Satelliten in eine Erdumlaufbahn. Bei den Nutzlasten handelt es sich um das französische Sonnenobservatorium Picard und die schwedische Mission Prisma, die aus den beiden Satelliten Mango und Tango besteht. Bei letzterer handelt es sich um ein Technologieexperiment, bei dem Formationsflüge und Rendezvous-Techniken zwischen Satelliten erprobt werden. Die gut 33 Meter lange Rakete startete vom russischen Raumfahrtgelände Yasny, das sich nahe der Nähe der Grenze zu Kasachstan befindet und nur selten genutzt wird. Der Träger brachte seine Nutzlasten in einen sonnensynchronen Orbit mit einer Bahnhöhe von 725 Kilometern. Dieser Orbit war 16 Minuten nach dem Verlassen des Startsilos erreicht. Eine mobile Bahnverfolgungsanlage im Oman bestätigte die Freigabe der beiden Prisma-Satelliten sowie von Picard. Der Start war der 15. Einsatz einer Dnepr in ihrer Rolle als ziviler Satellitenträger. Sie ist die schwerste Interkontinentalrakete weltweit. Im Militärdienst trägt der in der Ukraine gebaute Träger die Nato-Bezeichnung SS-18, zu den Zeiten des kalten Kriegs trug sie den Beinamen „Satan". 14 Missionen waren erfolgreich, eine schlug fehl. Picard beginnt nur eine zweijährige Mission, bei der er die Sonne für mindestens zwei Jahre mit seinen drei Instrumenten beobachten wird. Das 145 Kilogramm schwere Raumfahrzeug basiert auf einer Kleinsatellitenplattform, die von der CNES entwickelt wurde. Die Kosten des Projektes betragen 70 Millionen Euros. Der Satellit ist nach dem französischen Astronomen Jean Picard benannt, der im 17. Jahrhundert den Durchmesser der Sonne bestimmte. Der nach ihm benannte Satellit hat ähnliche Aufgaben. Sein 11-Zentimeter-Teleskop mit der Bezeichnung SODISM (Solar Diameter Imager and Surface Mapper) soll ultragenaue Messungen des Sonnendurchmesser, der Sonnenform, der Rotationsgeschwindigkeit und der Strahlungsintensität durchführen. Zwei weitere Instrumente mit der Bezeichnung SOVAP (SOlar VAriability Picard) und PREMOS (PREcision MOnitor Sensor) messen die Energiefluktuationen im ultravioletten, sichtbaren und infraroten Licht. Picard wird die Beobachtungen des Solar Dynamics Observatory der NASA ergänzen, eines Satelliten, der im Februar dieses Jahres gestartet worden war. An Bord der Dnepr befindet sich auch die aus zwei Satelliten bestehende Mission „Prisma". Diese

Mango und Tango im Simulator

beiden Raumfahrzeuge sind derzeit noch miteinander verbunden. Sie sollen sich am 3. August trennen und dann Techniken für den Formationsflug und für Rendezvous-Manöver im Weltraum erproben. Bei diesem Vorhaben werden verschiedene Ausrüstungsgegenstände getestet: Ein GPS-System aus Deutschland, ein Radiofrequenzinstrument aus Frankreich, und ein optischer Navigationssensor aus Dänemark. Mango wird bei diesen Versuchen die Rolle des aktiven Satelliten spielen und sich im Laufe von 10 Monaten wiederholt von Tango entfernen und wieder annähern. Dabei werden die verschiedenen Technologien eine nach der anderen erprobt. Mango hat etwa die Größe eines Küchenherdes und wiegt etwa 160 Kilogramm. Tango ist in etwa so groß wie eine Mikrowelle und wiegt ca. 40 Kilo. Mango ist zusätzlich zu seinem konventionellen Lageregelungssystem, bestehend aus sechs mit Hydrazin betriebenen Motoren, auch noch mit zwei experimentellen Triebwerken ausgerüstet, die mit so genanntem „grünem" Treibstoff arbeiten. In diesem Fall ist das Ammoniumdinitramid, das sich unter Hitzeeinwirkung in Stickstoff, Sauerstoff und Wasser zerlegt. Und noch ein weiteres Experiment gelangte mit der Dnepr in den Orbit, nämlich eine experimentelle Nutzlast mit der Bezeichnung BPA-1, eine Abkürzung „Block of Perspective Avionics-1". Sie verbleibt an der dritten Stufe der Dnepr und umkreist mit ihr die Erde in einem ähnlichen Orbit wie die beiden Hauptnutzlasten.

18.06.2010 – Sojus TMA 19 erreicht die ISS

Beim dritten Start innerhalb von nur 14 Stunden hob am 15. Juni 2010 planmäßig um 23:35 Uhr mitteleuropäischer Zeit eine Trägerrakete des Typs Sojus FG mit dem bemannten Raumschiff Sojus-TMA 19 von der Startrampe 1 in Baikonur ab. An Bord befanden sich Fjodor Jurtschichin, Shannon Walker und Douglas Wheelock, die ihre Reise zur Internationalen Raumstation antraten. Sie sind die Mitglieder der Expedition 25. Der Start war ein Jubiläum: Es war die 100. Mission im Rahmen des ISS-Programms. Sojus TMA-19 legte am 18.

Juni um 00:21 Uhr mitteleuropäischer Zeit an der ISS an. Knapp drei Stunden später wurden die Luken geöffnet. Die Crew der Raumstation besteht damit zum ersten Mal seit längerer Zeit wieder nur aus US-Amerikanern und Russen. Zur Expedition 24, die seit drei Monaten an Bord des Außenpostens ist, gehören Alexander Skorzow, Tracy Caldwell-Dyson und Michail Kornijenko. Die beiden Besatzungen werden für etwas mehr als drei Monate zusammen leben und arbeiten. Während dieser Zeit stehen einige wichtige Aufgaben auf dem Programm. Neben der Ankunft und dem Abflug von zwei Progress-Raumfrachtern wird es je ein Außenbordmanöver von russischen und amerikanisches Besatzungsmitgliedern der ISS geben. Am 28. Juni wird Sojus-TMA 19 vom hinteren Kopplungsstutzen des Swesda-Moduls zum neuen Kopplungsmodul Rasswjet fliegen und diesen Dockingport damit zum ersten Mal in Betrieb nehmen. Die Mission von Sojus-TMA 19/Expedition 25 soll bis zum 26. November dauern. Als nächste bemannte Sojus soll im Oktober Sojus TMA-01M starten. Wie die Bezeichnung schon andeutet, handelt es sich dabei um ein verbessertes Modell, das hier seinen ersten Einsatz erleben wird. Nicht zuletzt deswegen übergibt die russische Raumfahrtagentur das Kommando einem ihrer erfahrensten Kosmonauten: Alexander Kaleri, der bei vier bisherigen Raumflügen (davon drei auf der Raumstation Mir) 610 Tage im Weltraum zugebracht hat. Begleitet wird er von Oleg Skripotschka, der zu seinem ersten Raumflug starten wird und dem amerikanischen Astronauten Scott Kelly.

Zeremoniell vor dem Start

18.06.2010 – TanDEM-X im Orbit

Der von Astrium entwickelte und gebaute Radarsatellit TanDEM-X ist heute erfolgreich ins All gestartet. Um 4.14 Uhr mitteleuropäischer Zeit (8.14 Uhr Ortszeit) hob der mehr als 1,3 Tonnen schwere und fünf Meter lange Satellit an Bord einer russischen Dnjepr-Trägerrakete vom Weltraumbahnhof Baikonur in Kasachstan ab. Rund zehn Minuten nach dem Lift-Off trennte sich das Raumfahrzeug erfolgreich von der Raketenoberstufe. Um 04.45 Uhr gab es einen ersten Kontakt mit der Bodenstation Troll in der Antarktis. Zusammen mit dem Zwillingssatelliten TerraSAR-X, der sich seit 2007 in einer Erdumlaufbahn befindet, wird

TanDEM wird mit Rakete verbunden

TanDEM-X aus einer Höhe von 514 Kilometern innerhalb von drei Jahren die komplette Landoberfläche der Erde erfassen. Und dies mehrfach, um die Datengrundlage für ein globales Höhenmodell zu sammeln. TerraSAR und TanDEM werden in enger Formation fliegen, mit nur etwa 200 Meter Abstand, und dadurch ein hochpräzises Radar-Interferometer bilden, das für räumliche Abbildungen geeignet ist. Alle Höhendaten werden mit einer Genauigkeit von nur zwei Metern dargestellt werden können. TanDEM-X und TerraSAR-X wurden in einer richtungweisenden öffentlich-privaten Partnerschaft zwischen dem Deutschen Zentrum für Luft- und Raumfahrt und Astrium realisiert worden. Die TanDEM-X-Mission hat ein Gesamtvolumen von 165 Millionen Euro. Das DLR trägt 125 Millionen Euro, Astrium steuert 40 Millionen Euro aus Eigenmitteln bei. Das Vorhaben wird als öffentlich-privates Projekt (Public-Private-Partnership) zwischen dem Deutschen Zentrum für Luft- und Raumfahrt DLR und der Astrium GmbH mit Mitteln des Bundesministeriums für Wirtschaft und Technologie realisiert und gemeinsam finanziert. Die Infoterra GmbH, eine Astrium-Tochtergesellschaft, ist für die kommerzielle Vermarktung des TanDEM-X/ TerraSAR-X Höhenmodells zuständig.

23.06.2010 –
Shavit bringt Ofeq in den Orbit

Am Abend des 22. Juni 2010 brachte bei einem der seltenen israelischen Orbitalstarts eine Shavit 2-Rakete den militärischen Aufklärungssatelliten Ofeq 9 in den Weltraum. Die Mission begann auf der Luftwaffenbasis Palmachim nahe bei Tel Aviv und führte von dort aus in westliche Richtung – entgegen der Erdrotation – auf das Mittelmeer hinaus. Diese ungewöhnliche Flugbahn – normale Starts erfolgen in eher östlicher Hauptrichtung – wurde gewählt, damit das Projektil nicht über das Gebiet der mit Israel verfeindeten arabischen Nachbarstaaten fliegen muss. Für den Träger bedeutet eine solche Bahn einen erheblich erhöhten Geschwindigkeitsbedarf, um einen Erdorbit zu erreichen. Ofeq 9 bewegt sich nun auf einer in Bezug auf die Drehrichtung der Erde gegenläufigen Bahn um die Erde. Kein anderes Land der Erde bringt Satelliten auf solche Bahnen. Der Start erfolgte exakt um 22:00 Uhr mitteleuropäische Zeit. Die ersten beiden auf dem gleichen Feststoffmotor basierenden Raketenstufen brachten das etwa 30 Tonnen schwere und 20 Meter hohe Projektil zunächst aus den dichten Schichten der Erdatmosphäre heraus. Dann folgte eine ballistische Freiflugphase, während der die Nutzlastverkleidung abgeworfen wurde. Schließlich zündete in 250 Kilometern über die Erdoberfläche die dritte, ebenfalls mit einem Feststoffmotor angetriebene Stufe der Rakete und sorgte für einen Einschuss des Satelliten in den vorgesehenen Orbit. Nach dem Bahneinschuss wies die Umlaufbahn einen Neigungswinkel von 141,8 Grad zum Äquator auf. Damit kann der Satellit alle Breitengrade zwischen dem 40. Grad Nord und dem 40. Grad Süd beobachten. Der Satellit bewegte sich anfangs auf einer Bahnhöhe zwischen 320 und 580 Kilometern. Die Startmasse des auf dem OPSAT 2000-Bus basierenden Raumfahrzeugs lag bei etwa 300 Kilogramm. Die Auflösung seines optischen Hauptinstruments beträgt in 500 Kilometern Flughöhe rund 70 Zentimetern. In Funktion und Aufgabe gleicht Ofeq 9 den 2002 und 2007 gestarteten Vorgängermodellen Ofeq 5 und Ofeq 7. Der Start am Dienstag war der 9. Einsatz der Shavit-Rakete seit dem Jahre 1988. Drei der Missionen schlugen fehl.

Der israelische Aufklärungssatellit Ofeq 9B

27.06.2010 – Zweiter Ariane-Start in 2010 erfolgreich

Eine europäische Trägerrakete des Typs Ariane 5 ECA hob am 26. Juni, um 23:41 Uhr mitteleuropäischer Zeit vom Startgelände in Französisch Guayana ab. Unter der Nutzlastverkleidung befanden sich der arabische Kommunikationssatellit Arabsat 5A und der koreanische Kommunikations-, Meeresforschungs- und Meteorologiesatellit COMS 1. Mit diesem zweiten erfolgreichen

Start einer Ariane 5 in 2010 sind innerhalb nur eines Monats insgesamt sechs Astrium-Satelliten in die Umlaufbahn befördert worden:

- COMSATBw-2 und Astra 3B mit einer Ariane 5 ECA am 21. Mai,
- Arabsat 5B mit einer russischen Proton M-Rakete am 4. Juni,
- TanDEM-X mit einer russischen Dnjepr am 21. Juni, sowie
- Arabsat 5A und COMS, wieder mit einer Ariane 5 ECA 26. Juni

Die Einschussgenauigkeit der Ariane 5 in die geostationäre Transferbahn ist weltweit unübertroffen. Hier sind die erzielten Werte den geplanten Werten gegenübergestellt:

- Erreichtes Perigäum: 249.9 Kilometer. Geplant waren: 249.7 Kilometer
- Erreichtes Apogäum: 35.972 km. Geplant waren 35.958 Kilometer.
- Erreichte Inklination: 2.00 Grad. Geplant waren: 2.00 Grad.

Arabsat 5A basiert auf dem Eurostar-3000-Bus von Astrium und ist mit einer Kommunikationsnutzlast von Thales Alenia Space ausgestattet. Sie umfasst 16 C-Band und 24 Ku-Band-Transponder für die Bereitstellung von Kommunikations-Dienstleistungen in den Bereichen Fernsehen, Telefonie, geschäftliche Kommunikation und Internet für Nordafrika sowie den mittleren Osten. Das Raumfahrzeug hatte beim Start eine Masse von 4.939 kg und soll mit seinen 11 Kilowatt an elektrischer Leistung etwa 15 Jahre lang seinen Dienst versehen. Dazu soll er aus eigener Kraft in einigen Tagen den Geostationären Orbit bei 30,5 Grad östlicher Länge erreichen. COMS (Communication, Ocean and Meteorological Satellite) wurde vom Korea Aerospace and Research Institute (KARI) in Auftrag gegeben und auf Basis der Eurostar 3000S-Plattform von Astrium gebaut. Der beim Start 2.460 kg schwere Satellit

Ariane 5 ECA wird für den Start vorbereitet.

verfügt über ein multispektral abbildendes System für meteorologische Untersuchungen und liefert Informationen über Phänomene auf der Erdoberfläche und der Wolkendecke in fünf Beobachtungskanälen. Einer davon arbeitet mit einer Auflösung von einem Kilometer im optischen Bereich, vier weitere mit Auflösungen um vier Kilometern im infraroten Spektrum. Ein weiteres abbildendes System von COMS dient der Untersuchung der Ozeane. Damit lassen sich Informationen über den Chlorophyllgehalt des Wassers sowie das Auftreten von Fischschwärmen in acht verschiedenen Spektralbändern aus dem geostationären Orbit gewinnen. Das dritte Hauptinstrument von COMS ist ein Funksystem für den S- und L-Band-Bereich, welche Wetterinformationen sammelt und in international üblichen Datenformaten weltweit ausstrahlt. Außerdem befinden sich Ka-Band-Transponder an Bord, mit denen Multimedia-Dienstleistungen durchgeführt werden sollen. Die Mission am 26. Juni war der 37. erfolgreiche Start einer Ariane 5 in ununterbrochener Folge.

30.06.2010 – Progress-M 06M auf dem Weg zur Raumstation

Pünktlich um 17:35 Uhr mitteleuropäischer Zeit startete eine Sojus U-Trägerrakete mit dem unbemannten Raumtransporter Progress-M 06M vom Weltraumbahnhof Baikonur. Neun Minuten nach dem Verlassen der Startrampe erreichte das Raumschiff eine erste Übergangsbahn im Erdorbit. Kurz darauf wurden die Solargeneratoren sowie die Navigations- und Kommunikationsantennen entfaltet. Mit einer Reihe von Zündungen der Manövriertriebwerke wird sich der Frachter in den nächsten beiden Tagen auf die Umlaufbahn der ISS bewegen. Das Kopplungsmanöver mit dem Außenposten ist für Freitag, den 02. Juli, um 18:58 Uhr mitteleuropäischer Zeit vorgesehen. Der acht Meter lange Raumfrachter soll dann am Svesda-Modul der Raumstation anlegen. Progress-M 06M wird in der ISS-Terminologie auch als „38P" bezeichnet, weil es sich um die 38. Progress handelt, die in diesem Programm zum Einsatz kommt. Das Vehikel bringt 1.210 Kilogramm so genannte Trockenfracht (Ersatzteile, Lebensmittel, Ausrüstung), 870 Kilogramm Treibstoff, 100 Liter Wasser und 50 Kilogramm Sauerstoff zur Station. Der Frachter wird nun für zwei Monate an der Station verbleiben. Dort befindet sich zurzeit die Expeditionscrew Nummer 24 unter dem Kommando des Kosmonauten Alexander Skortsov. Die anderen Besatzungsmitglieder sind die beiden Kosmonauten Michael Kornienko und Fjodor Yurchikhin, sowie die NASA-Astronauten Tracy Caldwell Dyson, Douglas Wheelock und Shannon Walker.

Nutzlastverkleidung der Proton M mit Echostar 15 Proton M

10.07.2010 – Echostar 15 startet mit Proton-M

Am 10. Juli 2010 hob pünktlich um 20:40 Uhr mitteleuropäischer Zeit eine russische Trägerrakete des Typs Proton M Breeze M vom Startplatz 200/39 im kasachischen Baikonur ab, um den Kommunikationssatelliten Echostar 15 in eine geostationäre Transferbahn zu befördern. Besitzer des Satelliten ist die Echostar Communications Corporation in Englewood, Colorado. Der Start erfolgte im Proton-üblichen Verfahren. Dabei setzt die von Chrunitschew produzierte Proton M die ersten drei Raketenstufen ein, um die Orbitaleinheit, bestehend aus der Antriebseinheit Breeze-M und dem Satelliten, zunächst auf eine Bahn zu bringen, deren Geschwindigkeitsimpuls nur knapp unterhalb der für einen niedrigen Erdorbit ausreichenden Geschwindigkeit liegt. Dies war 9 Minuten und 42 Sekunden nach dem Verlassen der Startrampe der Fall. Danach trennte sich die dritte Stufe des Trägers von der Orbitaleinheit. Eine erste Zündung der ebenfalls von Chrunitschew gefertigten Breeze M brachte das System danach zunächst in einen niedrigen Parkorbit. Nach weiteren vier Brennphasen der Breeze M Oberstufe, nach bahnmechanischen Gesichtspunkten verteilt über mehrere Stunden, wurde der Satellit schließlich 9 Stunden und 13 Minuten nach dem Verlassen der Startrampe auf dem geplanten geostationären Transferorbit ausgesetzt. Das Perigäum dieser elliptischen Bahn – der niedrigste Bahnpunkt – liegt 6.000 Kilometer über der Erde. Das Apogäum – der erdfernste Bahnpunkt – liegt 35.800 Kilometer über der Erdoberfläche. Die Neigung der Bahn gegen den Äquator beträgt 18 Grad und 42 Winkelminuten. Der 5.900 Kilogramm schwere Satellit wird nun in den nächsten Tagen mit Hilfe der Bordtriebwerke eine kreisförmige Bahn im geostationären Orbit ansteuern. Die endgültige Position des Raumfahrzeugs wird bei 61,5 Grad West liegen. Auf dieser Position befindet sich derzeit bereits ein ganzes Cluster von Satelliten: Echostar 3 (gestartet 1997), Echostar 6 (gestartet 2000) und Echostar 12 (gestartet 2003). Echostar 15 ist mit 32 Ku-Band-Transpondern ausgerüstet, mit denen er hauptsächlich Fernsehprogramme für die DISH Network Corporation abstrahlen soll. In den Vereinigten Staaten erreicht DISH Network derzeit etwa 14 Millionen Kunden. Gebaut wurde das Raumfahrzeug von Space Systems/Loral auf Basis der Satellitenplattform 1300. Die geplante Einsatzlebensdauer liegt bei 15 Jahren. Der Start von Echostar 15 erfolgte beim siebten Flug einer Proton M in diesem Jahr. Insgesamt war es der 358. Einsatz einer Trägerrakete dieses Typs, seitdem die Proton in ihrer „Urform" unter der Bezeichnung UR 500 am 24. Juli 1964 ihren Erstflug hatte. Die Proton M ist heute einer der weltweit am häufigsten eingesetzten Träger. Allein in den letzten 24 Monaten starteten 24 Trägerraketen dieses Typs. Die nächste Mission, mit der ersten Flugeinheit der Mobilfunksatelliten-Konstellation „SkyTerra", ist für Mitte August geplant.

12.07.2010 –
Fünf auf einen Streich

Myriade Serienfertigung

Am 12. Juli 2010 startete eine Trägerrakete des Typs PSLV (Polar Satellite Launch Vehicle) und brachte fünf Satelliten in sonnensynchrone Umlaufbahnen um die Erde. Der rund 230 Tonnen schwere und fast 45 Meter hohe Träger hob um 05:52 Uhr mitteleuropäischer Zeit (09:22 Uhr indischer Ortszeit) von der Startrampe 1 des Satish Dhawan Space Center ab. Es war dies die insgesamt 17. PSLV-Mission, und der 15. vollständig erfolgreiche Flug dieses Typs. Der Erstflug im Jahre 1993 endete als Fehlschlag, 1997 gab es nur einen Teilerfolg, als die vierte PSLV den Erdbeobachtungssatelliten IRS-1D auf einer zu niedrigen Umlaufbahn ablieferte. Die PSLV ist eine recht komplex konstruierte Rakete. Die Stufen eins und drei werden von Feststofftreibsätzen angetrieben, die Stufen zwei und vier mit unterschiedlichen flüssigen Treibstoffen. Das Triebwerk der zweiten Stufe ist ein Lizenz-Nachbau des von Snecma entwickelten Viking 3B-Triebwerks der ehemaligen europäischen Trägerrakete Ariane 3. Der Start der PSLV wird in der Regel auch noch durch sechs seitlich angebrachte Feststoffbooster unterstützt. Die Nutzlastkapazität der Rakete beträgt dann 1.750 Kilogramm für die sonnensynchrone Polarbahn. Bei diesem Flug kam jedoch eine Version zum Einsatz, die keine Feststoffbooster anwendet. Diese Version bezeichnet die ISRO als PSLV-CA (Core Alone). Das relativ geringe Nutzlastgewicht von nur 819 Kilogramm machte in diesem Fall den Einsatz der Starthilfsraketen nicht erforderlich. Die Hauptnutzlast, der indische Erdbeobachtungssatellit Cartosat 2B. mit einer Startmasse von 694 Kilogramm, wurde gut 17 Minuten nach dem Verlassen der Startrampe in einer Höhe von 640 Kilometern in einer sonnensynchronen Umlaufbahn mit einer Bahnneigung von rund 98 Grad ausgesetzt. Anschließend wurde der algerische Erdbeobachtungssatellit AlSat 2A freigegeben, und danach auch die drei Nanosatelliten: Studsat aus Indien, AISSat 1 aus Norwegen und Tlsat1 aus der Schweiz. Cartosat 2B soll die bereits im All befindlichen Vorgängermodelle Cartosat 2 und Cartosat 2A ergänzen. Mit seiner panchromatischen Kamera wird das Raumfahrzeug die Erdoberfläche in etwa zehn Kilometer breiten Streifen scannen. Das Auflösungsvermögen dieser Kamera liegt bei etwa 80 Zentimetern. Cartosat 2B dient der Erstellung großmaßstäblicher Karten und soll Stadt- und Infrastrukturplanung unterstützen. Die geplante Lebensdauer beträgt fünf Jahre. AlSat 2A wurde zwischen Cartosat 2B und den drei Nanosatelliten auf einem separaten Nutzlastadapter transportiert. Aufgaben des algerischen Satelliten sind neben der Kartographie die Informationsgewinnung für Land-, Forst- und Wasserwirtschaft, die Suche nach Bodenschätzen, die Unterstützung von Planungen zur Landnutzung und dem Katastrophenschutz. Dafür befindet sich ein NAOMI (New Astrosat Observation Modular Instrument) genanntes Teleskop an Bord, welches eine Auflösung von 2,5 Metern im Schwarz-Weiß-Betrieb und von zehn Metern bei der Nutzung in vier Spektralbereichen erzielt.

Der Auftrag der algerischen Raumfahrtbehörde (ASAL) beinhaltet den Entwurf und die Entwicklung von zwei baugleichen Satelliten. Die erste – der erwähnte ALSAT-2A – wurde von Astrium gefertigt, integriert und getestet. ALSAT-2B wird von ASAL-Ingenieuren in Algerien montiert. Das Programm umfasst zudem die Entwicklung und Vor-Ort-Installation von zwei Bodenkontrollsegmenten und einer Bildverarbeitungsanlage, über die ASAL die beiden Satelliten von Algerien aus betreiben und steuern kann. Rund 30 ASAL-Ingenieure arbeiteten einige Zeit im Rahmen eines Programms für den Know-how-Transfer und die Unterstützung bei wichtigen Aktivitäten Seite an Seite mit dem Astrium-Entwicklungsteam in Toulouse. Das erste Bodenkontrollsegment und die Bildverarbeitungsanlage sind mittlerweile in Ouargla installiert – rechtzeitig für die Aufnahme des ALSAT-2A-Betriebs nach dem erfolgreichen Start. ASAL ist für den Start und Orbitalbetrieb der Satelliten verantwortlich, während Astrium die LEOP-Phase (Launch & Early Operations) von seinem Kontrollzentrum in Toulouse aus leitet. ALSAT-2A hat eine Startmasse von 117 Kilogramm und soll mindestens fünf Jahre aktiv sein. STUDSAT (für STUDent SATellite) ist der erste indische Studentensatellit zur Erdbeobachtung und hat bei einem Volumen von rund 1,1 Litern eine Masse von nur 850 Gramm. Er hat annähernd die Form eines Würfels (10 cm x 10 cm x 13,5 cm). Gebaut wurde das Mini-Raumfahrzeug von 45 Studenten, die in sieben verschiedenen indischen Instituten in Karnataka und Andhra Pradesh, Bangalore und Hyderabad lernen und arbeiten. Hauptinstrument des Trabanten ist eine CMOS-Kamera mit einer Auflösung von 90 Metern, welche auf einer Seite aus der würfelförmigen Grundstruktur herausragt. AISSat 1, der erste in Norwegen entwickelte Satellit, dient der experimentellen Beobachtung des Schiffsverkehrs in norwegischen Gewässern. Dafür ist er mit entsprechender Empfangstechnik ausgestattet. Gebaut wurde der Satellit mit einer Masse von 6,5 Kilogramm vom Labor für Raumflug der Universität Toronto (SFL, Space Flight Laboratory) für die norwegische Verteidigungsforschungseinrichtung (FFI, Forsvarets Forskningsinstitutt). Mit seiner Hilfe soll getestet werden, wie weit ein im All stationierter Empfänger für die von Seeschiffen mit mehr als 300 Bruttoregistertonnen auszustrahlenden AIS-Signale Verbesserungen bei der Kontrolle des Schiffsverkehrs im hohen Norden bewirken kann. Und TIsat 1 schließlich ist ein Ausbildungssatellit der südschweizerischen Universität für angewandte Wissenschaften (Scuola universitaria della Svizzera Italiana) und Amateurfunksatellit, der den Materialwissenschaften und der Technologieerprobung dient. Auch bei TIsat 1 handelt es sich um einen Cubesat mit einer Masse von rund einem Kilogramm.

31.07.2010 – China startet fünften Navigationssatelliten

Long March 3A startet mit Compass IGS 1

Am 31. Juli 2010 hob vom Startgelände Xichang, in der südchinesischen Provinz Sichuan, eine Trägerrakete des Typs Long March 3A mit einem weiteren Raumfahrzeug für das chinesische Satellitennavigationssystem Compass ab. Der Start erfolgte um 23:30 Uhr mitteleuropäischer Zeit, vor Ort war es da schon 5:30 Uhr morgens am 1. August. Der gut 50 Meter hohe Träger brachte den Satelliten auf eine geostationäre Transferbahn mit einem Perigäum von 160 Kilometern und einem Apogäum von 35.600 Kilometern. Den endgültigen Bahneinschuss nahm der Satellit mit seinem Bordtriebwerk zwischen dem 2. und 4. August vor. Die derzeitige Bahn liegt in einer Höhe zwischen 35.650

und 35.960 Kilometern und sie ist um 55 Grad zum Äquator geneigt, ungewöhnlich für geostationäre Satelliten. Für fest installierte Heimantennen wäre eine solche Bahn ungeeignet. Eingebunden in die Beidou 2-Konstellation macht es aber Sinn, denn damit können auch höhere geografische Breiten abgedeckt werden. Die Mission war der fünfte chinesische Orbitalstart des Jahres und der insgesamt 17. Einsatz einer Trägerrakete des Typs Long March 3A. Das Raumfahrzeug trägt die Bezeichnung Compass IGS1 und wird eines von drei Satelliten sein, die auf zur Ekliptik geneigten geosynchronen Bahnen stationiert werden. Es basiert auf dem Satellitenbus DFH-3, hat eine Masse von rund 2.200 Kilogramm und ist für eine Betriebsdauer von acht Jahren ausgelegt. Das chinesische Satellitennavigationssystem Compass wird in seiner endgültigen Ausbaustufe aus 35 Satelliten bestehen. 27 Raumfahrzeuge werden auf Umlaufbahnen in einer Höhe von etwa 21.500 Kilometern über der Erde in drei Bahnebenen um die Erde kreisen. Fünf Raumfahrzeuge werden auf Positionen im geostationären Orbit arbeiten, und drei Compass-Satelliten will man auf die erwähnten geneigten Bahnen bringen. Diese Bahn wird den Äquator jeweils bei 118 Grad östlicher Länge kreuzen.

China begann bereits vor 10 Jahren mit der Erprobung eigener Navigationssatelliten. Um dem Ziel der Unabhängigkeit vom US-amerikanischen GPS näher zu kommen, schickte man Ende 2000 zunächst zwei Satelliten zum Einsatz in einer Testkonstellation, Beidou genannt, ins All. 2003 und 2007 folgten zwei weitere Satelliten für das experimentelle System. Anschließend begann man mit dem Aufbau des Betriebsnetzes, das in China als „Beidou 2" im Westen als „Compass" bezeichnet wird. Eine weltweite Abdeckung mit chinesischen Navigationssatelliten soll nach derzeitigem Planungsstand im Jahre 2020 erreicht sein. Compass IGS1 ist der insgesamt fünfte Satellit der Beidou 2 Konstellation. Zwei Satelliten, die ebenfalls bereits in diesem Jahr gestartet worden waren, befinden sich in einem geostationären Standardorbit. Ein Raumfahrzeug befindet sich auf einer Bahn in 21.500 Kilometern Höhe, also der Orbithöhe, in der am Ende die meisten der Satelliten stationiert werden. Compass/ Beidou 2, ist das dritte weltweit aktive Satelliten-Navigationssystem. Die beiden anderen sind das US-System „GPS" und das russische System „Glonass". Ähnlich wie die beiden anderen Systeme wird auch Beidou 2 dem „Normalbürger" ein kostenloses Signal mit einer Positionsgenauigkeit von 10 Metern zur Verfügung stellen. Präzisere Daten sind kostenpflichtig und vor allem für Nutzer aus dem institutionellen Bereich und für das Militär vorgesehen.

August

05.08.2010 – Arianespace Flug 196 erfolgreich

Start mit NILESAT und RASCOM

Am 4. August, um 22:59 Uhr mitteleuropäischer Zeit führte Arianespace die dritte Mission des Jahres 2010 durch und brachte dabei zwei Kommunikationssatelliten in den Orbit. Anlässlich dieses Starts gab das Unternehmen darüber hinaus den Abschluss zweier weiterer Startaufträge bekannt. Damit unterstrich Arianespace seine führende Rolle auf dem Gebiet kommerzieller Startdienstleistungen. Bei den beiden Raumfahrzeugen handelt es sich um NILESAT 201 für die in Ägypten ansässige Egyptian Satellite Corporation (kurz: Nilesat) sowie um RASCOM-QAF1R für den Pan-Afrikanischen Satellitenbetreiber RascomStar-QAF. Die beiden Satelliten werden zukünftig Kommunikationsdienstleistungen für den mittleren Osten und die Golfstaaten zur Verfügung stellen. Beide Raumfahrzeuge wurden von Thales Alenia Space gebaut. Arianespace pflegt seit rund zwölf Jahren enge Beziehungen zu Nilesat: NILESAT 201 war der dritte Satellit für diesen Betreiber, den Arianespace gestartet hat, nach NILESAT 101 und NILESAT 102 (1998 respektive 2000). Diese beiden Satelliten waren übrigens von Astrium gebaut worden. Für RascomStar-QAF ist es der zweite Service nach dem ersten Satellitenstart des Betreibers mit RASCOM-QAF1 im Dezember 2007. Sowohl Nilesat 201 als auch RascomStar-QAF wurden von Thales Alenia Space in Cannes gebaut. Nilesat 201 basiert auf der Spacebus 4000B2-Plattform von Thales Alenia France. Er hat ein Startgewicht von 3,2 Tonnen und ist mit 24 Ku-Band- und vier Ka-Band Transpondern bestückt. Seine Hauptaufgabe wird in der Ausstrahlung von Breitband-Fernsehen für Nordafrika und den Mittleren Osten liegen. Die endgültige Dienstposition wird sich auf sieben Grad östlicher Länge befinden. Nilesat 201 ist für eine Betriebsdauer von 15 Jahren ausgelegt. Rascom-QAF1R entstand auf Grundlage der Spacebus 4000B3-Plattform. Er wog beim Start 3.050 Kilogramm und ist mit 12 Ku- und acht C-Band Transpondern ausgerüstet. Er wird seine endgültige Position bei 2,85 Grad Ost einnehmen. Auch seine Betriebsdauer beträgt 15 Jahre. Sein Betriebszweck: Kommunikation für ländliche Gebiete Afrikas, Internet und Direkt-TV. Die Gesamt-Nutzlast der

Mission betrug 7.085 Kilogramm. Das beinhaltete 6.250 kg. für NILESAT 201 und RASCOM-QAF1R sowie 835 Kilogramm für ihre Integrationshardware und das SYLDA 5 Dispenser-System.Der Bahneinschuss erfolgte wieder mit der unübertroffenen Ariane-Präzision.

Hier die Plan- und Istdaten:

- Erzieltes Perigäum: 248.4 km (Geplant waren: 248.4 km.)
- Erzieltes Apogäum: 35.923 km (Geplant waren 35.919 km.)
- Erzielte Inklination: 2.00 Grad (Geplant waren: 2.00 Grad)

NILESAT 201 wurde in der Flugsequenz zuerst freigegeben. Er saß oben auf dem Sylda 5 Adapter und wurde 29 Minuten nach dem Verlassen der Startrampe freigegeben. Danach wurde der Sylda abgelöst. Wenige Minuten danach trennte sich auch RASCOM-QAF 1R vom Träger. Der Start am 4. August war der 38. erfolgreiche Start einer Ariane 5 in ununterbrochener Folge. Die beiden neuen Startaufträge, die Arianespace anlässlich der erfolgreichen Mission verkündete, wurden für GSAT 10 der „Indian Space Research Organisation" (ISRO) und Intelsat-20 für Intelsat abgeschlossen. Damit steht jetzt die Zahl der Startaufträge für Arianespace bei 32 Satelliten sowie sechs ATV's für die Internationale Raumstation. Um diese Menge in den Orbit zu entsenden werden 22 Ariane 5 und 16 Sojuz-Trägerraketen benötigt. Die nächste Ariane 5 Mission ist für den 15. September geplant. Dann werden die beiden Kommunikationssatelliten Eutelsat's W3B und BSAT-3b in den Orbit befördert.

Startvorbereitungen in Taiyuan

10.08.2010 – Chinesischer Militäraufklärer gestartet

Am 10. August um 00:49 Uhr mitteleuropäischer Zeit hob eine Trägerrakete des Typ Langer Marsch 4C vom Startkomplex 2 des Raumfahrtzentrums Taiyuan ab. Ihre Nutzlast bestand aus dem militärischen Fernerkundungssatelliten Yaogan Weixing-10. Offiziell wird der militärische Charakter des Raumfahrzeugs allerdings verschwiegen. Das Raumfahrzeug bewegt sich auf einer polaren, sonnensynchronen Bahn in einer Höhe zwischen 607 und 622 km. Die Bahnneigung zum Äquator beträgt 97,8 Grad, ist also leicht rückläufig. Die staatliche chinesische Nachrichtenagentur Xinhua gab bekannt, dass Yaogan Weixing-10 wissenschaftliche Untersuchungen vornehmen werde. Dazu gehören Landvermessungen, Erntevorhersagen sowie Desaster-Monitoring. Bei den Raumfahrzeugen der Yaogan-Serie handelt es sich um militärische Aufklärungssatelliten unterschiedlichster Art. Angefangen von optischen Bildaufklärern und Radarsatelliten bis hin zum Marineüberwachungs-Raumfahrzeug. Der erste Yaogan-Satellit startete im Jahre 2006. Die Missionen beginnen entweder auf dem Startgelände von Taiyuan oder von Jiuquan aus. Bereits am 5. März dieses Jahres wurden drei Yaogan-Satelliten gestartet (Yaogan 9A, 9B und 9C), von denen man annimmt, dass es sich dabei um Aufklärungssatelliten der Marine handelt. Alles in allem scheint die Bezeichnung „YaoGan" ähnlich generisch zu sein, wie in Russland die Bezeichnung „Kosmos", wo man diesen Namen generell jedem Satelliten mit einem militärischen Hintergrund gibt, und so versucht, die wahre Mission eines Orbitalvehikels zu verschleiern. China kündigte den Start nur 24 Stunden vor dem Liftofft an, ein typisches Vorgehen bei militärischen Missionen Chinas. Der Start war die 128. chinesische Raumfahrtmission insgesamt, die 30. die von Taiyuan aus auf die Reise ging aber erst die erste von dort in diesem Jahr. Es war die sechste chinesische Raumfahrtmission des Jahres 2010 und der sechste Einsatz eines Trägers des Typs Langer Marsch 4C.

14.08.2010 – Ultrahochfrequenter Start

Eine Trägerrakete des Typs Atlas V brachte am 14. August 2010 das erste Raumfahrzeug einer neuen Reihe militärischer Kommunikationssatelliten ins All. Der Start mit der als AEHF 1 (für: Advanced Extremely High Frequency Satellite 1) bezeichneten Einheit erfolgte um 13:07 Uhr mitteleuropäischer Zeit. Startort war die Startanlage 41 der Cap Canaveral Luftwaffenbasis in Florida. Es war dies der zwanzigste Einsatz einer Atlas V von Cap Canaveral aus und der 22. insgesamt. Die beiden anderen Missionen begannen auf der Vandenberg Luftwaffenbasis in Kalifornien. Für die diesmal eingesetzte Konfiguration 531 des Trägers war es aber der Erstflug. Die Zahlenkombination bedeutet, dass auf der Zentralstufe des Trägers eine Centaur-Oberstufe mit einem einzelnen Triebwerk aufgesetzt ist, seitlich an der Zentralstufe drei Feststoff-Booster angebracht waren und die von der RUAG in der Schweiz gelieferte Nutzlastverkleidung

AEHF 1: Künstlerische Darstellung

einen Durchmesser von fünf Metern aufweist. Es ist übrigens praktisch die baugleiche Verkleidung, welche RUAG auch für die Ariane 5 liefert. Die Mission wurde von der United Launch Alliance (ULA) abgewickelt. Für die ULA war es der dritte Atlas 5-Start dieses Jahres. Nach der Zündung der drei Feststoffbooster und des in Russland hergestellten RD-180 Haupttriebwerks trug die erste Stufe der Rakete mit der Seriennummer AV-019 Centaur die Nutzlast in die Höhe. Die Feststofftreibsätze waren nach 94 Sekunden ausgebrannt, verblieben aber weitere 23 Sekunden an der Rakete. Erst danach waren die durch die Luftreibung verursachten dynamischen Lasten auf der Rakete so niedrig geworden, dass sie abgeworfen werden konnten. Vier Minuten und 19 Sekunden nach dem Verlassen der Startrampe erfolgte der Brennschluss der ersten Stufe. Zehn Sekunden darauf wurde sie abgeworfen und weitere acht Sekunden später zündete das Pratt & Whitney RL10A-4-2-Triebwerk der Centaur-Oberstufe. 14 Minuten und 11 Sekunden nach dem Abheben erfolgte der erste Brennschluss der Centaur und eine acht Minuten lange Phase freier Drift schloss sich an. Die zu diesem Zeitpunkt erreichte Bahnellipse wies einen niedrigsten Punkt von 170 Kilometern über der Erdoberfläche und einen höchsten Bahnpunkt von 1.240 Kilometern auf. 22 Minuten und 24 Sekunden nach dem Abheben begann die zweite Brennphase der Centaur, die bis 27 Minuten und 43 Sekunden dauerte. Zu diesem Zeitpunkt hätte die Rakete die Nutzlast eigentlich schon freigeben können, die Missionskontrolle wartete aber noch 23 Minuten, bis die Kombination in die Funkreichweite der Überwachungsstation Diego Garcia im Indischen Ozean kam. Erst dann, 51 Minuten und sechs Sekunden nach dem Verlassen der Startrampe löste sich der Satellit von der Oberstufe. AHEF 1 wird innerhalb der nächsten rund 100 Tage unter Zuhilfenahme seiner chemischen Triebwerke, sowie seiner elektrischen Hall-Effekt-Motoren in den geostationären Orbit gesteuert und dort für eine mehrmonatige Testphase bei 90 Grad West Position beziehen. AHEF 1 hat eine Startmasse von knapp 6.200 Kilogramm und basiert auf dem A2100-Satellitenbus von Lockheed Martin. Bereits AEHF 1 alleine wird mit seiner von Northrop Grumman gebauten Kommunikationsnutzlast eine größere Kapazität zur Verfügung stellen können als die fünf Satelliten der zurzeit noch aktiven Vorgängerkonstellation Milstar zusammen. Die Milstars haben alle ihre Entwurfslebensdauer von sieben Jahren bereits überschritten, zwei sind sogar schon älter als 10 Jahre. Der neue Satellit hat eine Spannweite über die Solargeneratoren von knapp 30 Meter und verfügt über zwei „wings", an denen jeweils eine ganze Batterie von Antennen befestigt ist. Die erheblich verbesserte Leistungsfähigkeit des neuen Satellitentyps soll unter anderem qualitativ hochwertige Echtzeitvideoübertragungen erlauben, schnelleren Zugriff auf Karten aktueller Einsatzgebiete ermöglichen und beschleunigte Verfügbarkeit von Zieldaten bieten. AEHF 1 unterstützt Datenverbindungen mit Geschwindigkeiten bis zu 8 Megabit pro Sekunde. Sie sind gegen Störversuche besonders geschützt und können mit neuesten Techniken verschlüsselt werden. Die neuen Satelliten werden zunächst mit den alten Milstars verlinkt. Für den Nutzer auf dem Boden ergeben sich keine Umstellungsprobleme. Die alten Terminals können nach wie vor weiter verwendet werden. Im Rahmen einer Zusammenarbeits-Vereinbarung werden neben den USA auch Großbritannien, Kanada und die Niederlande die AEHF-Konstellation nutzen. Zwei weitere Satelliten dieses Typs sind bei Lockheed Martin als Hauptauftragsnehmer bereits in der Fertigung. Der Hersteller erwartet darüber hinaus noch in diesem Jahr den Auftrag zum Bau einer vierten Einheit. Wenn sich erst einmal mehrere AEHF-Satelliten im All befinden, werden auch Verbindungen genutzt werden können, bei denen die Satelliten untereinander Kontakt haben. Die Entwicklung des neuen Satellitentyps war alles andere als billig. Der gegenwärtige Vertrag hat einen Umfang von 6,462 Milliarden Dollar.

Postscriptum: *Am 20. August gab die US Luftwaffe bekannt, dass bei AEHF „ein Problem aufgetreten sei, das derzeit verhindert, die Manöver einzuleiten, mit denen der Satellit seine endgültige Position erreichen kann". „Als Ergebnis der vorläufigen Prüfungen", so heißt es weiter, „untersuchten die Ingenieure möglich Alternativen um die Bahnanhebung durchzuführen". Der etwas kryptische Kommentar deutet darauf hin, dass es ein Problem mit dem Apogäumsmotor gibt. In diesem Fall müsste der Satellit mit den Hall-Effekt Triebwerken und den Lageregelungstriebwerken in seinen endgültigen Orbit gebracht werden. Dieses Verfahren dauert wesentlich länger und geht zu lasten des Treibstoffvorrats für die Betriebszeit des Satelliten, der dann wahrscheinlich nur über eine eingeschränkte Nutzungszeit verfügt.*

Der Beginn einer langen Reise für Langer Marsch 2D

24.08.2010 – China startet Erdbeobachtungssatelliten Tian Hui 1

Am 24. August 2010 verließ eine Trägerrakete des Typs Langer Marsch 2D die Rampe 2 des Startkomplexes LA 4 auf dem Weltraumbahnhof Jiuquan, um den chinesischen Erdbeobachtungssatelliten Tian Hui 1 in den Orbit zu bringen. Der Start erfolgte um 9:10 Uhr mitteleuropäischer Zeit, entsprechend 15:10 Uhr Ortszeit. Das Raumfahrzeug wurde von Dong Feng Hong gebaut, einem Unternehmen der China Aerospace Science and Technology Corporation (CASC). Die Bahn des Satelliten ist sonnensynchron und polar, mit einer Orbithöhe zwischen 490 und 505 Kilometern und einer Bahnneigung zum Äquator von 97,35 Grad. Tian Hui 1 besitzt zwei Kamerasysteme. Eines der beiden ist mit CCD-Sensoren ausgestattet und kann Bilder im Spektralbereich zwischen 0,51 und 0,69 Mikrometern mit einer Bodenauflösung von rund 5 Metern in 3 D und einem Sichtfeld von rund 25 Grad abbilden. Das andere erreicht eine Bodenauflösung von rund 10 Metern und arbeitet in den vier Wellenlängenbereichen zwischen 0,43 und 0,52 Mikrometern, zwischen 0,52 und 0,61 Mikrometern, zwischen 0,61 und 0,69 Mikrometern sowie zwischen 0,76 und 0,90 Mikrometern. Aus dem Arbeitsorbit des Satelliten können die Kamerasysteme rund 60 Kilometer breite Streifen abtasten. Nach Angaben des chinesischen Verteidigungsministeriums dient der neue Satellit „wissenschaftlichen Experimenten". Außerdem soll er zur Beobachtung von Bodenschätzen und für Kartierungsaufgaben benutzt werden. Auch eine militärische Verwendung des Satelliten mit seiner Fähigkeit zur Anfertigung stereoskopischer Aufnahmen und einer Analyse der Erdoberfläche in unterschiedlichen Spektralbereichen ist denkbar. Der Start war die siebte chinesische Orbitalmission des laufenden Jahres und die 13. eines Trägers vom Typ Langer Marsch 2D seit Einführung im Jahre 1992. Sie ist zweistufig und wird von der Shanghai Academy of Spaceflight Technology gebaut. Die Rakete ist in der Lage etwa 3.500 Kilogramm Nutzlast in einen 200-Kilometer Orbit zu bringen und etwa 1.300 Kilogramm in den beschriebenen polaren Orbit. Das in der südlichen Mongolei gelegene Startzentrum Jiuquan ist vor allem dadurch bekannt, dass von dort aus Chinas bemannte Missionen durchgeführt werden. Im Zusammenhang mit dem neuen chinesischen Satellitenstart gibt es eine ungewöhnliche Beobachtung des Bahnverfolgungszentrums des NORAD (North American Aerospace Defense Command): 24 Stunden nach dem Start wurde auf der Bahn von Tianhui-1 nur ein einzelnes Objekt beobachtet. Bei einem Satellitenstart sind es normalerweise mindestens zwei, da die abgetrennte Oberstufe dem Satelliten folgt. Dies deutet darauf hin, dass der Satellit entweder nach wie vor mit der Oberstufe verbunden ist, oder dass die Oberstufe unmittelbar nach der Freigabe des Satelliten ein De-Orbit Manöver durchgeführt hat. Letzteres würde darauf hinweisen, dass die Nutzlast verhältnismäßig klein gewesen sein muss, um der Oberstufe dieses brennstoffintensive Manöver zu erlauben.

September

02.09.2010 – Drei weitere Glonass im Orbit

Der Endausbau des russischen Satellitennavigationssystems Glonass schreitet zügig voran. Am 2. September, um 2:54 Uhr mitteleuropäischer Zeit wurden erneut drei Einheiten der Konstellation in den Orbit gebracht. Der Liftoff erfolgte von der Startanlage 81 des Kosmodroms Baikonur. Als Träger wurde eine Proton-M Block DM-2 eingesetzt. Etwas weniger als 10 Minuten nach dem Verlassen der Startrampe hatte die Proton die Block DM-2 Oberstufe mit den drei Satelliten in einen Übergangsorbit gebracht. Um den Zielorbit in einer Höhe von 19.100 Kilometern bei einer Bahnneigung zum Äquator von 64,8 Grad zu erreichen, waren dann in den folgenden Stunden zwei Brennmanöver dieser Oberstufe erforderlich. Um 6:26 Uhr mitteleuropäischer Zeit erreichte die Nutzlast schließlich den Zielorbit und die drei Satelliten wurden von der Block DM-2 abgesetzt. Sie werden in den nächsten Wochen mit den Bordtriebwerken auf ihre endgültigen Positionen gesteuert. Die drei Raumfahrzeuge mit den Bezeichnungen Glonass M 36, 37 und 38 verstärken die Flotte von bisher 21 operationellen und drei Reserveeinheiten, die sich auf drei verschiedenen Bahnen befinden. Die Satelliten des Typs Glonass-M haben eine geplante Einsatzdauer von sieben Jahren. Sie werden von Reshetnev hergestellt. Die drei ersten Stufen des Trägers werden bei Chrunitshev gefertigt, die Oberstufe stammt von Energia. Bereits im November soll der nächste Start mit drei Satelliten dieses Typs erfolgen. Mit 24 aktiven Satelliten, jeweils acht pro Bahn, wird das System dann zum Jahreswechsel für den weltweiten Einsatz zur Verfügung stehen. Die Glonass M-Satelliten haben eine Startmasse von jeweils 1.415 kg. Die Positions- und Zeitsignale erlauben Positionsgenauigkeiten im Bereich von 10 bis 20 Metern für zivile Anwendungen und Genauigkeiten von weniger als einem Meter für militärische Aufgaben. Kurz vor Jahresende steht dann noch der erste Start eines weiterentwickelten Satelliten des Typs Glonass-K auf dem Plan. Die Raumfahrzeuge dieses Typs haben eine projektierte Funktionsdauer von mindestens zehn Jahren, geringere Masse und verfügen über eine erhöhte Positionsgenauigkeit. Sie sollen jeweils mit einer Sojus-Trägerrakete in den Zielorbit gebracht werden. Glonass ist das weltweit zweite voll ausgebaute Satellitennavigationssystem nach dem amerikanischen Global Positioning System. Auch China ist gegenwärtig dabei, ein System mit der Bezeichnung Compass zu errichten und führt regelmäßig Starts durch, um die Satelliten im Orbit zu platzieren. Der erste Start für das europäische System „Galileo" steht dagegen noch aus, und erlebt ständig weitere Verzögerungen. Er ist inzwischen nicht mehr vor dem ersten Quartal 2011 zu erwarten, vermutlich eher noch später.

Sinosat 6 macht sich auf die Reise

04.09.2010 – SinoSat 6 gestartet

In der chinesischen Raumfahrt bahnt sich ein Rekordjahr an. Beim bereits achten Start dieses Jahres wurde am 4. September 2010 der Kommunikationssatellit SinoSat 6 in den Orbit gebracht. Der Start erfolgte mit einer Trägerrakete des Typs Langer Marsch 3B vom Weltraumbahnhof Xichang. Diese Basis liegt in der südwestchinesischen Provinz Sichuan. Der Zeitpunkt des Starts war um 18:14 Uhr mitteleuropäischer Zeit. Das dreistufige Projektil brachte den Satelliten auf einen so genannten supersynchronen geostationären Transferorbit, auf dem er 26 Minuten nach dem Verlassen der Startrampe ausgesetzt wurde. Der niedrigste Bahnpunkt dieser Umlaufbahn betrug 197 Kilometer, der höchste Bahnpunkt 41.890 Kilometer. Die Bahnneigung lag bei 25,2 Grad. Die Langer Marsch 3B ist derzeit Chinas leistungsfähigste Trägerrakete. Sie ist in der Lage, eine Nutzlast von 11.200 Kilogramm in den niedrigen Erdorbit zu bringen oder 5.100 Kilogramm in den geostationären Transferorbit. Die Rakete hat eine Länge von 55 Metern. Der Ersteinsatz dieses Trägers im Jahre 1996 endete in einer Tragödie, die heute als das „Valentinstags-Massaker" bezeichnet wird. Am 14. Januar dieses Jahres fiel beim Erstflug die Fluglageregelung aus, der Träger flog für fast eine Minute horizontal über die Landschaft und schlug schließlich in einem nahegelegenen Dorf ein, wo es viele Tote gab. Der Träger war seinerzeit nicht mit einem Selbstzerstörungssystem ausgestattet. Der erste erfolgreiche Flug der Langer Marsch 3B fand am 19. August 1997 statt. Seit dieser Zeit hat die Rakete eine fehlerfreie Bilanz. Sinosat 6 weist eine Startmasse von etwa 5.000 Kilogramm auf und basiert auf dem DFH-4 Satellitenbus. Er ist als Ergänzung für den am 31. Mai 2007 gestarteten SinoSat 3 vorgesehen. Die Kommunikationsausrüstung von SinoSat 6 verfügt über 24 C-Band- und 8 Ku-Band-Transponder und einen S-Band-Transponder. Er ist für eine nominale Lebensdauer von 15 Jahren ausgelegt. Sinosat 6 wurde von der China Aerospace Science and Technology Corporation (CASTC) gebaut. Er wird seine endgültige Position im geostationären Orbit bei 126,4 Grad Ost einnehmen und dann China und einige Nachbarländer mit Kommunikationsdienstleistungen versorgen. Betrieben wird das Raumfahrzeug von der China Direct Broadcast Satellite Corporation (CHINA DBSAT), ein Zusammenschluss aus der Sino Satellite Communications Company (Sinosat) und der China Satellite Communications Corporation (China Satcom).

08.09.2010 – Drei für Rokot

Am frühen Morgen des 8. September brachte eine Trägerrakete des Typs Rokot Breeze-KM vom russischen Kosmodrom Plesezk aus drei institutionelle russische Satelliten in einen nahezu polaren Orbit. Bei den Raumfahrzeugen handelt es sich um die zweite Einheit eines Datenrelay-Satelliten der Gonets-M Serie, sowie um zwei Raumfahrzeuge des Strela-Systems, in dem eine „militarisierte" Version der Gonets-Satelliten verwendet wird. Der knapp 30 Meter hohe Träger verließ den Startsilo am Komplex 133 des Kosmodroms von Baikonur um 5:30 Uhr mitteleuropäischer Zeit. Die Rokot ist in ihren ersten beiden Stufen nichts anderes als eine Interkontinentalrakete des Typs SS 19 „Stiletto" (in Russland als UR-100 N bezeichnet), von der in den Jahren 1974 bis 1987 insgesamt 360 Stück gebaut wurden. Im Rahmen des START-1 Vertrages zur Rüstungsbegrenzung musste der größte Teil dieser Raketen verschrottet werden.

RESHETNEV
Gonets M

Etwa 160 verblieben im russischen Inventar, und werden seitdem nach und nach als Satellitenträger „aufgebraucht". In dieser Funktion wird die SS-19 als „Rokot" mit einer bis zu achtmal wiederzündbaren Breeze KM-Oberstufe ausgerüstet. Der Start am 8. September war der 14. Einsatz einer Rokot. Die Trennung der drei jeweils etwa 280 Kilogramm schweren Raumfahrzeuge von der Oberstufe erfolgte um 7:16 Uhr mitteleuropäischer Zeit. Die Bahnhöhe betrug 1.350 Kilometer und die Bahnneigung zum Äquator lag bei 82,5 Grad. Bei Gonets handelt es sich um einen kommerziellen Datentransferdienst für internationale Gesundheitsorganisationen. Strela ist ein Datenrelaysystem für die russischen Streitkräfte. Beide Organisationen verwenden nahezu baugleiche Satelliten, die von Reshetnev hergestellt werden. Die beiden Raumfahrzeuge, die dem militärischen System angehören bekamen die traditionelle russische Kosmos-Bezeichnung: Eine Nummer, die seit den Anfangstagen der sowjetischen Raumfahrt weitergezählt wird. Früher wurde damit der wahre Einsatzzweck sowjetischer Satelliten verschleiert. Die beiden neuen Einheiten wurden mit der Bezeichnung Kosmos 2467 und Kosmos 2468 belegt. Gonets-M2 ist der zweite einer neuen Serie von Raumfahrzeugen dieses Typs. In den kommenden Jahren soll ein System von 36 Satelliten auf sechs Bahnen entstehen, das die weltweite Weiterleitung hauptsächlich medizinischer Daten von mobilen Endgeräten aus erlaubt. Dazu ist jeder Satellit mit Sender und Empfänger sowie Antennen ausgerüstet, die mit nur 10 Watt Leistung auskommen. Die Datenpakete werden mit bis zu 64 Kilobit pro Sekunde übertragen, an Bord jedes Satelliten können 8 MB gespeichert werden. Die End-zu-End-Übertragung von Daten soll durch dieses System innerhalb von 20 Minuten gewährleistet sein. Angestrebt wird eine Funktionsdauer der Einheiten von fünf bis sieben Jahren.

10.09.2010 – ISS erhält Nachschub

Am Freitag, dem 10. September, ist ein Russischer Raumfrachter von Baikonur aus zur Internationalen Raumstation gestartet. Er soll diese am Sonntag erreichen. Der Start war schon für den 8. September geplant gewesen, musste jedoch aufgrund starker Höhenwinde verschoben werden. Zulässig sind für die Sojus U Windgeschwindigkeiten bis 55 Kilometern pro Stunde. Zwei Tage später war aber wieder alles im Limit, und so hob die Sojus U-Trägerrakete mit Progress M-07M an der Spitze planmäßig um 12:22 Uhr mitteleuropäischer Zeit von der Startrampe 31 des Kosmodroms in Baikonur ab. Ebenso planmäßig erreichte sie nach gut neun Minuten eine erste Übergangsbahn und entfaltete dort Solargeneratoren und Antennen. Der Raumfrachter wird am Sonntag, dem 12.09.2010 um 13:58 Uhr mitteleuropäischer Zeit an der Internationalen Raumstation anlegen. Als Anlegepunkt ist das Swesda-Modul vorgesehen. Die Mission wird in der Chronologie der ISS als Progress 39P geführt. Die russischen Programmverantwortlichen bezeichnen die Einheit dagegen als Progress M-07. In diesem Jahr sind noch zwei weitere Missionen geplant. Im nächsten Jahr soll die Rekordzahl von acht Progress-Flügen zur Internationalen Raumstation durchgeführt werden. Progress M-07M wird die ISS und ihre Besatzung mit Nahrungsmitteln und Ausrüstung versorgen, aber auch einige wissenschaftliche Experimente dort abliefern. Außerdem wird sie Treibstoff in die ISS transferieren und mit den eigenen Triebwerken die Bahn der Raumstation anheben. Der Frachter soll bis zum 20. Dezember an der Raumstation verbleiben. Progress M-07M ist bereits das vierte russische Versorgungsschiff, das in diesem Jahr die ISS erreicht. Die vorhergehende Mission Progress M-06M ist am Montag dadurch beendet worden, dass das Raumfahrzeug über dem Pazifik gezielt in die Erdatmosphäre gesteuert wurde und verglühte. Die Internationale Raumstation wird derzeit von dem russischen Kosmonauten Alexander Skortsov kommandiert. Mit an Bord sind noch die Kosmonauten Michael Kornienko und Fjodor Jurtschichin sowie die NASA-Astronauten Tracy Caldwell Dyson, Douglas Wheelock und Shannon Walker. Der heutige Start war der 1759. Start einer Sojus seit dem Jahre 1966.

Integration von Progress und Trägerrakete

11.09.2010 – Neuer Navigationssatellit zeigt Japanern den Weg

Eine H-2A Rakete brachte am 11. September die erste Einheit eines japanischen Navigationssatelliten-Ergänzungssystems mit der Bezeichnung QZSS (Quasi-Zenith Satellite System) in den Orbit. Mit Raumfahrzeugen dieses Typs wird es zukünftig möglich sein, Versorgungslücken herkömmlicher Navigationssysteme auszuschalten. In Japan werden die Unzulänglichkeiten des normalen GPS-Betriebs als besonders störend empfunden. Das liegt daran, dass Straßenschluchten in Großstädten und enge Täler in Gebirgsregionen nur unzureichend von normalen Navigationssatelliten erreicht werden. Insbesondere eine räumliche Positionsbestimmung, für die man die Signale von mindestens vier GPS-Satelliten gleichzeitig benötigt, ist dort häufig nicht möglich. Gebäude und Berge können die Signale von Raumfahrzeugen, die nur knapp über dem Horizont stehen, blockieren. Das QZSS wurde von der japanischen Raumfahrtagentur JAXA sowie vier weiteren Regierungsorganisationen konzipiert. Die Satelliten dieses Systems werden auf ausgeklügelten Bahnen stationiert, bei denen immer einer der Satelliten über Japan im Zenit steht und dadurch Signalstörungen durch natürliche und künstliche Hindernisse ausgeschaltet werden. Nach Informationen von JAXA wird es mit einer Konstellation von drei QZSS Raumfahrzeugen möglich sein, eine unbegrenzte räumliche GPS-Navigation durchzuführen. Der erste dieser QZSS Navigationssatelliten erhielt den Namen "Michibiki", was auf japanisch soviel wie "Wegweiser" bedeutet. Der 17-Stockwerke hohe Träger verließ um 13:17 Uhr mitteleuropäischer Zeit (20:17 Uhr Ortszeit) die Startrampe 1 am Yoshinobu Startkomplex, der direkt vor der Küste am Tanegashima Space Center auf der Insel Kyushu liegt, der südlichsten der japanischen Hauptinseln. Es war dies der 18. Einsatz einer H-2A. Bei diesem Start wurde sie in der Version "H-2A 202 eingesetzt, und ist dann mit zwei 15 Meter langen Feststoff-Boostern ausgestattet. Die Nutzlastverkleidung wird als 4S bezeichnet, was bedeutet, dass sie einen Durchmesser von vier Metern hat. Hersteller des Trägers und Verantwortlicher für die Durchführung des Starts ist Mitsubishi Heavy Industries. Der etwa 4.000 Kilogramm schwere Satellit ist 6,2 Meter hoch, 3,1 Meter breit und 2,9 Meter tief. Die beiden Solargeneratorflügel haben eine Gesamtspannweite von 25,3 Metern. Die beiden Feststoffbooster hatten eine Brennzeit von 97 Sekunden. 10 Sekunden nach dem Brennschluss wurden sie abgeworfen und der Träger setzte seinen Aufstieg nur mit dem einzelnen Haupttriebwerk fort, das für weitere fünf Minuten in Betrieb blieb. Vier Minuten und zehn Sekunden nach dem Beginn der Mission, in einer Höhe von 150 Kilometern, wurde die Nutzlastverkleidung an der Spitze der Rakete abgeworfen. Sechs Minuten und 37 Sekunden nach dem Verlassen der Startrampe wurde das Triebwerk der ersten Stufe stillgelegt, und das Triebwerk der zweiten Stufe übernahm den weiteren Antrieb. Die Oberstufe brachte in einer ersten Betriebsphase sich selbst und den Satelliten in einen niedrigen Parkorbit und feuerte dann kurz darauf ein zweites Mal, um das Raumfahrzeug auf seine vorberechnete Transferbahn zu transportieren. Um 13:45 Uhr mitteleuropäischer Zeit gab die Oberstufe den Satelliten frei. Eine Videokamera in der zweiten Stufe des Trägers übertrug diesen Vorgang in das Kontrollzentrum. Zu diesem Zeitpunkt flog die Kombination über Hawaii. Die JAXA gab bekannt, dass Michibiki in etwa zwei Wochen seinen endgültigen Orbit erreichen wird. Weitere drei Monate werden die eingehenden Tests dauern. Danach soll der Test-Navigationsdienst beginnen. Michibiki umkreist die Erde auf einer ausgefeilten leicht elliptischen Bahn mit einer Neigung von 45 Grad zum Äquator. Der höchste Bahnpunkt dieser Flugbahn liegt bei etwa 39.000 Kilometern über der nördlichen Hemisphäre, der niedrigste Bahnpunkt befindet sich etwa 33.000 Kilometer hoch über der Südhalbkugel. Projiziert man diese Bahn auf die Erdoberfläche, so ergibt sich eine etwas asymmetrische Acht, die von Japan bis Australien reicht. Auf dieser Bahn wird sich Michibiki gut acht Stunden täglich über Japan im Zenith befinden. Zusammen mit den beiden noch zu startenden Raumfahrzeugen würde sich dann eine 24-Stunden-Abdeckung genau über Japan ergeben. Michibiki sendet vier L-Band Navigationssignale, die mit den GPS-Sendungen kompatibel sind. Allerdings benötigen die Nutzer der Dienste des neuen Satelliten spezielle Empfänger um die Vorteile der verbesserten Signalübermittlung in Anspruch nehmen zu können.

21.09.2010 – NROL-41 auf retrograder Bahn

In den Morgenstunden des 21. September mitteleuropäischer Zeit brachte die United Launch Alliance im Auftrag des National Reconnaissance Office einen Satelliten mit geheim gehaltenem Bestimmungszweck in einen recht eigentümlichen Orbit. Als Trägerfahrzeug wurde eine Atlas 5 in der Version 501 eingesetzt, eine Variante dieses Trägers ohne Starthilfsbooster und einer über 23 Meter langen Nutzlastverkleidung. Diese Version wird erst zum zweiten Mal eingesetzt. Erstmalig wurde sie in diesem Jahr beim Start der X-37B/OTV von Cap Canaveral aus verwendet. Gestartet wurde um 6:04 Uhr mitteleuropäischer Zeit, was am Startort, der Luftwaffenbasis Vandenberg in Kalifornien 21:04 Uhr am 20. September entsprach. Über die Art der Nutzlast gab es keinerlei Verlautbarungen. Somit können Schlüsse lediglich aus der Art der Umlaufbahn und der verwendeten Trägerrakete gezogen werden. Bei diesem Einsatz wurde die mittlere von drei für den Typ 501 verfügbaren Fairing-Konfigurationen verwendet. Sie hat einen Durchmesser von 5,4 Metern und ist 23,4 Meter lang und schließt nicht nur die Nutzlast sondern auch die zweite Stufe komplett ein. Diese Nutzlastverkleidungen werden bei der RUAG in der Schweiz produziert, die auch die sehr ähnlichen Fairings der Ariane 5 baut). Beim OTV-Start im Frühjahr wurde übrigens die „kleine" Verkleidung eingesetzt, die nur 20 Meter lang ist. Der Einsatz dieser voluminösen Verkleidung ist ein Hinweis darauf, dass die Fracht einen erheblichen Raumbedarf, aber eine geringe spezifische Masse aufweist. Die einzigen sinnvollen Orbits von Vandenberg sind entweder niedrige polare

Umlaufbahnen, retrograde Umlaufbahnen oder hochexzentrische Molnjia-Orbits. Letztere Bahn scheidet aus, denn die Nutzlastkapazität der verwendeten Version wäre für einen Kommunikationssatelliten (nur solche werden auf diesen Bahnen abgesetzt) zu gering. Frühere US-Militärsatelliten auf Molnija-Bahnen verwendeten stärkere Versionen der Atlas 5. Beobachtungen von Amateuren nach dem Start ergaben eine sehr eigenwillige Umlaufbahn mit einem Apogäum von 1.072 Kilometern, einem Perigäum von 1.057 Kilometern und einer Bahnneigung zum Äquator von 123 Grad. Sie ist somit stark retrograd, führt hinauf bis in hohe nördliche Breiten, aber nicht bis in die Polregion. Die Bahn verläuft spiegelbildlich zu den 57 Grad-Inklinationen in denen die großen Lacrosse Radaraufklärer operieren. Warum die Air Force diese an sich identische, aber von der erforderlichen Startenergie ungleich aufwendigere Bahn gewählt hat, ist rätselhaft. Auf dieser ungewöhnlichen Bahn dürfte die Nutzlastkapazität der Atlas 5 501, die an sich über 6.000 Kilogramm für niedrige Umlaufbahnen beträgt, 3.500 Kilogramm kaum übersteigen. Dieser Umstand und die große Fairing deuten auf ein komplexes und voluminöses Antennensystem auf dem Satelliten hin.

Start von Yaogan 11

22.09.2010 – Yaogan 11 gestartet

Ein geheimer Satellit der Yaogan-Serie gelangte am 22. September in eine polare Umlaufbahn und untermauerte die Erwartung, dass 2010 ein Rekord-Raumfahrtjahr für China wird. Es war bereits der neunte chinesische Start in diesem Jahr und der fünfte in den letzten 50 Tagen. Yaogan 11 wurde an der Spitze einer Trägerrakete des Typs Langer Marsch 2D in den Weltraum befördert. Er umläuft jetzt die Erde in einer Höhe zwischen 627 und 657 Kilometern. Die Bahnneigung zum Äquator beträgt 98,0 Grad. Leser dieser Kolumne wissen: Dies ist eine polare, sonnensynchrone Bahn wie sie hauptsächlich von zivilen und militärischen Erdbeobachtungssatelliten genutzt wird. Yaogan 11 bewegt sich damit auf derselben Bahn wie die Yaogan-Satelliten Nummer 2, 4 und 7. Der Start erfolgte gegen 4:42 Uhr mitteleuropäischer Zeit (10:42 Uhr Ortszeit) vom Jiuquan Raumfahrtzentrum in der Gansu-Provinz im Nordwesten Chinas aus. Derselben Anlage, von der auch Chinas bemannte Missionen starten. Offiziell beschäftigt sich Yaogan 11 hauptsächlich mit gesellschaftlichen und wirtschaftlichen Problemstellungen, wie Landvermessung, der Erstellung von Erntevorhersagen und der Erfassung und Prävention von Schäden durch Naturkatastrophen. Tatsächlich werden die Satelliten der Yaogon-Serie aber durchweg militärisch genutzt. Neben Yaogan 11 wurden noch zwei Kleinsatelliten im selben Orbit abgesetzt, welche die Bezeichnung ZDPS 1 und ZDPS 2 tragen. Die Abkürzung steht für „Zhe Da Pi Sing" und meint „Zhejiang University Pico Sat" (also in etwa: Kleinstsatellit der Universität Zheijang). Die jeweils nur etwa 3,5 Kilogramm schweren Mini-Raumfahrzeuge sind würfelförmig und haben eine Kantenlänge von 15 Zentimetern. Sie sollen etwa drei Monate lang Daten übertragen. Yaogan 11 wurde vom Aerospace Shanghai Technical Institute der „China Aerospace Science and Technology Corporation" entwickelt und gebaut. Der letzte Yaogan Satellit war erst am 9. August vom Satellitenstartzentrum Taiyuan aus mit einer Langer Marsch 4C-Trägerrakete in den Orbit gebracht worden. Die nächste chinesische Mission, der Start der Mondsonde Chang'e 2, wird bereits in wenigen Tagen erwartet.

26.09.2010 – Satellit überwacht Satelliten

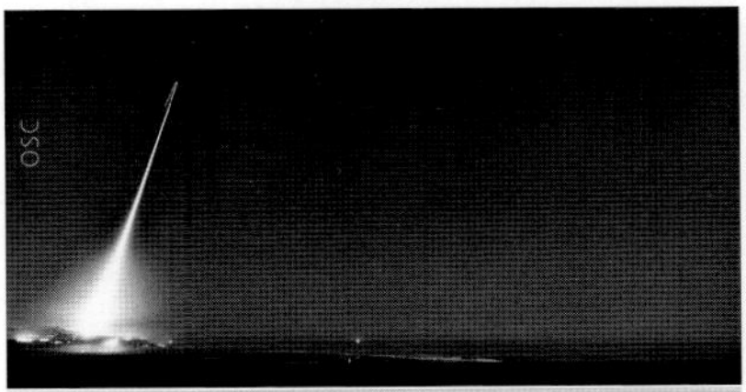

Minotaur 4 startet Überwachungssatelliten

Am 26. September brachte die US-Luftwaffe den ersten Satelliten des „Space-Based Space Surveillance Systems" (kurz: SBSS) in eine Erdumlaufbahn. Das System dient der Auffindung und Überwachung künstlicher Orbit-Objekte in Erdumlaufbahnen. Ursprünglich hätte das Raumfahrzeug bereits Ende 2007 in den Orbit gebracht werden sollen. Nach technischen Problemen mit dem Raumfahrzeug und dem Träger wurde er aber erst jetzt an der Spitze einer Minotaur-IV vom Startplatz SLC-8 der Luftwaffenbasis Vandenberg in Kalifornien aus in den Weltraum befördert. Die Rakete – eine Variante der seit längerem im Einsatz befindlichen Minotaur 1 – hob am 26. September 2010 um 6:41 Uhr mitteleuropäischer Zeit ab, gleich zu Beginn eines 14 Minuten langen Startfensters. Vor Ort war es da 21:41 Uhr am 25. September. In den ersten drei Stufen der von der Orbital Sciences Corporation entwickelten und gebauten Minotaur IV kommen Feststoffmotoren von außer Dienst gestellten Interkontinentalraketen des Typs „MX Peacekeeper" zum Einsatz. Von der Peacekeeper waren einst 114 Stück gebaut worden, von denen 51 im Rahmen der Truppenerprobung zum Einsatz kamen. 2005 wurden alle verbleibenden Peacekeepers im Rahmen des Start II-Vertrages außer Dienst gestellt und demontiert. Die einzelnen Elemente werden seitdem von Orbital Sciences zu Satellitenträgern und suborbitalen Testraketen verbaut. Die erste Stufe hatte eine Brennzeit von 58 Sekunden, genauso lange wie die zweite Stufe. Nach dem Ausbrennen der zweiten Antriebseinheit folgte eine 15 Sekunden lange Freiflugphase bevor die dritte Stufe zündete, die ihrerseits für 77 Sekunden in Betrieb war. Während der Brennzeit der dritten Stufe wurde die Nutzlastverkleidung abgeworfen. Danach folgte eine acht Minuten und sieben Sekunden dauernde zweite Freiflugphase. Diese endete mit dem Abwerfen der dritten Stufe und der Aktivierung des von Alliant Techsystems gebauten Feststoffmotors vom Typ Orion 38 der vierten Stufe der Rakete. Der war danach für 66,5 Sekunden in Betrieb und wandelte die zuvor stark elliptische Flugbahn in einen annähernd kreisförmigen Orbit um. Die Nutzlast trennte sich um 6:56 Uhr mitteleuropäischer Zeit von der vierten Stufe. Acht Minuten später entfalteten sich die beiden Solarzellenausleger. Der Satellit wurde auf Basis der BCP-2000-Plattform von Ball Aerospace gefertigt und wiegt 1.030 Kilogramm. Er verfügt über ein Dreiachsen-Lageregelungssystem. Die Solargeneratoren erbringen eine elektrische Leistung von 840 Watt und die Design-Lebensdauer ist mit sieben Jahren angesetzt. Nach einer relativ langen Test- und Kalibrierungsphase und einem anfänglichen Versuchsbetrieb soll die Übergabe des Satelliten an den Kunden, das Weltraumkommando der US-Luftwaffe, etwa sieben Monate nach dem Start beginnen. Das Gesamtprojekt hat einen finanziellen Rahmen von 858 Millionen US-Dollars. Die Projektleitung liegt bei Boeing, Ball Aerospace baute den Satelliten und Orbital Sciences die Trägerrakete. Mit der in einem dreh- und schwenkbaren Gehäuse untergebrachten Ausrüstung, dessen Kernelement ein Teleskop von fast 30 Zentimetern Öffnungsweite und eine Digitalkamera mit 2,4 Megapixel sind, soll das Raumfahrzeug andere Satelliten, Weltraumschrott und Raketen im Flug erfassen und beobachten. Gegenüber der erdbasierten Beobachtung von Objekten im Weltraum erwartet die US-Luftwaffe durch die weltraumgestützte Überwachung Bahnen und Manöver von Objekten im All rund um die Uhr und unabhängig von Wetterbedingungen mit verbesserter Genauigkeit feststellen zu können.

30.09.2010 – Letzte Molnija-M gestartet

Man muss sich bei den Vorhersagen über die Außerdienststellung russischer Trägerraketen ein wenig zurückhalten. Zu oft sind Prognosen hier schon falsch gewesen, denken wir nur an die Kosmos-Rakete deren Abschied vom aktiven Dienst seit 10 Jahren prognostiziert wird. Aber in diesem Fall scheint es zu stimmen: Am 30. September fand der unwiderruflich letzte Start einer Trägerrakete des Typs Mol-

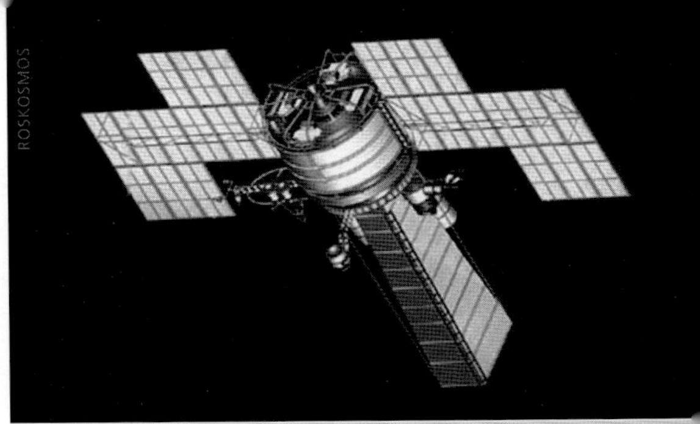

Oko-Frühwarnsatellit

nija-M statt. Sie brachte ihre Nutzlast auf die nach ihr (und dem Molnija-Satelliten) benannte spezielle Bahn, mit einem Perigäum von 600 Kilometern, einem Apogäum von 39.000 Kilometern, einer Bahnneigung zum Äquator von 62,8 Grad und einer Umlaufperiode um die Erde von 12 Stunden. Der 229. und letzten Molnija-M Start von Plesetzk aus erfolgte um 19:01 Uhr mitteleuropäischer Zeit (21:01 Uhr Moskauer Zeit) von der Startrampe 16/2. Zählt man noch die in Baikonur gestarteten Molnija-M's mit dazu, dann kommt man auf eine Zahl von 296. Mit den Vorgänger-Versionen Molnija und Molnija-L ist eine Gesamtzahl von 322 Molnijas gestartet worden, die seit dem Jahre 1960 eingesetzt waren. Trägerraketen dieses Typs brachten Raumsonden zu Mond, Mars und Venus und starteten die ersten sowjetischen Nachrichtensatelliten auf die charakteristischen hochelliptischen Bahnen mit dem Apogäum über den nördlichen Breiten der Erde, die nach diesen Satelliten und ihrer Trägerrakete heute auch im Westen als „Molnija-Bahn" bezeichnet wird. An Bord dieses letzten Trägers seiner Art befand sich ein militärischer Aufklärer der Oko-Serie, den die russischen Militärs einfach als Kosmos 2.469 bezeichneten. Um 21:57 Uhr Moskauer Zeit wurde der Satellit im Zie orbit ausgesetzt. Die Masse des Raumfahrzeugs wird auf rund 2.400 Kilogramm geschätzt, etwa die Hälfte davon entfällt dabei auf den mitgeführten Treibstoff. Der über drei Achsen lagegeregelte Satellit ist mit vier Triebwerken für Orbitmanöver und sechzehn Düsen für die Lageregelung ausgerüstet. Die Entwicklung dieses Satellitentyps geht zurück bis in die frühen siebziger Jahre. Seit Beginn der 1980er Jahre werden Raumfahrzeuge des Typs Oko eingesetzt, um Raketenstarts, insbesondere solche der USA, festzustellen und zu orten. Für eine sinnvolle Beobachtung rund um die Uhr werden mindestens vier Satelliten benötigt, da sie auf ihren hochelliptischen Bahnen nur etwa sechs Stunden die Landmasse der USA beobachten können. Der vorletzte Molnija-M-Start erfolgte am 23. Oktober 2007, als mit Kosmos 2.430 ein Frühwarnsatellit gleicher Bauart transportiert wurde. Ende 2008 erfolgte ebenfalls ein Start eines Oko-Aufklärers. Dieser als Kosmos 2.446 bezeichnet Satellit und Kosmos 2.430 waren bis zum Start von Kosmos 2.469 die einzigen betriebsfähigen russischen Frühwarnsatelliten auf hochelliptischen Umlaufbahnen. Die Ablösung der Molnija ist übrigens bereits seit einigen Jahren im Dienst: Es handelt sich dabei um die Sojus 2.

NASA

Space Shuttle Atlantis vor dem Start zur Mission STS 131

RAUMFAHRT-STATISTIK
2009 KOMPLETT
AUSBLICK 2010

DAS JAHR 2009: ÜBERBLICK UND VERGLEICH

Im Jahr 2009 wurden von 9 Raumfahrtnationen (Europa wird hier als eine Nation gezählt) insgesamt 78 Weltraumstarts durchgeführt. Von der Anzahl der beteiligten Nationen ist das eine neue Rekordzahl. Es ist auch die größte Zahl an Starts in den letzten neun Jahren.

Zum Vergleich die Zahlen für die letzten 18 Jahre:

- 2009: 9 Nationen, 78 Starts
- 2008: 7 Nationen, 68 Starts
- 2007: 7 Nationen, 68 Starts
- 2006: 6 Nationen, 64 Starts
- 2005: 6 Nationen, 55 Starts
- 2004: 6 Nationen, 55 Starts
- 2003: 7 Nationen, 61 Starts
- 2002: 7 Nationen, 62 Starts
- 2001: 5 Nationen, 58 Starts
- 2000: 5 Nationen, 81 Starts
- 1999: 5 Nationen, 73 Starts
- 1998: 5 Nationen, 77 Starts
- 1997: 5 Nationen, 86 Starts
- 1996: 5 Nationen, 73 Starts
- 1995: 5 Nationen, 74 Starts
- 1994: 5 Nationen, 89 Starts
- 1993: 5 Nationen, 79 Starts
- 1992: 5 Nationen, 95 Starts

1990 – die Sowjetunion existierte noch – waren es 114 Weltraumstarts gewesen, das bislang letzte Jahr mit mehr als 100 Starts. Davor, bis zurück bis in die frühen 60iger Jahre, fanden durchweg mehr als 100 Starts jährlich statt. **75** Missionen des Jahres 2009 waren Orbitalstarts, 3 Flüge gingen in den interplanetaren Raum (Kepler, Herschel & Planck, LRO & LCROSS). In den Vorjahren sah dieses Bild wie folgt aus:

- 2008: 67 Orbitalstarts, 1 Sondenmission
- 2007: 64 Orbitalstarts, 4 Sondenmissionen
- 2006: 62 Orbitalstarts, 2 Sondenmissionen
- 2005: 52 Orbitalstarts, 3 Sondenmissionen,
- 2004: 53 Orbitalstarts, 2 Sondenmissionen.

74 Missionen des Jahres 2009 waren von Seiten des Trägers her vollständig erfolgreich. Es gab **3** Fehlstarts, die bei den jeweiligen Nationen (USA, Nordkorea und Südkorea) berichtet werden und **1** Teilerfolg. Letzterer betraf den Kommunikationssatelliten Palapa D, der trotz einer massiven Minderleistung des chinesischen Langer Marsch 3B-Trägers mit Bordmitteln seine vorgesehene Arbeitsposition erreichen konnte, allerdings erheblich zu Lasten der Lebensdauer des Satelliten. Ein fünfter nicht nominell verlaufener Start (Meridian 2 mit einer Sojus 2.1a Fregat) wurde dagegen als vollständig erfolgreich eingestuft, obwohl auch hier der Träger einen zu niedrigen Orbit erzielte. Hier war der Brennschluss der zweiten Stufe der Sojus 2.1a fünf Sekunden zu früh erfolgt. Der Satellit erreichte mit bordeigenen Treibstoffreserven letztendlich die vorgesehene Umlaufbahn und wird einen vollen und unbeschränkten Einsatz durchführen können. Der Start wird daher in unserer Statistik als erfolgreich geführt. In den Vorjahren zeigte sich die Erfolgsbilanz wie folgt:

- 2008: 3 Fehlstarts bei 68 Missionen (Fehlerquote: 4,4 Prozent)
- 2007: 3 Fehlstarts bei 68 Missionen (Fehlerquote: 4,4 Prozent)
- 2006: 4 Fehlstarts bei 64 Missionen (Fehlerquote: 4,7 Prozent)
- 2005: 3 Fehlstarts bei 55 Missionen (Fehlerquote: 5,5 Prozent)
- 2004: 3 Fehlstarts bei 55 Missionen (Fehlerquote: 5,5 Prozent)

Die Aufteilung auf die Weltraumbahnhöfe und Startplätze ist im Vergleich zu den Vorjahren wie folgt

Startort	**2007**	**2008**	**2009**
Baikonur	20	18	24
Cap Canaveral	13	7	16
Plesetsk	5	6	8
Kourou	6	6	7
Vandenberg	4	4	6
Odyssey Startplattform	1	5	1
Taiyuan	2	4	2
Ronald Reagan Kwajalein	1	4	1
Xichang	6	4	2
Sriharikota	3	3	2
Jiuquan	2	3	2
Kapustin Jar	0	1	0
Tanegashima	2	1	3
Yasny	1	1	0
Semnan	0	1	1
Wallops Island	1	0	1
Palmachin	1	0	0
Musadan-Ri (Tonghae)	0	0	1
Naro	0	0	1
Gesamt	**68**	**68**	**78**

(1) bis (11) : Zahl der Starts mit diesem Raketentyp

In den Vorjahren zeigte sich die Erfolgsbilanz wie folgt:

- 2007: 3 Fehlstarts bei 68 Missionen (Fehlerquote: 4,4 Prozent)
- 2006: 4 Fehlstarts bei 64 Missionen (Fehlerquote: 4,7 Prozent)
- 2005: 3 Fehlstarts bei 55 Missionen (Fehlerquote: 5,5 Prozent)

Die Aufteilung auf die Weltraumbahnhöfe und Startplätze ist
- im Vergleich mit 2007 – wie folgt:

ZU DEN RAUMFAHRTNATIONEN IM EINZELNEN:

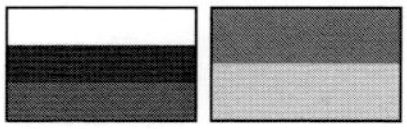

Russland und Ukraine

Russland und die Ukraine führten 2009 33 Missionen durch und brachten dabei 7 verschiedene Trägertypen zum Einsatz. Die Proton und die Zenith dabei in zwei Varianten, die Sojus in vier verschiedenen Versionen.

Träger	Starts	Erfolgreich	Fehlschlag
Dnepr	1	1	0
Kosmos 3M	1	1	0
Proton M Breeze M	8	8	0
Proton K Block DM 2	2	2	0
Rokot Breeze KM	3	3	0
Sojus U	7	7	0
Sojus FG	4	4	0
Sojus 2.1a Fregat	1	1	0
Sojus 2.1b Fregat	1	1	0
Tsyklon 3	1	1	0
Zenith 3 SL	1	1	0
Zenith 3 SLB	3	3	0

Zum Vergleich die Endzahlen russisch/ukrainischer Starts in den Vorjahren:

- 2008: 31 Starts
- 2007: 27 Starts
- 2006: 24 Starts
- 2005: 26 Starts
- 2004: 23 Starts
- 2003: 21 Starts

Bei den russisch/ukrainischen Starts werden die an sich „internationalen" Sea-Launch und Land-Launch Missionen mitgezählt, weil dafür ukrainisch/russische Trägerraketen des Typs Zenith 3SLB genutzt werden. Dies trotz der Tatsache, dass diese Starts Offshore vor der Küste von Hawaii stattfinden und das Sea

Launch-Konsortium von Boeing dominiert wird. Die überwiegende technische Expertise für die Start-Durchführung und die überwiegende Wertschöpfung dieser Starts stammen aber aus der Ukraine und aus Russland.

USA

Die USA führten 2009 24 Missionen durch und brachten dabei sieben verschiedene Trägertypen zum Einsatz. Die Delta 2 dabei in vier verschiedenen Versionen, die Delta 4 in zwei und die Atlas 5 ebenfalls in zwei Varianten. Die für die bemannten US-Missionen eingesetzten Shuttles waren die Discovery (2), die Atlantis (2) und die Endeavour (1).

Träger	Starts	Erfolgreich	Fehlschlag
Atlas 5 401	3	3	0
Atlas 5 421	1	1	0
Atlas 5 431	1	1	0
Delta 4 Heavy	1	1	0
Delta 4 M+ (4,2)	1	1	0
Delta 4 M+ (5,4)	1	1	0
Delta 2 7920-10C	4	4	0
Delta 2 7930-10C	1	1	0
Delta 2 7925-10L	1	1	0
Delta 2 7925-9.5	2	2	0
Falcon 1	1	1	0
Minotaur 1	1	1	0
Space Shuttle	5	5	0
Taurus XL	1	0	1

Zum Vergleich die Endzahlen US-amerikanischer Starts in den Vorjahren:

- ★ 2008: 15 Starts
- ★ 2007: 19 Starts
- ★ 2006: 22 Starts
- ★ 2005: 16 Starts
- ★ 2004: 19 Starts
- ★ 2003: 26 Starts

Der einzige US-Fehlschlag des Jahres 2009 ereignete sich mit einer Taurus XL am 24.Februar. Der Fehlstart führte zum Verlust des Umweltforschungssatelliten OCO. Es war dies der achte Einsatz einer Taurus, der fünfte einer Taurus XL und der zweite Fehlstart bei den letzten drei Starts. Die Taurus XL wird sehr selten eingesetzt. Ihr letzter Flug vor dem 24.2.2009 erfolgte am 20. Mai 2004. Alle vier Stufen der Taurus XL, die in der Version 3110 gestartet war, arbeiteten zwar einwandfrei. Es gelang aber nicht, die Nutzlastverkleidung während der Brenndauer der dritten Stufe abzuwerfen. Dadurch war das Gesamtgewicht der Konfiguration zu hoch, und die vierte Stufe mit dem Satelliten trat über der Antarktis wieder in die Erdatmosphäre ein und verglühte.

Volksrepublik China

Insgesamt wurden von der Volksrepublik China 6 Missionen durchgeführt. In den Vorjahren war die Bilanz wie folgt:

- 2008: 11 Starts
- 2007: 10 Starts
- 2006: 6 Starts
- 2005: 5 Starts
- 2004: 8 Starts

Eingesetzt wurden dabei Trägerraketen der Typen Long March 2C und 2D, Long March 3B und 3C sowie Long March 4C. Die Mission eines Long March 3B-Trägers am 31. August endete wegen eines vorzeitigen Brennschlusses der dritten Stufe in einem signifikant zu niedrigen Orbit mit einer Geschwindigkeitsminderleistung von etwa 350 Meter pro Sekunde. Die Nutzlast, der Kommunikationssatellit Palapa D konnte dies aber mit dem Bordtriebwerk kompensieren, verbrauchte dafür aber viel von seinem für den Einsatzbetrieb vorgesehen Lageregelungstreibstoff. Dies wird seine Lebensdauer um etwa ein Drittel beschneiden.

Träger	Starts	Erfolgreich	Fehlschlag
Long March 3B	1	0	1
Long March 3C	1	1	0
Long March 2C	2	2	0
Long March 2C	1	1	0
Long March 4C	1	1	0

Europa

Europa führte 2009 7 Weltraummissionen durch. Eingesetzt wurden dabei die Ariane 5-Varianten Ariane 5 ECA (6) und Ariane 5 GS+ (1). Dies ist die höchste Startfrequenz der vergangenen sieben Jahre.

Träger	Starts	Erfolgreich	Fehlschlag
Ariane 5 ECA	6	6	0
Ariane 5 GS+	1	1	0

Indien

Insgesamt wurde von Indien 2 Mission durchgeführt.

In den Vorjahren war die Bilanz wie folgt:

- ★ 2008: 3 Starts
- ★ 2007: 3 Starts
- ★ 2006: 1 Starts
- ★ 2005: 1 Starts
- ★ 2004: 1 Starts
- ★ 2003: 2 Starts

Durchgeführt wurde dieser Start von der PSLV (2).

Träger	Starts	Erfolgreich	Fehlschlag
PSLV	2	2	0

Japan

Im Jahr 2009 fanden drei Missionen statt. Verwendet wurden dabei die H-2A in der Version H-2A 202 (2) und die neu entwickelte schwere H-2B-Trägerrakete (1), die ihren Erstflug mit dem HTV-1 an Bord mit Bravour absolvierte.

Träger	Starts	Erfolgreich	Fehlschlag
H-2A	2	2	0
H-2B	1	1	0

Zum Vergleich die Endzahlen der Vorjahre:

- ★ 2008: 2 Starts
- ★ 2007: 2 Starts
- ★ 2006: 6 Starts
- ★ 2005: 2 Starts
- ★ 2004: 0 Starts
- ★ 2003: 0 Starts

Iran

Herrschte im August letzten Jahres noch Verwirrung um den versuchten Start des ersten iranischen Satellitenträgers vom Typ Safir, so gelang es im zweiten Versuch am 3. Februar 2009. An Bord war der kleine Testsatellit Omid, nicht mehr als ein Sender, ähnlich wie Sputnik 1 vor mehr als 50 Jahren. Der Iran ist somit die Nummer neun unter den Weltraummächten, die in der Lage sind eigene Nutzlasten mit eigenen Raketen in den Weltraum zu befördern.

Träger	Starts	Erfolgreich	Fehlschlag
Safir	1	1	0

Nordkorea

Auch der zweite Versuch Nordkoreas (nach einem ersten Test im Jahre 2006), eine Taepodong 2 in den Orbit zu befördern scheiterte. Dieses Mal verlief der Flug in der ersten Phase erfolgreich, doch schien es danach bei der Trennung von zweiter und dritter Stufe zu Problemen gekommen sein. Die Rakete stürzte etwa 2.000 Kilometer vor der japanischen Westküste ins Meer.

Träger	Starts	Erfolgreich	Fehlschlag
Taepodong 2	1	0	1

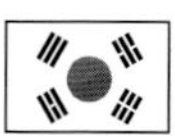

Südkorea

Auch Südkorea war wenig glücklich bei dem Versuch mit der Naro 1 einen Satelliten in den Orbit zu bringen. Die Naro setzt eine vollständig in Russland entwickelte erste Stufe ein. Lediglich die zweite Stufe und das Stufen-Verbindungssegment stammen aus Südkorea. Bei der Mission am 25. August löste sich die Nutzlastverkleidung nicht vom Träger wodurch der Satellit keine Umlaufbahn erreichen konnte.

Träger	Starts	Erfolgreich	Fehlschlag
Naro-1	1	0	1

STARTS NACH NATIONEN 2003 – 2009

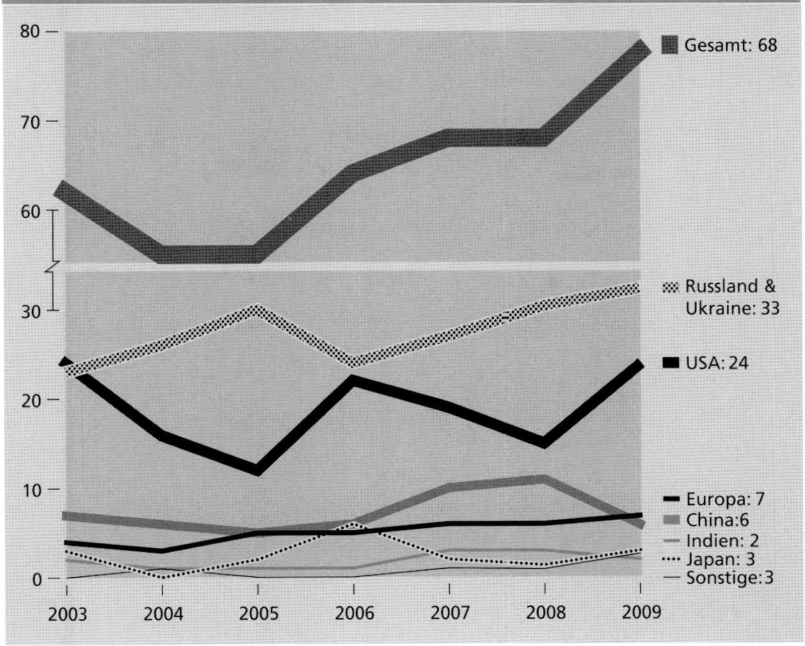

STARTS NACH MISSIONSTYP 2009

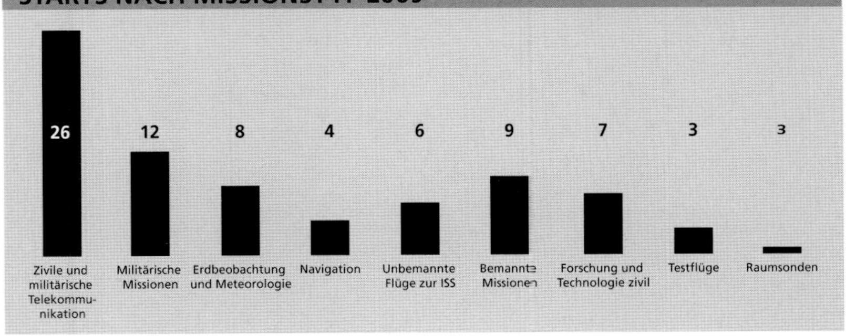

STARTS NACH NATION 2009

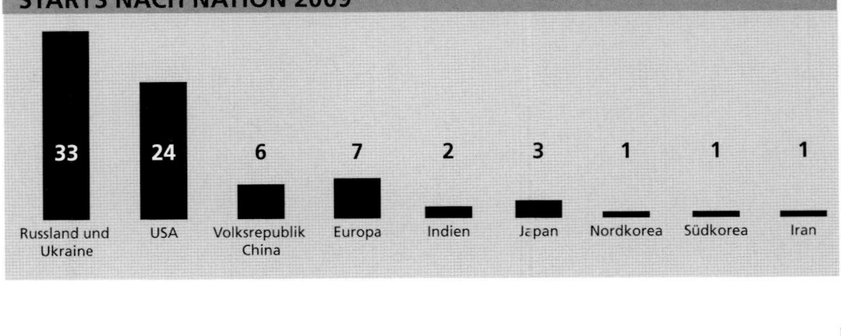

STARTS NACH MISSIONSTYP

...vom 1.1.2009 bis zum 31.12.200

Bemannte Missionen und unbemannte Unterstützungsflüge zur ISS

DATUM	START-PLATZ	TRÄGER	LAUNCH PROVIDER	NUTZLAST	MASSE IN KG	ORBIT TYP	MISSION	HAUPTAUFTRAG-NEHMER /NUTZLAST	KUNDE
15. Mar	Cap Canaveral	Space Shuttle	United Space Alliance	Shuttle Discovery	122.685	LEO	ISS Aufbau STS 119	Boeing Reusable Launch Systems	NASA
26. Mar	Baikonur	Sojus FG	TsSKB-Progress	Sojus TMA-14	7 250	LEO	Besatzungstrans-fer ISS	RKK Energija	Roskosmos
11. Mai	Cap Canaveral	Space Shuttle	United Space Alliance	Shuttle Atlantis	122.685	LEO	Hubble Servicing STS 125	Boeing Reuscable Launch Systems	NASA
26. Mar	Baikonur	Sojus FG	TsSKB-Progress	Sojus TMA-15	7 250	LEO	Besatzungstrans-fer ISS	RKK Energija	Roskosmos
16. Jul	Cap Canaveral	Space Shuttle	United Space Alliance	Shuttle Endavour	122.685	LEO	ISS Aufbau STS 127	Boeing Reuscable Launch Systems	NASA
29. Jul	Cap Canaveral	Space Shuttle	United Space Alliance	Shuttle Discovery	122.685	LEO	ISS Versorgung STS 128	Boeing Reuscable Launch Systems	NASA
30. Sep	Baikonur	Sojus FG	TsSKB-Progress	Sojus TMA-16	7 250	LEO	Besatzungstrans-fer ISS	RKK Energija	Roskosmos
16. Nov	Cap Canaveral	Space Shuttle	United Space Alliance	Shuttle Atlantis	122.685	LEO	ISS Ersatzteilliefe-rung STS 129	Boeing Reuscable Launch Systems	NASA
20. Dez	Baikonur	Sojus FG	TsSKB-Progress	Sojus TMA-17	7 250	LEO	Besatzungstrans-fer ISS	RKK Energija	Roskosmos

Militärische Missionen

DATUM	START-PLATZ	TRÄGER	LAUNCH PROVIDER	NUTZLAST	MASSE IN KG	ORBIT TYP	MISSION	HAUPTAUFTRAG-NEHMER /NUTZLAST	KUNDE
10. Feb	Baikonur	Sojus U	TsSKB-Progress	Progress M 66	7 250	LEO	Cargo, ISS Versorgung	RKK Energija	Roskosmos
07. Mai	Baikonur	Sojus U	TsSKB-Progress	Progress M 02M	7 200	LEO	Cargo, ISS Versorgung	RKK Energija	Roskosmos
24. Jul	Baikonur	Sojus U	TsSKB-Progress	Progress M 67	7 250	LEO	Cargo, ISS Versorgung	RKK Energija	Roskosmos
10. Sep	Tanegas-hima	H-2B	JAXA	HTV-1	15.500	LEO	Cargo, ISS Versorgung	JAXA	JAXA
15. Okt	Baikonur	Sojus U	TsSKB-Progress	Progress M 03M	7 200	LEO	Cargo, ISS Versorgung	RKK Energija	Roskosmos
10. Nov	Baikonur	Sojus U	TsSKB-Progress	Progress M MIM 2	7 200	LEO	Docking & EVA-Modul	RKK Energija	Roskosmos

Militärische Erdbeobachtung und andere militärische Missionen

ATUM	START-PLATZ	TRÄGER	LAUNCH PROVIDER	NUTZLAST	MASSE IN KG	ORBIT TYP	MISSION	HAUPTAUFTRAG-NEHMER /NUTZLAST	KUNDE
3. Jan	Cap Canaveral	Delta 4 "Heavy"	ULA	USA 202 (Mentor/ Intruder)	Ca. 5.500	GEO	Elektronischer Funkaufklärer	Lockhheed Martin	NRO
2. Feb	Kourou	Ariane 5 ECA	Arianespace	Spirale 1 & 2	240	GTO	Frühwarnsatelliten	Thales Alenia France/ EADS Astrium	DGA
0. Apr	Satish Dhawan	PSLV CA	ISRO	RISAT 2	300	LEO	Militärischer Radaraufklärer	IAI	ISRO
2. Apr	Taiyuan	Long March 2C	CNSA	YaoGan 6	?	SSO	Militärischer Radaraufklärer	CNSA	Chinesische Volksarmee
9. Apr	Plesetsk	Sojus U	VKS	Kosmos 2450 (Kobalt M-4)	6.600	LEO	Militärischer Fotoaufklärer	Arsenal St. Petersburg	VKS
5. Ma	Vandenberg	Delta 2 7920-10C	ULA	STSS-ATRR	?	SSO	Militärischer Technologiesatellit	General Dynamics	MDA
5. Sep	Cap Canaveral	Delta 2 7920-10C	ULA	STSS-Demo 1 und 2	1.122 x 2	LEO	Frühwarnsatelliten	Northrop Grumman	US Air Force
8. Okt	Vandenberg	Atlas 5 401	ULA	DMSP 18	1.300	SSO	Militärischer Wettersatellit	Lockheed Martin	US Air Force
0. Nov	Plesetsk	Sojus U	RVSN	Kosmos 2455 Lotos S	6.600	LEO	Militärischer Aufklärungssatellit	Arsenal St. Petersburg/ Samara	VKS
9. Nov	Tanegashima	H2-A 202	JAXA	IGS 5A	850	SSO	Militärischer Bildaufklärer	MHI	Japanische Streitkräftee
9. Dez	Jiuquan	Long March 2D	CNSA	YaoGan 7	?	SSO	Militärischer Bildaufklärer	CAST	Chinesische Volksarmee
5. Dez	Taiyuan	Long March 4C	CNSA	YaoGan 8	1.040	SSO	Militärischer Radaraufklärer	CAST	Chinesische Volksarmee
8. Dez	Kourou	Ariane 5 GS	Arianespace	Helios 2B	4.200	SSO	Militärischer Bildaufklärer	Astrium	Französische Streitkräfte

Zivile Erdbeobachtung und Meteorologie

DATUM	START-PLATZ	TRÄGER	LAUNCH PROVIDER	NUTZLAST	MASSE IN KG	ORBIT TYP	MISSION	HAUPTAUFTRAG-NEHMER /NUTZLAST	KUNDE
06. Feb	Vandenberg	Delta 2 7320	Boeing	NOAA N Prime	1.400	SSO	Meteorologie	Lockheed	NOAA
27. Jun	Cap Canaveral	Delta 4+ (4,2)	ULA	GOES O	3.130	GTO	Meteorologie	Boeing	NASA/NOAA
14. Jul	Kwajalein	Falcon 1	SpaceX	RazakSat	180	LEO	Erdbeobachtung	Astronautic Tech. Sdn.	Malaysia
29. Jul	Baikonur	Dnepr	VKS	DubaiSat 1, Deimos 1, UK-DMC 2	190, 90, 97	SSO	Erdbeobachtung	Satrec, Surrey Space Systems	EIAST, DMC
17. Sep	Baikonur	Sojus 2.1b/ Fregat	Roskosmos	Meteor M1	2.700	SSO	Meteorologie	VNIIEM, NPP	Hydrometerlogical Center
				UGATUSAT	60			UGATU	UGATU
23. Sep	Sriharikota	PSLV	ISRO	Oceansat 2	960	SSO	Meeresüberwachung	ISRO	ISRO
02. Nov	Plesetsk	Rokot Breeze KM	Eurokot/VKS	SMOS	655	SSO	Erdbeobachtung	Thales Alenia Space	ESA/CNES

Navigation

DATUM	START-PLATZ	TRÄGER	LAUNCH PROVIDER	NUTZLAST	MASSE IN KG	ORBIT TYP	MISSION	HAUPTAUFTRAG-NEHMER /NUTZLAST	KUNDE
24. Mar	Cap Canaveral	Delta 2 7925-9.5.	ULA	GPS 2R-20	2.040	MEO	Militärischer Naviga-tionssatellit	Lockheed	US Air Force
14. Apr	Xichang	Long March 3C	CNSA	Beidou 2	1.100	GTO	Navigationssatellit	CNSA	CNSA
17. Sep	Cap Canaveral	Delta 2 7925-9.5.	ULA	GPS 2R-21	2.040	MEO	Militärischer Naviga-tionssatellit	Lockheed	US Air Force
08. Okt	Vanden-berg	Delta 2 7420	ULA	WorldView 2	2.800	SSO	Erdbeobachtungs-satellit	Ball Aerospace	Digital Glob
14. Dez	Baikonur	Proton M Bloc DM 2	Chrunitschev	3 x Glonass	4.500	MEO	Navigationssatelliten	NPO-PM	KNITS

Forschung und Technologie, auch militärisch

DATUM	START-PLATZ	TRÄGER	LAUNCH PROVIDER	NUTZLAST	MASSE IN KG	ORBIT TYP	MISSION	HAUPTAUFTRAG-NEHMER /NUTZLAST	KUNDE
23. Jan	Tanegas-hima	H-2A 202	JAXA	GOSAT	2.100	SSO	Klimaforschung	JAXA	JAXA
23. Jan	Tanegas-hima	H2-A 202	JAXA	SDS-1, Sohla 1, Raijin, Kagayaki, PRISM, STARS, KKS 1	400	SSO	Technologie-satelliten	Diverse	JAXA
30. Jan	Plesetsk	Tsyklon 3	Roskosmos	CORONAS-Foton	1.900	LEO	Sonnenphysik	MEPh/NIIEM	RFSA
~~24. Feb~~	~~Vanden-berg~~	~~Taurus XL~~	~~OSC~~	~~OCO~~	~~450~~	~~SSO~~	~~Klimaforschung~~	~~OSC~~	~~NASA~~
17. Mar	Plesetsk	Rokot Breeze KM	Eurokot	GOCE	1.100	LEO	Messung Erdgravitation	Thales Alenia Space	ESA
20. Apr	Satish Dhawan	PSLV CA	ISRO	ANUSAT	40	LEO	Studentischer Technologiesatellit	Anna	ISRO
20. Mai	Wallops Island	Mino-taur 1	Orbital Sciences	TacSat 3, Pharmasat, AeroCube 3, HawkSat 1, CP-6	1.000	LEO	Technologie	USAF-RL, NASA, Aerospace Corp., HISS, CalPoly	USAF, NASA, AC, HISS, CalPoly
29. Jul	Baikonur	Dnepr	VKS	Nanosat 1B	5	SSO	Technologie	INTA	INTA
17. Sep	Baikonur	Sojus 2.1b/ Fregat	Roskosmos	Tatjana 2	50	SSO	Technologie	Moscow State University	Moscow Stat University
				BLITS	7,5			FSUE IPIE	FSR
				SumbandilaSat	5			Stellenbosch University	CSIR
				IRIS	5			ISRO	ISRO
23. Sep	Sriharikota	PSLV	ISRO	BeeSat	1	SSO	Technologie	TU Berlin	TU Berlin
				UWE 2	1			Uni Würzburg	Uni Würzburg
				ITU-pSat 1	1			Uni Ankara	Uni Ankara
				SwissCube 1	1			Uni Friburg	Uni Friburg
				Rubin 9.1 und 9.2	14			OHB Bremen	OHB Bremen
02. Nov	Plesetsk	Rokot Breeze KM	Eurokot/VKS	PROBA-2	130	SSO	Technologie	Verhaert	ESA/CNES
12. Nov	Jiuquan	Long March 2C	CASC	Shijian XI-01	130	SSO	Technologie	ADSC	CASC
14. Dez	Vanden-berg	Delta 7320-10C	ULA	WISE	660	SSO	Astronomie-Satellit	Ball Aerospace	NASA
15. Dez	Taiyuan	Long March 4C	CNSA	XiWang 1	50	SSO	Amateur-funksatellit	Universität	Universität

ivile und militärische Kommunikations- und Relaysatelliten

ATUM	START-PLATZ	TRÄGER	LAUNCH PROVIDER	NUTZLAST	MASSE IN KG	ORBIT TYP	MISSION	HAUPTAUFTRAG-NEHMER /NUTZLAST	KUNDE
. Feb	Baikonur	Proton M Breeze M	Roskosmos	Express AM 44	2.530	GEO	Kommunikation	Reshetnev	RSCC
				Express MD 1	1.170			Chrunitshev	
2. Feb	Kourou	Ariane 5 ECA	Arianespace	Hotbird 10	4.890	GTO	Kommunikation	EADS ASTRIUM	Eutelsat
				NSS 9	2.240			Orbital Sciences	SES New Skies
5. Feb	Baikonur	Zenith 3SLB	Sea Launch	Telstar 11N	4.000	GTO	Kommunikation	Space Systems/Loral	Telesat Canada
8. Feb	Baikonur	Proton K Block DM 2	VKS	Raduga 1 (8)	2.300	GTO	Kommunikation (militärisch)	Reshetnev	VKS
3. Apr	Baikonur	Proton M Breeze M	ILS	W2A	5.900	GTO	Kommunikation	Thales Alenia Space	Eutelsat
4. Apr	Cap Canaveral	Atlas 5 421	ULA	WGS 2	5.990	GTO	Kommunikation	Boeing	US Airforce
0. Apr	SL Odyssey	Zenith 3SL	Sea Launch	Sicral 1b	3.040	GTO	Kommunikation (militärisch)	Thales Alenia Italy	ASI
6. Mai	Baikonur	Proton M Breeze M	ILS	Protostar 2/Indostar 2	3.900	GTO	Kommunikation	Boeing	Protostar Ltd.
1. Mai	Plesetsk	Sojus 2 1a Fregat	VKS	Kosmos 2451/Meridian 2	2.000	Molnija	Kommunikation	NPO-PM	VKS
1. Jun	Baikonur	Zenith 3SLB	Land Launch	MEASAT 3a	2.360	GTO	Kommunikation	Orbital Sciences	MEASAT
0. Jun	Baikonur	Proton M Breeze M	ILS	Sirius FM 5	5.820	GTO	Kommunikation	Space Systems/Loral	Sirius XM
1. Jul	Kourou	Ariane 5 ECA	Arianespace	Terrestar 1	6.900	GTO	Kommunikation	Space Systems/Loral	Terrestar Networks
6. Jul	Plesetsk	Rokot Breeze M	VKS	Kosmos 2451-2453	750	LEO	Militärische Relays	Reshetnev	VKS
1. Jul	Plesetsk	Kosmos 3M	VKS	Parus 98 (Kosmos 2454), Sterkh 1	825	LEO	Relay	NPO Prikladnoi	VKS
					160			~~PO Poljot~~	COSPAS-SARSAT
29. Jul	Baikonur	Dnepr	VKS	ApriSat 3 und 4	12 + 12	SSO	Zivile Relays	AprizeSat	AprizeSat
11. Aug	Baikonur	Proton M Breeze M	ILS	AsiaSat 5	3.760	GTO	Kommunikation	Space Systems/Loral	AsiaSat
21. Aug	Kourou	Ariane 5 ECA	Arianespace	JCSAT-12/Optus D3	7.500	GTO	Kommunikation	Lockheed/OSC	JSAT / Optus
31. Aug	Xichang	Long March 3B	CNSA	Palapa D	4.100	GTO	Kommunikation	Alcatel Space	Indosat
08. Sep	Cap Canaveral	Atlas 5 401	ULA	PAN	3.100	GTO	Kommunikation	Lockheed Martin	unbekannt
17. Sep	Baikonur	Sojus 2.1b/ Fregat	Roskosmos	Sterkh 2	160	SSO	Relay	PO Poljot	COSPAS-SARSAT
17. Sep	Baikonur	Proton M Breeze M	ILS	Nimiq 5	4.745	GTO	Kommunikation	Space Systems/Loral	Telesat Canada
01. Okt	Kourou	Ariane 5 ECA	Arianespace	Amazonas 2	5.650	GTO	Kommunikation	Astrium	Hispasat
				SatComBw	2.400			Astrium	Bundeswehr

~~Durchgestrichen~~ : Fehlstart

Zivile und militärische Kommunikations- und Relaysatelliten

DATUM	START-PLATZ	TRÄGER	LAUNCH PROVIDER	NUTZLAST	MASSE IN KG	ORBIT TYP	MISSION	HAUPTAUFTRAG-NEHMER /NUTZLAST	KUNDE
29. Okt	Kourou	Ariane 5 ECA	Arianespace	Thor-6	3.050	GTO	Kommunikation	Alcatel Space	Telenor
				NSS 12	5.700			Space Systems/Loral	SES New Skies
23. Nov	Cap Canaveral	Atlas 5 431	ULA	Intelsat 14	5.650	GTO	Kommunikation	Space Systems/Loral	Intelsat
24. Nov	Baikonur	Proton M Breeze M	ILS	Eutelsat W7	5.630	GTO	Kommunikation	Alcatel Space	Eutelsat
30. Nov	Baikonur	Zenith 3 SLB	Sea Launch	Intelsat 15	2.500	GTO	Kommunikation	Orbital Sciences	Intelsat
05. Dez	Cap Canaveral	Delta 4+ (5,2)	ULA	WGS 3	5,995	GTO	Relay und Kommunikation	Boeing	US Air Force
29. Dez	Baikonur	Proton M Breeze M	ILS	DirecTV12	5.990	GTO	Kommunikation	Boeing	DirecTV

Testflüge

DATUM	START-PLATZ	TRÄGER	LAUNCH PROVIDER	NUTZLAST	MASSE IN KG	ORBIT TYP	MISSION	HAUPTAUFTRAG-NEHMER /NUTZLAST	KUNDE
03. Feb	Semnan	Safir	ISA	Omnid	25	LEO	Testflug Safir	ISA	ISA
~~05. Apr~~	~~Musa-danri~~	~~Taepo-dong 2~~	~~KCST~~	~~Kwangmy ngs ng-2~~	~~250~~	~~LEO~~	~~Technologie~~	~~KCST~~	~~KCST~~
~~25. Aug~~	~~Naro~~	~~Naro-1~~	~~Kari~~	~~STSAT-2A~~	~~100~~	~~LEO~~	~~Technologie~~	~~Kari~~	~~Kari~~
10. Sep	Tanegas-hima	H-2B	JAXA	HTV-1	15.500	LEO	Cargo, ISS Versorgung	JAXA	JAXA

Raumsonden

DATUM	START-PLATZ	TRÄGER	LAUNCH PROVIDER	NUTZLAST	MASSE IN KG	ORBIT TYP	MISSION	HAUPTAUFTRAG-NEHMER /NUTZLAST	KUNDE
07. Mar	Cap Canaveral	Delta 2 7925-10 L	ULA	Kepler	1.052	Helio-zentr. Orbit	Astronomische Forschungssonde	Ball Aerospace	NASA
14. Mai	Kourou	Ariane 5 ECA	Arianespace	Herschel	1,9	HEO	Astronomie	Thales Alenia	ESA
				Planck	3.500				
18. Jun	Cap Canaveral	Atlas 5 401	ULA	Lunar Rec. Orbiter	1.850	LO	Mondorbiter	NASA Goddard	NASA
				LCROSS	700	HEO	Mond-Impaktor	Northrop Grumman	

CHRONOLOGIE DER WELTRAUMSTARTS

... vom 1.1.2009 bis zum 31.12.2009

	DATUM	TRÄGERRAKETE	NUTZLAST	MISSION
1	18. Jan	Delta 4 "Heavy"	USA 202	Militärischer Funkaufklärer (Mentor-Klasse)
2	23. Jan	H-2A 202	GOSAT, SDS-1, Sola-1, Raijin, Kagayaki, PRISM, STARS, KKS-2	Erdbeobachtungs- und Technologiesatelliten
3	30. Jan	Tsyklon 3	CORONAS-Foton	Forschungssatellit (Solarphysik)
4	03. Feb	Safir	Omid	Testflug/Technologiesatellit
5	06. Feb	Delta 2 7320-10C	NOAA N Prime	Wettersatellit
6	10. Feb	Sojus U	Progress M-66	Versorgungsflug zur ISS
7	11 Feb	Proton M Breeze M	Express AM 44	Kommunikationssatellit
			Express MD 1	Kommunikationssatellit
8	12. Feb	Ariane 5 ECA	Hotbird 10	Kommunikationssatellit
			NSS 9	Kommunikationssatellit
			Spirale 1 & 2	Militärische Frühwarnsatelliten
~~9~~	~~24. Feb~~	~~Taurus XL~~	~~OCO~~	~~Umwelt-Forschungssatellit~~
10	26. Feb	Zenith 3 SLB	Telstar 11N	Kommunikationssatellit
11	23. Feb	Proton K Block DM2	Raduga 1 (8)	Militärischer Kommunikationssatellit
12	07. März	Delta 2 7925-10L	Kepler	Astronomische Raumsonde
13	15. März	Space Shuttle	Discovery	ISS Aufbaumission (SG S6 Truss)
14	17. März	Rokot Breeze KM	GOCE	Forschungssatellit (Gravity Explorer)
15	24. März	Delta 2 7925-9.5	GPS 2R-20	Militärischer GPS Navigationssatellit
16	26.März	Sojus FG	Sojus TMA 14	Besatzungstransfer zur ISS
17	03. April	Proton M Breeze M	W2A	Kommunikationssatellit
18	04. April	Atlas 5 421	WGS 2	Militärischer Kommunikationssatellit
19	05. April	Taepodong 2	Kwangmy ngs ng-2	Technologie-Nutzlast
20	14. April	Long March 3C	Beidou 2	Navigationssatellit
21	20. April	PSLV CA	RISAT 2/ANUSAT	Militärischer Aufklärungssatellit, Technologiesatellit
22	20. April	Zenith 3 SL	Sicral 1b	Militärischer Kommunikationssatellit
23	22. April	Long March 2C	Yaogan 2	Militärischer Radaraufklärer
24	29. Apr	Sojus U	Kosmos 2450 (Kobalt M-4)	Militärischer Fotoaufklärer

	DATUM	TRÄGERRAKETE	NUTZLAST	MISSION
25	05. Mai	Delta 2 7920-10C	STSS-ATRR	Militärischer Technologie-Satellit
26	07. Mar	Sojus U	Progress M 02M	Versorgungsflug zur ISS
27	11. Mai	Space Shuttle	Atlantis	Hubble-Servicemission
28	14. Mai	Ariane 5 ECA	Herschel & Planck	Weltraumteleskope
29	16. Mai	Proton M Breeze M	Protostar 2	Kommunikationssatellit
30	19. Mai	Minotaur 1	TacSat 3, Pharma-sat, AeroCube 3, HawkSat 1, CP 6	Militärische und zivile Forschungssatelliten
31	21. Mai	Sojus 2.1a Fregat	Kosmos 2451/ Meridian 2	Militärischer Kommunikationssatellit
32	27. Mai	Sojus FG	Sojus TMA 15	Besatzungstransfer zur ISS
33	18. Juni	Atlas 5 401	LRO & LCROSS	Mondsonden
34	21. Juni	Zenith 3 SLB	MEASAT 3a	Kommunikationssatellit
35	27. Juni	Delta 4+ (4,2)	GOES O (GOES 14)	Geostationärer Wettersatellit
36	30. Juni	Proton M Breeze M	Sirius FM 5	Kommunikationssatellit
37	1. Juli	Ariane 5 ECA	Terrestar	Kommunikationssatellit
38	6. Juli	Rokot Breeze KM	Kosmos 2451 – 2453	Militärische Datenrelay-Satelliten
39	14. Juli	Falcon 1	RazakSat 1	Erdbeobachtungssatellit
40	16. Juli	Space Shuttle	Endeavour	STS 127/ISS-Aufbaumission (Kibo)
41	21. Juli	Kosmos 3M	Parus 98, Sterkh 1	Datenrelay und SAR-Satelliten
42	24. Juli	Sojus U	Progress M 67	ISS Versorgungsmission
43	29. Juli	Dnepr	DubaiSat 1, Deimos 1, UK-DMC 2, Nanosat 1B, AprizeSat 3 und 4	Erdbeobachtungs- und Technologiesatelliten
44	11. Aug	Proton M Breeze M	AsiaSat 5	Kommunikationssatellit
45	17. Aug	Delta 2 7925.9.5	GPS 2R-21/M8	Navigationssatellit
46	21. Aug	Ariane 5 ECA	JCSAT-12, Optus D3	Kommunikationssatelliten
~~47~~	~~25. Aug~~	~~Naro-1~~	~~STSAT-2A~~	~~Technologiesatellit~~
48	29. Aug	Space Shuttle	Discovery	ISS Versorgungsmission
~~49~~	~~31. Aug~~	~~Long March 3B~~	~~Palapa D~~	~~Kommunikationssatellit~~
50	08. Sep	Atlas 5 401	PAN	Militärischer Kommunikationssatellit
51	10. Sep	H-2B	HTV-1	ISS Versorgungsmission
52	17. Sep.	Sojus 2.1b Fregat	Meteor M1, Tatyana 2, Sterkh 2, UGATUSAT, BLITS, Sumbandila, IRIS	Wettersatellit, Kommunikationssatellit, Erdbeobachtungssatellit, Technologiesatelliten
53	17. Sep	Proton M Breeze M	Nimiq 5	Kommunikationssatellit

	DATUM	TRÄGERRAKETE	NUTZLAST	MISSION
54	23. Sep	PSLV	Oceansat 2, BeeSat, UWE 2, ITU-pSat 1, SwissCube 1, Rubin 9.1 und 9.2	Erdbeobachtungssatellit, Technologiesatelliten
55	25. Sep	Delta 2 7920 10C	STSS Demo 1 und 2	Experimentelle Frühwarnsatelliten
56	30. Sep	Sojus FG	Sojus TMA 16	Besatzungstransfer zur ISS
57	01. Okt	Ariane 5 ECA	Amazonas 2	Ziviler Kommunikationssatellit
			SatComBw	Militärischer Kommunikationssatellit
58	08. Okt	Delta 2 7920 10C	WorldView 2	Erdbeobachtungssatellit
59	15. Okt	Sojus U	Progress M 03M	Versorgungsflug zur ISS
60	18. Okt	Atlas 5 401	DMSP 18	Militärischer Wettersatellit
61	29. Okt	Ariane 5 ECA	Thor 6, NSS-12	Kommunikationssatelliten
62	2. Nov	Rokot Breeze KM	SMOS	Erderkundungssatellit
			Proba 2	Technologiesatellit
63	10. Nov	Sojus U	Progress M MIM2	ISS-Docking und EVA-Modul
64	12. Nov	Long March 2C	Shijian XI-01	Technologiesatellit
65	16. Nov	Space Shuttle	Atlantis	ISS Ersatzteillieferung
66	20. Nov	Sojus U	Kosmos 2455 (Lotos S)	Militärischer Aufklärungssatellit
67	23. Nov	Atlas 5 431	Intelsat 14	Kommunikationssatellit
68	24. Nov	Proton M Breeze M	Eutelsat W7	Kommunikationssatellit
69	29. Nov	H2-A 202	IGS 5A	Militärischer Bildaufklärer
70	30. Nov	Zenith 3SLB	Intelsat 15	Kommunikationssatellit
71	05. Dez	Delta 4 M + (5,2)	WGS 3	Militärischer Nachrichten- und Relaysatellit
72	09. Dez	Long March 2D	YaoGan 7	Militärischer Bildaufklärer
73	14. Dez	Proton M Block DM-2	Glonass 730, 733 und 734	Navigationssatelliten
74	14. Dez	Delta 7320-10C	WISE	Astronomischer Forschungssatellit
75	15. Dez.	Long March 4C	YaoGan 8	Militärischer Bildaufklärer
			XiWang 1	Amateurfunksatellit
76	18. Dez	Ariane 5 GS+	Helios 2B	Militärischer Bildaufklärer
77	20. Dez	Sojus FG	Sojus TMA 17	Besatzungstransfer zur ISS
78	29. Dez	Proton M Breeze M	DirecTV12	Kommunikationssatellit

~~Durchgestrichen~~ : Fehlstart

DAS JAHR 2010: AUSBLICK

Teil 1 – Chronologie der Weltraumstarts 1.1.2010 – 30.09.2010

	DATUM	TRÄGERRAKETE	NUTZLAST	MISSION
1	16. Jan	Langer Marsch 3C	BeiDou 2M G3	GPS-Satellit
2	28. Jan	Proton M Breeze M	Raduga 1M (Globus)	Militärischer Kommunikationssatellit
3	03. Feb	Sojus U	Progress M-04M	Versorgungsflug zur ISS
4	08. Feb	Space Shuttle	Endeavour	ISS Aufbaumission (Tranquillity, Cupola)
5	11. Feb	Atlas 5 401	SDO	Sonnenforschungs-Satellit
6	12. Feb	Proton M Breeze M	Intelsat 16	Kommunikationssatellit
7	01. Mrz	Proton M Block DM 2	Glonass M No. 31, 32 und 35	Navigationssatelliten
8	05. Mrz	Delta 4+ (4,2)	GOES P (GOES 15)	Geostationärer Wettersatellit
9	05. Mrz	Langer Marsch 4C	YaoGan 9	Militärischer Bildaufklärer
10	20. Mrz	Proton M Breeze M	Echostar XiV	Kommunikationssatellit
11	02. Apr	Sojus FG	Sojus TMA 18	Besatzungstransfer zur ISS
12	05. Apr	Space Shuttle	Discovery	ISS Logistikmission
13	08. Apr	Dnepr	CryoSat-2	Forschungssatellit (Erdbeobachtung)
14	15. Apr	GSLV Mk. II	GSAT-4	Experimenteller Kommunikationssatellit
15	16. Apr	Sojus U	Kosmos 2462	Militärischer Aufklärungssatellit
16	22. Apr	Atlas 5 501	X-37B – OTV 1	Militärischer Mini-Shuttle
17	24. Apr	Proton M Breeze M	SES 1	Kommunikationssatellit
18	27. Apr	Kosmos 3M	Kosmos 2463 (Parus)	Mil. Navigations- und Datenrelaysatellit
19	28. Apr	Sojus U	Progress M-05M	Versorgungsfahrzeug zur ISS
20	14. Mai	Space Shuttle	Atlantis	ISS Logistikmission

	DATUM	TRÄGERRAKETE	NUTZLAST	MISSION
21	20. Mai	H2A 202	Akatsuki, IKAROS, Waseda-SAT 2, K-SAT, Negai, UNITEC-1	Raumsonde zur Venus, Raumsonden in den interplanetaren Raum, Micro-Sats im niedrigen Erdorbit
22	21. Mai	Ariane 5 ECA	Astra 3B	Ziviler Kommunikationssatellit
			ComSatBW-2	Militärischer Kommunikationssatellit
23	28. Mai	Delta 4 M (4,2)	GPS IIF SV-1	Navigationssatellit
24	02. Jun	Rokot Breeze KM	SERVIS-2	Technologiesatellit
25	02. Jun	Langer Marsch 3C	Compass G-3	Navigationssatellit
26	04. Jun	Proton M Breeze M	Badr 5	Kommunikationssatellit
27	04. Jun	Falcon 9	DSQU	Dragon Mockup
28	10. Jun	Naro 1	STSat 2b	Technologiesatellit
29	15. Jun	Langer Marsch 2D	Shijian IX	Technologiesatellit
30	15. Jun	Dnepr	Prisma, Picard, BPA-1	Astronomie, Technologie
31	15. Jun	Sojus FG	Sojus TMA 19	Besatzungstransfer zur ISS
32	21. Jun	Dnepr	TanDEM-X	Radarsatellit
33	22. Jun	Shavit 2	Ofeq 9	Militärischer Aufklärungssatellit
34	26. Jun	Ariane 5 ECA	Arabsat 5A	Ziviler Kommunikationssatellit
			COMS 1	Ziviler Mehrzwecksatellit
35	30. Jun	Sojus U	Progress M-06M	Versorgungsfahrzeug zur ISS
36	10. Jul	Proton M Breeze M	Echostar 15	Kommunikationssatellit
37	12. Jul	PSLV-CA	Cartosat 2A, AlSat 2A, Studsat, AISSAT-1, Tlsat 1	Erdbeobachtungs- und Technologiesatelliten
38	31. Jul	Langer Marsch 3A	Compass IGSO-1	Geostationärer Navigationssatellit
39	04. Aug	Ariane 5 ECA	Nilesat 201	Kommunikationssatelliten
			RASCOM-QAF1R	

	DATUM	TRÄGERRAKETE	NUTZLAST	MISSION
40	10. Aug	Langer Marsch 4C	Yaogan 10	Militärischer Radaraufklärer
41	14. Aug	Atlas 5 531	AEHF-1	Militärischer Kommunikationssatellit
42	24. Aug	Long March 2D	Tian Hui 1	Erdbeobachtungssatellit
43	02. Sep	Proton M Block DM-2	Glonass M No. 36, 37 und 38	Navigationssatelliten
44	04. Sep	Langer Marsch 3B	SinoSat 6	Kommunikationssatellit
45	08. Sep	Rokot Breeze KM	Gonets M2, Kosmos 2467 und 2468	Datenrelay-Satelliten
46	10. Sep	Sojus U	Progress M-07M	Versorgungsfahrzeug zur ISS
47	11. Sep	H2A 202	QZSS 1 (Michibiki)	Navigationssatellit
48	21. Sep	Atlas 5 501	NROL-41	Militärischer Aufklärungssatellit
49	22. Sep	Langer Marsch 2D	Yaogan 11	Militärischer Aufklärungssatellit
50	26. Sep	Minotaur 4	SBSS (USA-216)	Militärischer Technologiesatellit
51	30. Sep	Molnija-M	Kosmos 2.469 (Oko)	Militärischer Frühwarn-Satellit
			Vorschau Q4/2010	
52	01. Okt	Langer Marsch 3C	Chang'e 2	Mond-Orbitsonde

Teil 2 – Geplante Weltraumstarts 1.10.2010 – 31.12.2010

	DATUM	TRÄGERRAKETE	NUTZLAST	MISSION
53	06. Okt	Langer Marsch 4B	Shijan 6G und 6H	Technologie-Satelliten
54	07. Okt	Sojus FG	Sojus TMA-01M	Besatzungstransfer zur ISS
55	14. Okt	Proton M Breeze M	XM-5	Kommunikationssatellit
56	19. Okt	Sojus 2.1a Fregat	5 Globalstars	Mobilfunksatelliten
57	19. Okt	Delta 4 "Heavy"	NROL-32	Militärischer Aufklärungssatellit

	DATUM	TRÄGERRAKETE	NUTZLAST	MISSION
58	27. Okt	Sojus U	Progress M-08M	Versorgungsfahrzeug zur ISS
59	28. Okt	Ariane 5 ECA	Eutelsat W3B, B-Sat 3b	Kommunikationssatelliten
60	28. Okt	Sojus 2.1a Fregat	Meridian 3	Militärischer Kommunikationssatellit
61	30. Okt	Delta 2 7420-10	Cosmo Skymed	Radar-Erdbeobachtungssatellit
62	01. Nov	Space Shuttle	Discovery	Transport Leonardo PMM zur ISS
63	06. Nov	Langer Marsch 3A	Shen Tong 1B	Militärischer Kommunikationssatellit
64	09. Nov	Falcon 9	Dragon 1	Testflug Dragon-Kapsel
65	17. Nov	Atlas 5 501	GPS IIF-2	GPS-Satellit
66	20. Nov	Minotaur 4	FastSat, Fastrac A und B, Falcon-Sat 5, Oreos und Rax	Technologiesatelliten
67	24. Nov	Langer Marsch 3C	Compass-G4	Navigationssatellit
68	30. Nov	Proton M Block DM	3 Glonass M	Navigationssatelliten
69	01. Dez	Langer Marsch 4B	Yaogan 12	Militärischer Aufklärungssatellit
70	03. Dez	Proton M Breeze M	KA-SAT	Kommunikationssatellit
71	09. Dez	Sojus FG	Sojus TMA-20	Besatzungstransfer zur ISS
72	09. Dez	Minotaur 4	TacSat-4	Technologie-Satellit
73	10. Dez	Rokot Breeze KM	GEO-IK 2	Technologie-Satellit
74	10. Dez	Minotaur 1	ORS-1	Technologie-Satellit
75	21. Dez	Ariane 5 ECA	Intelsat 17, Hylas 1	Kommunikationssatelliten
76	25. Dez	Sojus 2.1a Fregat	Glonass K	Navigationssatellit
77	28. Dez	Proton M Breeze M	Sky-Terra 1	Kommunikationssatellit

BEGRIFFSERLÄUTERUNGEN UND ABKÜRZUNGEN

Hier erläutern wir ihnen im Text verwendete Begriffe, die nicht bereits direkt im Artikel selbst erklärt wurden.

AMSAT	Radio Amateur Satellite Corporation. Zusammenschluss mit dem Ziel Satelliten auf Amateurbasis zu bauen und zu betreiben. Umfasst ca. 6000 Mitglieder. Die deutsche Vereinigung AMSAT DL ca. 1200.
Apogäum	Entferntester Punkt einer Orbitalbahn um die Erde vom gravitativen Zentrum
Astrium	Die Raumfahrtsparte der EADS
Avionik	Kunstwort aus Aviatik (von lat. avis = Vogel) und Elektronik. Also die Gesamtheit der elektrischen und elektronischen Geräte an Bord eines Fluggerätes einschließlich der Fluginstrumente
ATV	Automated Transfer Vehicle
Band	Frequenzbereich, z.B. Ku-Band, C-Band
CALT	China Academy of Launch Vehicle Technology
COSMO	COnstellation of small Satellites for the Mediterranean basin Observation
DLR	Deutsches Zentrum für Luft- und Raumfahrt
DMC	Disaster Monitoring Constellation
DOS	Dolgovremennaya Orbitalnaya Stanziya
ECA	Oberstufe der Ariane 5, die mit flüssigem Sauerstoff und flüssigem Wasserstoff betrieben wird. Abkürzung für Evolution Cryotechnique Type A
EADS	European Aeronautic Defence and Space Company
EPS	Oberstufe der Ariane 5, die mit lagerbaren Treibstoffen betrieben wird. Abkürzung für Étage à propergols stockables
ESA	European Space Agency = Europäische Raumfahrtagentur
EVA	Extra Vehicular Activity (Einsatz eines Raumfahrers außerhalb seines Raumschiffs, nur durch den Raumanzug geschützt).
Exoplanet	Planet in einem fremden Sternsystem, nicht im Sonnensystem
Fairing	Nutzlastverkleidung einer Rakete
GMES	Global Monitoring for Environment and Security
GMT	Greenwich Mean Time
GOCE	Gravity field and steady-state Ocean Circulation Explorer
GOES	Geostationary Operational Environmental Satellite System
GPS	Global Positioning System
GSLV	Geosynchronous Satellite Launch Vehicle
ILS	International Launch Services
Inklination	Bahnneigung gegen den Erdäquator. Wird in Winkelgrad gemessen.
Interferometrisch	Überlagerungen von Lichtwellen, Einsatz zur Längenmessung International Space Station = Internationale Raumstation

JAXA	Japan Aerospace Exploration Agency
Ku -Band	Mikrowellenfrequenzbereich für Satellitenfunk
LCROSS	Lunar Crater Observation and Sensing Satellite
Liftoff	Zeitpunkt des Abhebens einer Rakete von der Startrampe
LRO	Lunar Reconaissance Orbiter
MDA	Missile Defense Agency
MEZ	MittelEuropäische Zeit (GMT+1Stunde)
MESZ	MittelEuropäische SommerZeit (MEZ+1Stunde)
MOL	Manned Orbiting Laboratory
NASA	National Aeronautics and Space Administration (Luft- und Raumfahrtbehörder der USA)
NOAA	National Oceanic and Atmospheric Administration
NRO	National Reconnaissance Office (US-Geheimdienst-Organisation)
OSC	Orbital Sciences Corporation
OTV	Orbital Test Vehicle
PIRS	Russischer Docking Adapter der ISS
SAR	Synthetisches Apertur Radar
Sarja	Modul der ISS
SMOS	Soil Moisture and Ocean Salinity
SpaceShipTwo	Kurz: SS2. Suborbitales Raumschiff, das Personen bis an den Rand des Weltraums (100km Höhe) bringen soll. Nachfolger des SpaceShipOne.
STS	Space Transportation System (Space Shuttle)
STSS-ATRR	Space Tracking and Surveillance System Advanced Technology Risk Reduction satellite
SYLDA	Doppelstartvorrichtung für Satelliten auf der Ariane 5. In sechs Versionen von 4,9 - 6,4 m Länge verfügbar. Hat einen kleineren Durchmesser als die Rakete
Telemetrie	Fernmessung
Trajektorie	Ist die Flugbahn eines Objektes, wird auch als Bahnkurve bezeichnet
ULA	United Launch Alliance, Name eines Joint Venture der beiden US-amerikanischen Konzerne Boeing und Lockheed Martin für die gemeinsame Bedienung US-Amerikanischer Regierungsbehörden mit Raketen-Startdiensten.
USS	United Star Ship
WhiteKnightTwo	Kurz: WK2. Doppelrumpf-Trägerflugzeug, das SpaceShipTwo auf Abwurfhöhe transportiert.
VFR	Verein zur Förderung der Raumfahrt e.V.
VMS	Virgin Galactic Mothership
VSS	Virgin Galactic Space Ship
Zvesda	Modul der ISS

BILDER DES JAHRES

und andere Highlights.

Nachtstart einer Sojus zur ISS

Armadillo Aerospace erprobt wiederverwendbare suborbitale Raumfahrzeuge.

Training für das „Mars500"-Projekt in Moskau. Für 520 Tage wird eine sechsköpfige Crew in eine Raumschiffattrappe gesperrt und simuliert einen Flug zum Roten Planeten.

Die Orbitkonfiguration des Orbital Space Plane ist nicht bekannt, könnte aber so aussehen.

Breeze M Oberstufe der Rokot-Trägerrakete gibt Proba 2 frei.

Ares 1-X bei der Montage im Vehicle Assembly Building des Kennedy Space Centers

Erfolgreich verlief der Flug der Ares 1-X Ende Oktober 2009

Auf dem NASA-Versuchsgelände White Sands in New Mexico wird der Orion Pad Abort Test vorbereitet

Am 13.03.2010 wurden die Triebwerke der Falcon 9 für einige Sekunden zur Probe gezündet.

Am 12. August 2010 bringt ein Ericson S-64 F Aircrane Helicopter eine Testeinheit der Dragon-Kapsel für einen Fallschirmtest auf eine Abwurfhöhe von 4.300 Metern.

Historischer Erstflug: Am 4. Juni 2010 verlässt die Falcon 9 zum ersten Mal die Rampe der Startanlage 40 der Cap Canaveral Luftwaffenbasis in Florida.

VIRGIN GALACTIC

WhiteKnight 2 & SpaceShip2 ist das Projekt dieser beiden Männer: Sir Richard Branson (links), Flugunternehmer und Burt Rutan, Flugzeugkonstrukteur.

VIRGIN GALACTIC

Historischer Erstflug: Am 23. März 2010 flogen WhiteKnight2 und SpaceShip2 erstmals zusamm

Im Februar 2010 ist die „Cupola“ an die ISS installiert. Ein „Wintergarten im Weltraum“.

Zahlreiche Außenbordarbeiten waren im Berichtsjahr an der ISS erforderlich. Nach der Fertigstellung nimmt deren Frequenz im kommenden Jahr deutlich ab.

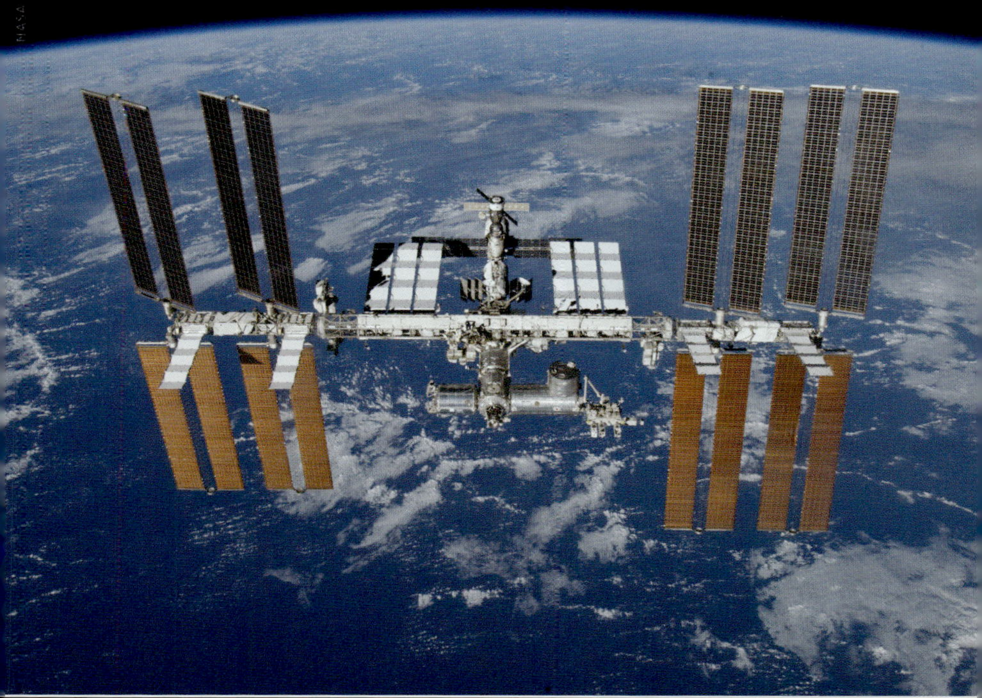

Seit der Mission STS 131 im Frühjahr 2010 ist die Internationale Raumstation zu mehr als 90 % fertig gestellt.

Solche Menschenansammlungen wird es in den kommenden Jahren nach dem Ende der Shuttle-Flüge auch nicht mehr geben. Hier die Crew der Shuttle-Mission STS 131 mit der sechsköpfigen ISS Expedition 23. Erstmals waren hier übrigens vier Frauen gleichzeitig im Weltraum.

Entschlossener Blick: Timothy Creamer, Oleg Kotov und Soiji Noguchi, Crew von Sojus TMA-17/Expedition 23 posieren für ein Foto.

NASA Administrator Charlie Bolden beobachtet einen Shuttle-Start. Er selbst ist mit verschiedenen US-Raumfähren insgesamt viermal im Orbit gewesen, zweimal davon als Commander.

Künstlerische Darstellung von LCROSS. Am 9. Oktober 2009, um 3:50 Uhr mitteleuropäischer Zeit trennte sich das Raumfahrzeug von der Centaur-Stufe. Der Einschlag der Centaur-Stufe auf dem Mond erfolgte um 13:31 Uhr. Vier Minuten später folgte das Raumfahrzeug.

IKAROS machte sich am 20. Mai 2010 zusammen mit der Venussunde AKATSUKI auf den Weg in den interplanetaren Raum. Das Raumfahrzeug ist nicht viel mehr als eine sehr große extrem leichte Folie, die durch den Lichtdruck der Sonne beschleunigt wird.

Eine russische Trägerrakete des Typs Dnepr brachte am 8. April 2010 den europäischen Umweltforschungss-

Test von Spiegelelementen des James Webb Space Telescopes.

Krater Rachmaninoff auf Merkur

Aufnahme der Raumsonde Cassini: Saturnmonde Dione (Vordergrund) vor Titan.

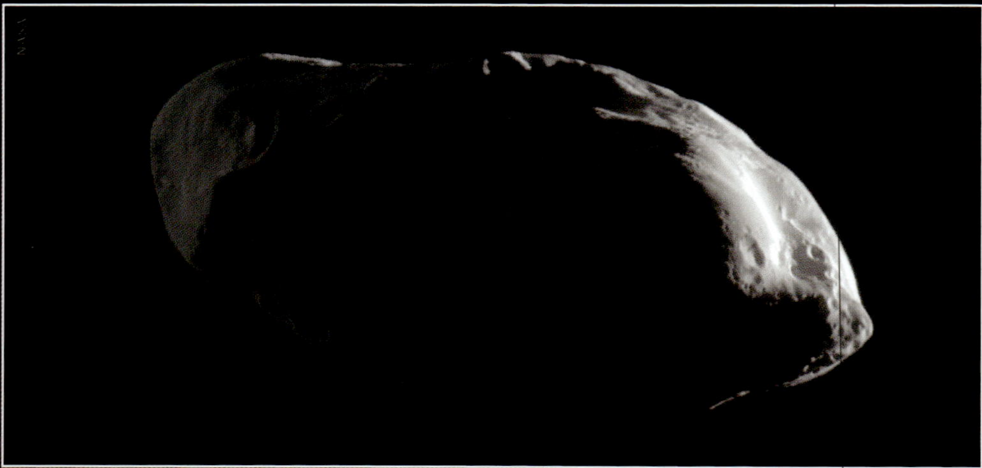

Die Raumsonde Cassini fotografierte den Saturn-Mond Prometheus erstmals aus der Nähe...

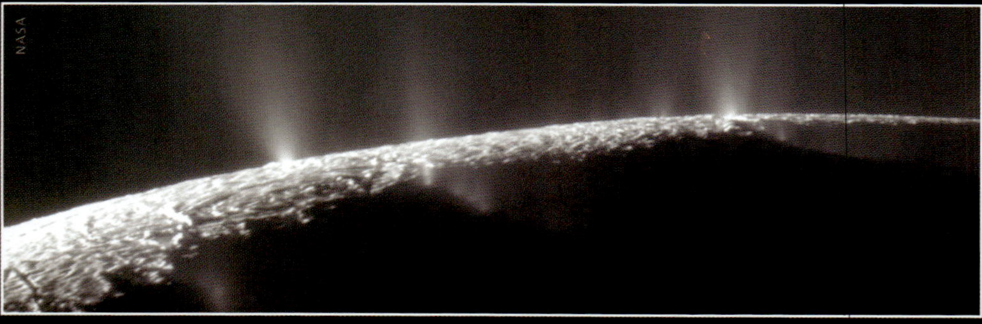

...und lieferte diese Aufnahme der Geysire auf dem Eismond Enceladus.

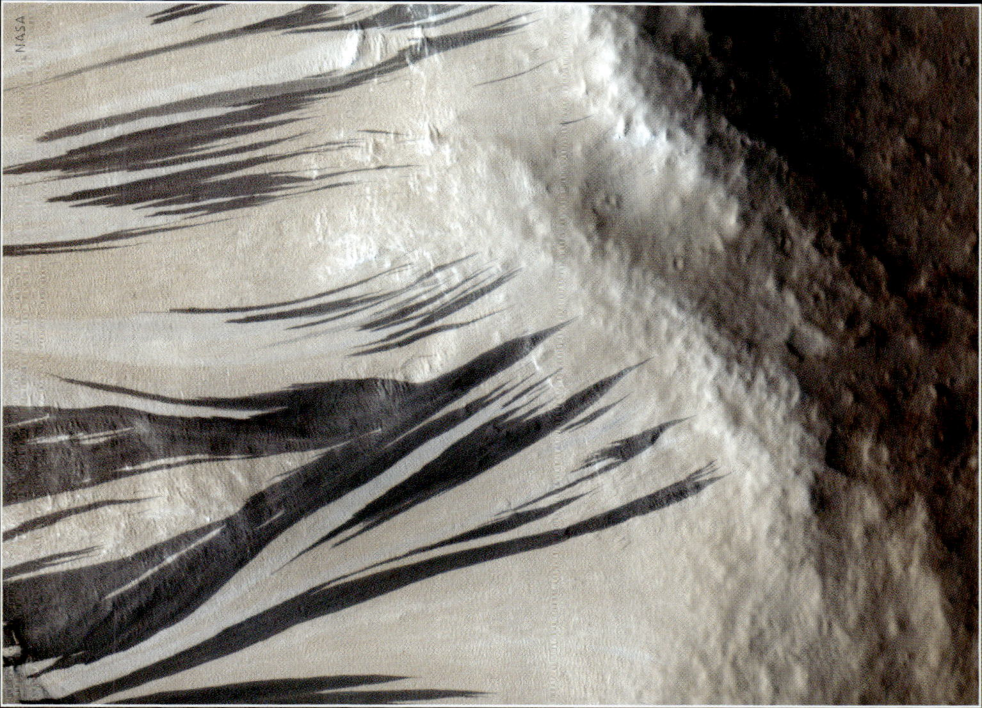

Solch seltsame Spuren kann man auf dem Mars sehen wenn Reif und abrutschender Sand zusammenkommen..

Der Marsrover Opportunity auf seiner langen und beschwerlichen Reise zum Krater Endeavour, der sich am Horizont bereits abzeichnet.

Alle bisher von Raumsonden besuchten Asteroiden im Größenvergleich

NASA

Juri Gagarin

Wernher von Braun, Direktor des Marshall Space Flight Center's erklärt am 8. September 1960 dem US-Präsidenten Dwight D. Eisenhower ein Detail an den Triebwerken der Saturn 1.

ARCHIV REICHL

Die Gemini 4 Astronauten treffen Juri Gagarin. Juri Gagarin schüttelt den Gemini 4-Astronauten Edward White und James A. McDivitt auf dem Pariser Aerosalon des Jahres 1965 die Hand. Auf dem Bild sind auch noch der US-Vizepräsident Hubert Humphrey (sitzend) und der damalige französische Premierminister Georges Pompidou

Schnittzeichnung durch ein Gemini-Raumschiff, wie sie in den Jahren 1965 und 1966 geflogen wurden

Ein Techniker nimmt bei einem Bodentest die „Astronaut Maneuvering Unit" in Betrieb. Auf der Erde kein Problem. Nur im Weltraum, bei der Mission von Gemini 9, funktionierte es nicht.

Start von Gemini 9

Der Shuttle Orbiter Enterprise wird für Vibrationstests in den Dynamic Test Stand des Marshall Spaceflight-Centers gehievt. Für den Test wurden zum ersten Mal alle Elemente des Space Shuttle (Orbiter, Außentank und Feststoffraketen) miteinander verbunden. Die Tests sollten prüfen, ob das Shuttle System wie vorhergesagt die

Faszination Raumfahrt erleben!

Viele von uns waren noch gar nicht auf der Welt, da war der Mensch schon auf dem Mond. Viele von uns wuchsen mit Büchern über ferne Welten auf und ein Raumschiff namens Enterprise flog für die nächste Generation.

Heute, im frühen 21. Jahrhundert werden die Weichen für die Raumfahrt im nächsten Jahrtausend gestellt. Es gibt viele gute Gründe, wissenschaftliche, wirtschaftliche und kulturelle, die dafür sprechen, dass die Raumfahrt in der Zukunft eine noch größere Rolle spielen sollte als bisher.

Unser Ziel im VFR e.V. ist es, die Raumfahrt als faszinierende Herausforderung für die Menschheit zu propagieren und unseren Teil zu ihrer Weiterentwicklung beizutragen. Wir möchten die Spannung, die Begeisterung und das Interesse an dieser neuen Grenze den Menschen durch unsere Aktionen und Informationen weitervermitteln. Dabei richten wir uns vor allem an die »interessierten Laien« in allen Bevölkerungsgruppen sowie an die Entscheidungsträger in der Politik, den Medien und im Bildungswesen. Unsere besondere Aufmerksamkeit gilt der Jugend.

Wir bringen Raumfahrt-Insider mit der Öffentlichkeit zusammen, organisieren Ausstellungen, Vorträge in Schulen, Filmpremieren, Studienfahrten und vieles mehr. Getreu unserem Motto »Faszination Raumfahrt Erleben!« tragen wir durch diese Öffentlichkeitsarbeit selbst etwas zum Fortschritt der Raumfahrt bei.

Statt nur passiv die Medien zu konsumieren, sind wir als Raumfahrt-Fans damit Teil dieses grössten aller Abenteuer geworden. Das Potenzial des VFR e.V. sind seine Mitglieder mit ihrem Engagement, ihren Ideen und Begabungen. Nehmen Sie also Kontakt mit uns auf, wenn Sie zum Thema Raumfahrt einen kompetenten Ansprechpartner suchen oder sich selber engagieren wollen.

Verein zur Förderung der Raumfahrt e.V.
Postfach 801966 • 81619 München
www.vfr.de • info@vfr.de

WIR DANKEN UNSEREN SPONSOREN FÜR IHRE UNTERSTÜTZUNG!

Heute die Zukunft denken

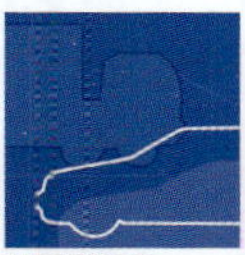
AUTOMOTIVE

INFOKOM

VERKEHR, UMWELT & ENERGIETECHNIK

LUFTFAHRT

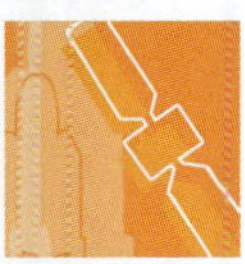
RAUMFAHRT

VERTEIDIGUNG & SICHERHEIT

Testing for Take-off

Die IABG ist ein führendes europäisches Technologie-Unternehmen. Unser Schwerpunkt liegt auf zukunftsweisenden Anwendungen von Hochtechnologie und Wissenschaft.

Mit unserer langjährigen Erfahrung unterstützen wir die Luft- und Raumfahrtindustrie im Bereich Entwicklung, Qualifikation und Betrieb. Wir bieten ein weites Spektrum an Tests und Analysen:

- Thermische Tests
- Elektromagnetische Tests
- Bestimmung von Masseeigenschaften
- Vibrations- und Schocktests
- Akustische Tests
- Modalanalysen
- Numerische Analysen
- Lebensdauertests
- Statische Belastungstests
- Strukturtests
- Durchführung von Flugversuchen
- Materialuntersuchungen
- QA-Management

Ihre Ansprechpartner erreichen Sie unter:
Tel. Raumfahrt +49 89 6088-4080
Tel. Luftfahrt +49 89 6088-3403
E-Mail aerospace@iabg.de

Foto: Weltraumsimulationsanlage WSA/TVA mit dem CryoSat Satelliten

IABG

IABG
Einsteinstraße 20
85521 Ottobrunn
Tel. +49 89 6088-2030
Fax +49 89 6088-4000
info@iabg.de
www.iabg.de

Zuverlässige HÖCHST-Leistung
600X CF Karte
SDHC™ Karte
Industrial CF Karte
Transcend
CompactFlash®
32GB
600x
Transcend
32GB
Transcend
CompactFlash®
16GB
Industrial Grade
Ob extrem schnelle Speicherkarten für professionelle Fotografie, Standardspeichererweiterungen für mobile Geräte oder äußerst belastbare Produkte mit erweitertem Temperaturbereich – als einer der führenden Hersteller von Flashspeicherkarten bietet der Speicherspezialist Transcend neben einem breiten Sortiment an Consumerprodukten auch Qualitätsspeicherlösungen für Industrieapplikationen aller Art an.
ce DISTRIBUTION GmbH
Dornacher Straße 3a 85622 Feldkirchen
Telefon +49 (0)89 9971-0 Telefax +49 (0)89 9971-1010
info@cedistribution.de www.cedistribution.de
www.transcend.de
Transcend

Neuerscheinung:
DAS Strategiespiel zur privaten Raumfahrt!
Der Wettlauf ins All für 2 bis 4 Pioniere
★ Bauen Sie Ihr ganz individuelles Raumschiff und schaffen Sie als erster Spieler den Rekordflug zum Weltraumhotel
★ Kämpfen Sie um Spitzenpositionen in zwölf Zukunftstechnologien
★ Lösen Sie die kniffeligen Herausforderungen von Schub und Masse auf Ihre Weise
★ Erleben Sie den Nervenkitzel bei Rekordflügen
erhältlich auf www.strategie-brettspiele.de
Stefan Schiessl
raketenmeister
Ein Wettlauf ins All für 2 bis 4 Spieler ab 12 Jahren
MARSKANAL
Eugen Reichl (SPACE-Autor):
„Ein ebenso lehrreiches wie kurzweiliges Raumfahrtspiel, kann ich nur allerwärmstens empfehlen!"